北京高校高精尖学科外国语言文学学科资助

跨国银行与全球环境治理

Multinational Banks and
Global Environmental Governance

杜明明◎著

中国社会科学出版社

图书在版编目（CIP）数据

跨国银行与全球环境治理／杜明明著 . —北京：中国社会科学出版社，2020.9

ISBN 978-7-5203-7394-4

Ⅰ.①跨… Ⅱ.①杜… Ⅲ.①跨国银行—关系—环境保护—研究—世界 Ⅳ.①X-11

中国版本图书馆 CIP 数据核字（2020）第 192979 号

出 版 人	赵剑英
责任编辑	陈雅慧
责任校对	王 斐
责任印制	戴 宽
出　　版	中国社会科学出版社
社　　址	北京鼓楼西大街甲 158 号
邮　　编	100720
网　　址	http：//www.csspw.cn
发 行 部	010-84083685
门 市 部	010-84029450
经　　销	新华书店及其他书店
印　　刷	北京明恒达印务有限公司
装　　订	廊坊市广阳区广增装订厂
版　　次	2020 年 9 月第 1 版
印　　次	2020 年 9 月第 1 次印刷
开　　本	710×1000 1/16
印　　张	17
插　　页	2
字　　数	237 千字
定　　价	96.00 元

凡购买中国社会科学出版社图书，如有质量问题请与本社营销中心联系调换
电话：010-84083683
版权所有　侵权必究

序　言

当前，面对环境问题日益严峻的挑战，国际社会强烈呼吁开展有效的全球治理来应对危机。随着全球环境治理进程的不断深入，在众多全球治理行为体中金融领域私人资本部门的重要性已经显得越发突出。2016 年，杭州 G20 峰会通过的《绿色金融综合报告》明确指出要增强金融体系调动私人资本参与绿色投资的能力。

美国跨国银行作为国际金融领域私人资本部门的旗舰，在全球环境治理中的地位和作用值得重视和研究。通过认真考察美国跨国银行参与全球环境治理的过程，我们可以发现一个非常矛盾的现象：一方面，美国跨国银行在绿色金融实践创新以及推动全球环境治理规范发展方面所取得的成绩受到肯定；另一方面，美国跨国银行的投融资活动又因为牵涉严重环境责任问题而不断遭到批评和质疑。面对这一矛盾表现，人们不禁发出疑问：美国跨国银行参与全球环境治理的真实动机是什么？如何正确评价全球环境治理中美国跨国银行的作用？如何看待美国跨国银行参与全球环境治理的上述两重性表现？

《跨国银行与全球环境治理》一书以问题为导向，将美国跨国银行参与全球环境治理的进程作为研究主线，充分运用政治、经济和环境等不同学科的相关文献资料并且大量收集重要一手数据，紧密围绕基本假设、应用案例研究和历史研究等方法，对美国跨国银行参与全球环境治理的原因进行了系统论证。

经过科学分析，《跨国银行与全球环境治理》得出三个重要结论：第一，市场因素是影响美国跨国银行参与全球环境治理的根本原因；第二，全球环境治理共识向美国跨国银行提供了积极的市场信号和政策导向；第三，公民社会为推动美国跨国银行参与全球环境治理发挥了重要作用。

美国跨国银行参与全球环境治理表现出两重性，即积极性和局限性。在此核心观点的基础上，《跨国银行与全球环境治理》为我们思考全球环境治理问题提供了以下重要启示：第一，由于局限性，私人资本部门短期内难以彻底与污染性能源投资切割。以美国跨国银行绿色融资为代表的"绿色资本主义"运动无法单独承担引领全球环境治理进程的重任；第二，全球环境治理将推动经济绿色转型，对于私人资本部门而言是重要的市场机遇。近十年来，围绕"绿色经济""低碳经济""清洁能源""清洁技术"等可持续发展理念已经形成了一个极富竞争力和市场商机的产业链条。全球绿色经济浪潮为美国跨国银行等私人资本部门提供了重要机遇；第三，如何推动私人资本部门继续深化绿色和向可持续发展转型对全球环境治理意义重大。以中国为代表的新兴经济体正在逐渐成为深化全球环境治理和绿色经济转型的中流砥柱。

2008年，《纽约时报》（*The New York Times*）专栏作家和著作家托马斯·弗里德曼（Thomas Friedman）曾指出清洁能源将会是下一场"工业革命"。弗里德曼在《世界又热又平又挤》（*Hot, Flat, and Crowded*）一书中曾热情鼓励美国在全球发挥带头作用，引领清洁能源革命。面对以绿色经济为动力的新一轮能源革命，美国的战略选择对全球环境治理的影响不可忽视。尤其在当前充满诸多不确定性因素的情况下，对美国长期发展变化趋势进行科学判断不可或缺。而美国跨国银行在全球环境治理中的行动和抉择很大程度上将直接反映甚至影响美国未来在世界绿色经济革命中的变化态势。《跨国银行与全球环境治理》探讨美国跨国银行参与全球环境治理的动因，为当前的全球环境治理和美国研究引入了一个非常可贵的全新视角。

《跨国银行与全球环境治理》是近年来全球环境治理领域可喜的研究成果。这本书的出版不仅有益于专业学者从事全球环境治理的理论研究，也为金融部门的绿色实践提供重要参考和指南，是一本能够启发人们思考和开拓视野的好书。总体来讲，我认为此书具有以下优点，向读者郑重推荐。

　　第一，观点鲜明、正确。目前国际社会已把解决全球生态危机列为拯救人类未来的重大问题，但如何解决？囿于成见，相当多的人把希望寄托于西方发达国家，这是危险的、不切实际的幻想。本书作者明确指出中国理念和实践要发挥领军作用，并指明了解决全球生态危机根本希望所在。

　　第二，本书以马克思主义为指导，对所论问题进行实事求是的辩证分析。从深入剖析绿色资本主义入手，既旗帜鲜明地指出中国智慧、中国方案、中国模式和中国行动的世界意义，同时并不全盘否定西方国家私人资本的作用。而是基于其两重性特点，预见其在今后全球环境治理大潮中仍能发挥应有的作用，从而构建起新形势下环球治理的统一战线，以造福于人类，这也不是没有可能的空想。

　　第三，论据充分。文章引用大量第一手材料，特别是英文材料来支撑自己的论点，由此也大大增强了说服力。显然，作者多年来在中英文资料方面的积累，使得此书具有一定的厚重感。对一位青年学者而言，是难能可贵的。

　　最后，我想说，杜明明同志是政治上、业务上都力求上进的优秀青年学者。他此次所出版的《跨国银行与全球环境治理》是他第一本学术著作。希望他再接再厉，将来取得更好的成绩！

张宏毅
北京师范大学历史学院教授
2020 年 2 月

摘　　要

本书研究美国跨国银行参与全球环境治理的原因。

为进一步深化全球环境治理并推动全球绿色经济革命，金融部门所发挥的作用至关重要。目前，国际社会已经对金融领域中私人资本的重要性有了深刻认识。因而，本书选取具有代表性和典型性的美国跨国银行进行研究，意义十分重大。

通过梳理全球环境治理的发展历程，本书发现一个值得认真分析的现象：近十余年来，以美国跨国银行为代表的私人资本部门参与全球环境治理表现得越来越积极，而且发挥的作用也越来越重要。美国跨国银行在推动全球环境治理规范发展以及绿色金融创新方面所取得的成绩值得充分肯定。因此，本书旨在探讨的核心问题是：为什么美国跨国银行会参与全球环境治理？

围绕核心问题，本书的基本论证过程如下：首先，根据马塞尔·杰肯提出的绿色金融四阶段理论，对美国跨国银行参与全球环境治理所表现出的主要特点展开研究；其次，在全球、美国国内和公司等三个不同层次上，系统分析美国跨国银行参与全球环境治理的具体原因；再次，通过剖析美国跨国银行难以克服忽视环境责任的主要"症结"，试图发现影响美国跨国银行参与全球环境治理的根本原因；最后，针对美国跨国银行向可持续阶段转型中所遇到的困难，探讨有利于进一步推动美国跨国银行参与全球环境治理的关键因素。

在分析过程中，本书主要应用了国际关系层次分析法、历史研究法、案例研究法以及定性研究法，并且充分运用了国际经济、政治和环境等相关学科的文献资料和数据。

经过科学分析，本书得出以下三个重要结论：第一，市场因素是影响美国跨国银行参与全球环境治理的根本原因；第二，全球环境治理共识向美国跨国银行提供积极市场信号和政策导向；第三，公民社会为推动美国跨国银行参与全球环境治理作出重要贡献。

本书探讨美国跨国银行参与全球环境治理的原因，为全球环境治理研究引入了一个全新视角。同时，由于全球环境治理的跨学科性以及该选题的复杂性，本书所作的初步研究还有待进一步深化。

Abstract

This book studies the reasons for participation by U. S. – based multinational banks in global environmental governance.

In order to further deepen global environmental governance and promote the global green economic revolution, the role played by the financial sector is crucial. At present, the international community has a profound understanding of the importance of private capital in the financial field. Therefore, it is of great significance to choose to research U. S. – based multinational banks as important representatives of private capital.

By observing the development process of global environmental governance, this book finds a phenomenon worthy of serious analysis. For the last decade and more, the private capital sector represented by the U. S. – based multinational banks has been more and more active in global environmental governance, and the role played by them is becoming more and more important. The achievements of U. S. – based multinational banks in promoting the development of global environmental governance norms and the innovation of green finance should be fully affirmed. Therefore, the core question to be studied in this book is: Why do U. S. – based multinational banks participate in global environmental governance?

Around the core question, the basic process of argument in this book is as follows. First of all, in accordance with the "four phases" theory of green finance proposed by Marcel Jeucken, the main characteristics of the participation of U. S. - based multinational banks in global environmental governance are studied. Secondly, the book analyzes the specific reasons for such participation on three different levels, namely global, U. S. domestic and company. Thirdly, through analyzing the difficulties faced by U. S. - based multinational banks in overcoming the problems caused by ignoring their environmental responsibilities, the book tries to find out the fundamental reasons for participation by U. S. multinational banks in global environmental governance. Finally, in view of the difficulties encountered by U. S. - based multinational banks in the transition to the sustainable banking phase, the book discusses the key reasons for further promoting the participation of U. S. - based multinational banks in global environmental governance.

In the process of analysis, this book mainly applies the level - of - analysis approach of international relations, the historical research method, the case study method and the qualitative research method. This book makes full use of the relevant literature in related disciplines, such as international economic, political and environmental governance, and also collects and collates a large amount of important data.

Through scientific analysis, this book draws the following three important conclusions: Firstly, market factors are the fundamental reasons for the participation of U. S. - based multinational banks in global environmental governance. Secondly, global environmental governance consensus provides active market signals and policy guidance to U. S. - based multinational banks. Thirdly, civil society has made important contributions to the participation of U. S. - based multinational banks in global environmental governance.

This book discusses the reasons for participation by U. S. - based multinational banks in global environmental governance, which introduces a new angle of view for the study of global environmental governance. However, due to the interdisciplinary nature of global environmental governance research and the complexity of this question, the preliminary research done in this book needs to be further developed.

目　录

导论 ……………………………………………………………（1）
　一　选题理由及研究价值分析 ……………………………（2）
　二　研究的核心问题 ………………………………………（8）
　三　国内外研究现状 ………………………………………（8）
　四　术语界定 ………………………………………………（17）
　五　理论分析框架 …………………………………………（24）
　六　研究方法与本书创新 …………………………………（30）
　七　结构安排 ………………………………………………（35）

第一章　美国跨国银行参与全球环境治理的表现 ………（36）
　第一节　规避阶段美国跨国银行的表现 …………………（36）
　　一　参与发起和推广"赤道原则" ………………………（37）
　　二　不断提升环境风险管理标准 …………………………（46）
　第二节　进攻阶段美国跨国银行的表现 …………………（61）
　　一　重视气候变化的环境融资理念 ………………………（61）
　　二　强调公私合作的环境融资模式 ………………………（74）
　小结 …………………………………………………………（86）

第二章　美国跨国银行参与全球环境治理原因的层次分析 ……（87）
　第一节　从全球层次分析美国跨国银行参与全球环境
　　　　　治理的原因 ………………………………………（87）

  一　全球环境问题的严重性……………………………（87）
  二　全球政治议程中的绿色金融理念…………………（88）
  三　清洁能源技术推动全球投资市场绿色发展…………（95）
  四　以环境非政府组织为代表的全球公民社会力量……（100）
 第二节　从国家层次分析美国跨国银行参与全球环境
     治理的原因……………………………………（113）
  一　美国国内早期环境立法的严格管制…………………（113）
  二　美国国内州和城市发挥的重要作用…………………（123）
  三　美国国内清洁能源技术和市场的良好发展态势……（129）
  四　美国国内公民社会的强大影响力……………………（133）
 第三节　从公司层次分析美国跨国银行参与全球环境
     治理的原因……………………………………（138）
  一　美国跨国银行应对环境风险与市场机遇的内在
    要求…………………………………………………（138）
  二　企业社会责任理念的约束力…………………………（147）
  三　美国跨国银行首席执行官的积极态度………………（152）
 小结………………………………………………………………（156）

第三章　影响美国跨国银行参与全球环境治理的根本
    原因……………………………………………………（157）
 第一节　污染能源市场对美国跨国银行的重要意义………（157）
  一　美国跨国银行与污染能源市场的密切联系…………（157）
  二　美国跨国银行难以割舍的煤电市场…………………（166）
 第二节　阻碍美国跨国银行向可持续阶段转型的市场
     因素……………………………………………（177）
  一　清洁能源技术尚未完善………………………………（177）
  二　美国政府对市场的消极影响…………………………（180）
 小结………………………………………………………………（184）

第四章　推动美国跨国银行进一步参与全球环境治理的关键因素……………………………………………（185）
　第一节　全球环境治理在国际经济和政治领域无法逆转的发展态势………………………………………（185）
　　一　清洁能源技术引领绿色经济革命……………（186）
　　二　全球环境治理共识难以撼动…………………（190）
　第二节　公民社会已成为捍卫全球环境治理的坚强后盾……………………………………………（195）
　　一　公民社会的重要性受到充分肯定……………（195）
　　二　环境非政府组织的主力先锋作用……………（196）
　　三　互联网技术的蓬勃发展………………………（197）
　　四　"环境正确"的影响力日渐增强………………（198）
　小结……………………………………………………（198）

结论……………………………………………………（200）
　　一　市场因素是影响美国跨国银行参与全球环境治理的根本原因…………………………………（200）
　　二　全球环境治理共识向美国跨国银行提供积极市场信号和政策导向……………………………（201）
　　三　公民社会为推动美国跨国银行参与全球环境治理作出重要贡献…………………………………（201）

参考文献………………………………………………（203）
　　一　中文部分………………………………………（203）
　　二　英文部分………………………………………（211）

附录……………………………………………………（223）

后记……………………………………………………（245）

Contents

Introduction ··· (1)
    I. Analysis of the reasons for choosing the topic, and research value ··· (2)
    II. Core issues of research ·· (8)
    III. Research status in China and abroad ···························· (8)
    IV. Definition of terms ··· (17)
    V. Theoretical analysis framework ······································ (24)
    VI. Research methods and book innovation ························· (30)
    VII. Treatise structure ··· (35)

Chapter 1 Performance of U. S. based multinational banks in global environmental governance ················ (36)
    1.1 Performance of U. S. – Based multinational banks in the preventive phase ·· (36)
        1.1.1 Participation in the initiation and promotion of the Equator Principles ·· (37)
        1.1.2 Continuous improvement of environmental risk management standards ································· (46)
    1.2 The performance of U. S. – based multinational banks in the offensive phase ··· (61)
        1.2.1 The environmental financing concept focusing on

climate change ································· (61)
 1.2.2 The environmental financing mode emphasizing public – private cooperation ······················ (74)
Summary ··· (86)

Chapter 2 The analysis of the reasons why U. S. – based multinational banks participate in global environmental governance under level – of – analysis theory ······················ (87)
 2.1 Analysis of the reasons why U. S. – based multinational banks participate in global environmental governance from a global perspective ······························ (87)
  2.1.1 The severity of global environmental problems ······ (87)
  2.1.2 The green finance concept in the global political agenda ·· (88)
  2.1.3 Clean energy technology as a spur to development of green global investment ···························· (95)
  2.1.4 Global civil society forces represented by environmental NGOs ······································ (100)
 2.2 The analysis of the reasons why U. S. – based multinational banks participate in global environmental governance from the domestic level ························ (113)
  2.2.1 Strict control by early environmental legislation in the United States ·· (113)
  2.2.2 Important roles played by states and cities in the United States ·· (123)
  2.2.3 The strong development trend of clean energy technology and markets in the United States ······ (129)
  2.2.4 The strong influence of civil society in the

United States ………………………………… (133)
2.3　The analysis of the reasons why U. S. – based multinational banks participate in global environmental governance from the corporate level …………………… (138)
　2.3.1　Theinternal requirements for US multinational banks to cope with environmental risks and market opportunities …………………………………… (138)
　2.3.2　The binding force of the corporate social responsibility concept ………………………………………… (147)
　2.3.3　The positive attitude of the CEOs of US multinational banks ………………………………………… (152)
Summary ………………………………………………… (156)

Chapter 3　The root causes influencing the participation of U. S. – based multinational banks in global environmental governance ………………………………… (157)
3.1　The significance of the pollution energy market to U. S. – based multinational banks ………………………… (157)
　3.1.1　The close relationship between U. S. – based multinational banks and the pollution energy market ………………………………………… (157)
　3.1.2　The coal power markets that U. S. – based multinational banks are unable to abandon ……… (166)
3.2　The market factors hindering the transition of US multinational banks to a sustainable stage …………… (177)
　3.2.1　Clean energy technology is not perfect …………… (177)
　3.2.2　The negative impact of the US government on the market ………………………………………… (180)
Summary ………………………………………………… (184)

Chapter 4 The key reasons for promoting the participation of US multinational banks in global environmental governance ……………………………………(185)
4.1 The irreversible development trend of global environmental governance in international economic and political fields ……………………………………………(185)
 4.1.1 Clean energy technology leads the green economic revolution ………………………………………(186)
 4.1.2 The consensus on global environmental governance is hard to shake ………………………………(190)
4.2 Civil society has become a strong support for safeguarding global environmental governance ………………(195)
 4.2.1 Thefull recognition of the importance of civil society ……………………………………………(195)
 4.2.2 The leading role of environmental NGOs …………(196)
 4.2.3 The vigorous development of internet technology ………………………………………………(197)
 4.2.4 The increasing influence of "environmental correctness" ……………………………………(198)
Summary ………………………………………………………(198)

Conclusion ……………………………………………………(200)
 I. Market factors are the root causes that affect the participation of U.S. - based multinational banks in global environmental governance ………………(200)
 II. The global consensus on environmental governance provides U.S. - based multinational banks with positive market signals and policy guidance ………(201)

III. The important contribution of civil society in promoting the participation of U. S. – based multinational banks in global environmental governance ·················· (201)

References ·· (203)
  I. Chinese section ·· (203)
  II. English section ·· (211)

Index ·· (223)

Epilogue ·· (245)

导　论

　　气候变化等环境危机的严峻性已经深刻威胁到了人类社会的生存和福祉。"环境问题被公认为当今世界所面临的最重大的全球性挑战之一。"① 因此，如何有效推动全球环境治理已经成为国际政治议程所讨论的中心话题。随着全球环境治理进程不断深入，国际社会越来越清楚地认识到环境问题的产生根源在于不可持续的经济增长方式。② 2008年全球金融危机之后，绿色经济革命已蔚然成风。由于"金融是现代经济的核心"③，所以国际社会对金融部门的"绿化"寄予了极高期望。发展绿色金融已成为进一步深化全球环境治理的必由之路。

　　绿色金融是涉及全球政治、技术、经济和社会等诸多复杂因素的重要国际关系问题。目前，学术界对该领域的研究方兴未艾。在国内外已有绿色金融相关研究中尚未出现从国际经济和政治视角进行综合分析的重要成果。环境问题的本质决定了私人资本在开展绿色金融乃至推动全球环境治理进程中的地位至关重要。而美国跨国银行在私人资本领域又具有较强的代表性。正是基于这样的背景，

---

　　① 张海滨：《环境与国际关系：全球环境问题的理性思考》，上海人民出版社2008年版，第6页。
　　② 1972年，罗马俱乐部在其首份研究报告《增长的极限》中对人类不可持续的经济增长方式提出严重警告。该报告被认为是研究全球环境资源问题的第一个最重要的科学成果。参见 Donella H. Meadows, Dennis L. Meadows, Jorgen Randers & William W. Behrens III, *The limits to growth*, Universe Books, 1972.
　　③ 刘金章、孙可娜：《现代金融理论与实务》，清华大学出版社2006年版，第2页。

本书展开对跨国银行参与全球环境治理原因的分析。

一　选题理由及研究价值分析

本书以美国跨国银行作为研究对象，分析其参与全球环境治理的原因。本书的选题理由及研究价值如下：

（一）选题理由

基于4点理由，本书选择研究该议题。

第一，该选题符合全球环境治理研究的发展要求。

全球环境问题最早受到重视是在自然科学领域，被作为国际关系问题研究的时间还不太长。[①] 环境问题作为国际政治议题的重要性真正开始凸显出来则是在冷战结束之后。国际关系领域对全球环境问题的研究主要集中于国际环境治理机制等制度性分析。2008年全球金融危机之后，学术界掀起绿色经济研究热潮，重视从全球环境问题产生的根源着手，寻求解决经济全球化负面效应的途径。绿色金融、环境经济学或生态经济学等交叉学科的出现为全球环境治理的成熟和完善提供了有益补充。在此背景下，私人资本部门的重要性日益突出。联合国《变革我们的世界：2030年可持续发展议程》高度重视各国政府、私人部门、民间社会和联合国系统等行为体之间的全球伙伴关系，并且特别强调"私人部门——从微型企业、合作社到跨国公司——民间社会组织和慈善组织将在执行新议

---

① 约翰·沃格勒（John Vogler）等学者认为，尽管"就正式国际政治而言，1972年在斯德哥尔摩召开的第一次联合国人类环境会议（UNCHE）在许多方面都是一个里程碑，……但是，这次会议的焦点仍然是'点源污染'（point source pollution）及其跨界效应"等技术性问题。参见 John Vogler & Mark F. Imber, *The Environment and International Relations*, Routledge, 1996, p. 5. 王逸舟指出，"'生态危机'或'环境污染'等说法，其实很早就见诸西方报章，但真正引起国际政治学家的关注并且加以研究，只是近二十年的事情"。参见王逸舟《西方国际政治学：历史与理论》，上海人民出版社2006年版，第501页。

程方面发挥作用"①。全球治理委员会也指出，"在全球层次，人们过去一直认为治理是指政府间的关系，如今必须了解，它同时也与非政府组织、各种公民运动、多国公司以及全球资本市场等相关联"②。麦格丽·德尔马斯（Magali A. Delmas）和奥兰·扬（Oran R. Young）"将参与治理的行为体划分为三大类，它们分别属于公共部门、公民社会或者私人部门"③。戴维·赫尔德（David Held）指出，"私人实体已经逐渐成为形成和执行全球公共政策的重要势力"④。

第二，金融机构在全球环境治理中的重要地位日益凸显。

随着国际社会达成具有里程碑意义的《变革我们的世界：2030年可持续发展议程》和《巴黎气候变化协定》，全球环境治理的"工作重心已转向如何为执行这些重要协定提供资金的问题"⑤。根据全球经济和气候委员会2016年的报告，"未来15年内，所需要的重大投资约为90万亿美元，超过了现在全部的股票市值"⑥。因此，"如何增强环境制度的能力，特别是融资能力，来实现其环境治理目标"⑦，将直接关系到未来全球环境治理事业的成败。

---

① 《变革我们的世界：2030年可持续发展议程》，中华人民共和国外交部，http://www.fmprc.gov.cn/web/ziliao_674904/zt_674979/dnzt_674981/xzxzt/xpjdmgjxgsfw_684149/zl/t1331382.shtml，登录时间：2016年9月28日。

② The Commission on Global Governance, *Our Global Neighborhood: The Report of the Commission on Global Governance*, Oxford: Oxford University Press, 1995, pp. 2-3.

③ Magali A. Delmas & Oran R. Young, *Governance for the Environment: New Perspectives*, Cambridge University Press, 2009, p. 8.

④ [英]戴维·赫尔德、安东尼·麦克格鲁编：《治理全球化：权力、权威与全球治理》，曹荣湘、龙虎等译，社会科学文献出版社2004年版，导言第16页。

⑤ "Financing For Green Infrastructure Investment", *United Nations Environment Programme*, 10 May 2016, http://unepinquiry.org/event/financing-for-green-infrastructure-investment/，登录时间：2017年9月12日。

⑥ Jan Corfee-Morlot, Ipek Gençsü, James Rydge, Helen Mountford, Ferzina Banaji & Joel Jaeger, "The Sustainable Infrastructure Imperative: Financing for Better Growth and Development" [PDF], *New Climate Economy*, October 2016, p. 8, http://newclimateeconomy.report/2016/wp-content/uploads/sites/4/2014/08/NCE_2016Report.pdf，登录时间：2017年9月12日。

⑦ 庄贵阳、朱仙丽、赵行姝：《全球环境与气候治理》，浙江人民出版社2009年版，第37页。

在全球环境治理急需资金扶持的情况下，绿色金融理念应运而生。它所要解决的最主要问题正是如何有效地为全球环境治理提供可持续融资。绿色金融要求金融机构积极"引导社会资源进入绿色生产和消费领域，促进经济绿色增长"①。绿色金融将经济、社会和环境三者可持续发展紧密而有效地结合起来。全球环境治理的绿色融资活动不仅需要世界银行、国际金融公司等官方国际金融机构的参与，而且更需要众多私人金融部门的鼎力支持。以气候变化治理融资情况为例，国际金融公司指出，"为了使全球气温升高限制在2℃以内，到2030年为止，每年在发展中国家的投资增量高达2750亿美元。尽管绿色融资始终保持增长，但是还远不能满足预期需求"②。为应对融资难题，国际社会对私人资本给予了高度重视。2007年，联合国气候变化框架公约缔约方大会报告强调"许多措施最终将需要私人行为者来担负责任"③，并且指出"应调动私人部门的大量资源来弥补公共财政资源的不足"④。

第三，跨国银行在全球环境治理中发挥了关键作用。

作为金融领域的核心部门，银行在全球环境治理中所发挥的关键作用不容置疑。⑤ 2016年杭州G20峰会的《绿色金融综合报告》

---

① 俞岚：《绿色金融发展与创新研究》，载《经济问题》2016年第1期，第78页。
② "Mobilizing Public and Private Funds for Inclusive Green Growth Investment in Developing Countries" [PDF], International Finance Corporation, 2013, p. 10, http://www.ifc.org/wps/wcm/connect/85f8e50041d450158bf88f00caa2aa08/Mobilizing + Public + and + Private + Finance + for + Inclusive + Green + Growth + Investment + in + Developing + Countries.pdf?MOD = AJPERES，登录时间：2016年10月25日。
③ Martin Parry, Nigel Arnell, Pam Berry, David Dodman, Samuel Fankhauser, Chris Hope, Sari Kovats, Robert Nicholls, David Satterthwaite, Richard Tiffin & Tim Wheeler, "Assessing the costs of adaptation to climate change" [PDF], International Institute for Environment and Development, August 2009, p. 27, http://pubs.iied.org/pdfs/11501IIED.pdf，登录时间：2017年9月12日。
④ "Report of the Conference of the Parties on its thirteenth session, held in Bali from 3 to 15 December 2007" [PDF], *United Nations Framework Convention on Climate Change*, 14 March 2008, p. 26, https://unfccc.int/resource/docs/2007/cop13/eng/06a01.pdf，登录时间：2017年9月13日。
⑤ 银行在绿色金融领域具有重要作用。参见钱立华《中国绿色金融的演进与发展》，载《中国银行业》2018年第2期。

指出,"目前,大多数绿色投资都是通过银行来融资的"①。跨国银行掌握着雄厚的国际资本,能够对全球环境治理进程产生重要影响。

跨国银行在全球环境治理中展现出两方面特点。一方面,跨国银行要为全球环境问题承担重要要责任。"从行业特征来分析,金融业属'公共性'产业,具有高风险、强污染和内在的不稳定性等行业特征"②。长期以来,跨国银行以追逐高额利润回报为宗旨刻意忽视环境责任,为污染性国际项目大量融资,造成了极其严重的环境问题。另一方面,跨国银行正逐渐成长为全球环境治理的积极参与者。由于银行与一般工商企业不同,它的经营活动是以货币和货币资本为对象,因此其"对整个社会经济的影响远大于任何一个企业"③。当前,跨国银行在全球环境治理中发挥的积极作用值得肯定。例如,一些跨国银行代替传统的主权国家政府,成为全球环境治理规范的发起者和制定者。例如,"赤道原则(Equator Principles),是由荷兰银行、巴克莱银行、西德意志银行和花旗银行等跨国银行共同起草、发起的,一套在融资过程中用以确定、评估和管理项目所涉及的环境和社会风险的金融行业基准"④。

第四,选取美国跨国银行研究具有较强的代表性。

美国银行业在国际金融领域的地位举足轻重。"自19世纪90年代起,美国就一直保持着世界最大经济体的领先地位。"⑤ 截至2016年12月31日,美国公司的海外直接投资累计高达5.566万亿

---

① "G20 Green Finance Synthesis Report" [PDF], G20 Green Finance Study Group, 5 September 2016, p. 13, http://g20.org/English/Documents/Current/201608/P020160815359441639994.pdf, 登录时间:2016年10月19日。

② 罗晋京:《跨国银行法律规制对国家主权的影响》,知识产权出版社2011年版,第10页。

③ 庄毓敏:《商业银行业务与经营》,中国人民大学出版社2010年版,第5页。

④ "About The Equator Principles", Equator Principles, http://equator-principles.com/index.php/about-ep/about-ep, 登录时间:2016年5月13日。

⑤ "The United States Becomes a World Power", Digital History, http://www.digitalhistory.uh.edu/disp_textbook.cfm?smtID=2&psid=3158, 登录时间:2016年5月14日。

美元,居全球各国首位。① "战后美国跨国银行以空前规模和速度向全球进军,并和跨国公司一起成为当代美国金融资本的两大支柱。"② 今天,"美国银行机构的触角已经延伸到全世界的几乎每一个角落"③。

在国际金融领域,美国跨国银行较早就开始关注环境风险,"拒绝为一些环境敏感部门提供贷款"④。另外,美国跨国银行也为推动全球环境治理规范发展作出了重要贡献。例如,花旗集团、美国银行、摩根大通和富国银行是"赤道原则"的成员机构;其中,花旗集团还是"赤道原则"最重要的发起者之一。⑤ 总之,美国跨国银行参与全球环境治理的原因值得认真分析。

(二) 研究价值

选择该议题进行研究具有三方面意义。

第一,深化全球环境治理研究。

近二十多年来,作为国际关系领域内最重要的议题之一,全球环境治理的发展变化和日益紧迫的态势,促使国际社会对全球环境问题的重要性和复杂性等特点在理论认识上不断深化。探究美国跨国银行在全球环境治理中的作用,对于丰富国际关系理论以及深化全球环境治理研究有着重要意义。传统观念里,主权国家、政府间国际组织和非政府组织,被视为全球环境治理中三个最重要的行为主体。已有的全球环境治理研究工作多是围绕这些行为体的作用以

---

① "Stock of Direct Foreign Investment-Abroad", Central Intelligence Agency, 31 December 2016, https://www.cia.gov/library/publications/the-world-factbook/rankorder/2199rank.html, 登录时间: 2016年5月14日。

② 张帆:《美国跨国银行与国际金融》,中信出版社1989年版,第1页。

③ 李石凯、王晓雷:《国际金融前沿问题研究:全球银行竞争与发展》,中国金融出版社2008年版,第64页。

④ Phil Case, *Environmental Risk Management and Corporate Lending: A Global Perspective*, CRC Press, 1999, p. x.

⑤ 参见"Equator Principles Association Members & Reporting", *Equator Principles*, http://www.equator-principles.com/index.php/members-reporting, 登录时间: 2016年5月14日。

及互动关系展开。跨国银行是跨国公司中的一个特殊类别。同时,美国跨国银行也是私人资本部门的典型代表。当前,全球环境治理所面临的融资难题更加突显出跨国银行的重要性,也为进一步深化全球环境治理研究提供了前提条件和客观要求。

第二,拓展美国研究内容。

美国是当今世界综合国力最强大的国家。对其跨国资本运作进行研究,必然具有重要意义。美国跨国银行是美国资本市场的重要支柱,也是推动美国资本全球化的重要工具。美国跨国银行为维护和巩固美国的全球领先地位发挥了重要作用。新一轮产业革命以绿色经济为动力。全球环境治理必将带动世界工业革命的蓬勃发展。在这场前所未有的历史进程中,研究美国跨国银行的抉择和行动具有格外重要的理论和现实意义。以跨国银行财团为核心的美国金融业代表着美国垄断资本的核心利益,对美国政治具有重要影响。[1]西蒙·约翰逊(Simon Johnson)和郭庚信(James Kwak)指出,"华尔街银行是美国新寡头政治集团。该集团通过它的经济实力获取政治权力,然后又使用这些政治权力为自己牟利"[2]。由于当前美国政府在全球环境治理中的战略走向出现了严重波动性和不确定性,所以,通过研究美国跨国银行在全球环境治理中的作用,将有利于窥探美国在未来新一轮产业革命中的发展趋势,并有助于我国在全球环境治理中制定正确的对策和战略。因此,本书所选择的问题在美国研究领域具有重要的学术前沿性。

第三,为我国金融机构提供借鉴。

"我国政府高度重视发挥金融机构对促进节能减排、环境保护

---

[1] 前纽约市市长约翰·海兰(Johan F Hylan)在1922年的著名演讲中指出,"实力强大的国际银行家小集团为他们自私的个人目的操纵着美国政府。他们实际上控制着两党"。参见Jordan Maxwell, *Matrix of Power: How the World Has Been Controlled by Powerful People Without Your Knowledge*, Book Tree, 2000, p. 5.

[2] Simon Johnson & James Kwak, *13 Bankers: The Wall Street Takeover and the Next Financial Meltdown*, Vintage, 2011, p. 6.

的作用。"① 近年来，我国相继出台了《关于改进和加强节能环保领域金融服务工作的指导意见》（2007）、《关于落实环境保护政策法规防范信贷风险的意见》（2007）和《绿色信贷指引》（2012）等指导政策。但是，与美国相比，我国银行业参与环境治理起步较晚。特别是，随着中国企业跨国投资的迅猛发展，以及中国在全球环境治理中的地位越来越重要，我国银行业有必要认真吸取美国跨国银行参与全球环境治理的经验和教训，争取早日为全球环境治理提供有价值的中国方案。②

二 研究的核心问题

通过梳理全球环境治理的发展历程，本书发现一个值得认真分析的现象：近十余年来，以跨国银行为代表的私人资本部门参与全球环境治理的表现越来越积极，而且所发挥的作用也越来越重要。跨国银行在推动全球环境治理规范发展以及绿色金融创新方面所取得的成绩值得充分肯定。

由此引出本书的核心研究问题：为什么跨国银行会参与全球环境治理？

三 国内外研究现状

由于本书选题涉及多学科领域的交叉并且学术前沿性较强，所以目前能够利用的相关科研成果不多。因此，对国内外既有研究现状的梳理主要从4个方面展开。

---

① 蓝虹：《商业银行环境风险管理》，中国金融出版社2012年版，序一，第1页。
② 美国政府智囊内的一些学者已经指出，中国金融机构在帮助制定全球绿色融资规则和标准方面所发挥的作用越来越重要，未来十余年将严重损害美国银行业的利益。参见 Amy Myers Jaffe, "Green Giant: Renewable Energy and Chinese Power", *Foreign Affairs*, March/April 2018 Issue.

(一) 绿色金融研究

美国跨国银行参与全球环境治理的问题属于绿色金融研究范畴。目前,该领域的研究具有较强的学术前沿性。

1. 国外文献

国外学者为绿色金融问题研究作出了开创性贡献。

第一,绿色金融概念在国外研究机构报告中被较深刻地探讨。荷兰爱科菲斯公司的尼克拉斯·霍恩(Niklas Höhne)等学者在《2011年国际发展金融俱乐部成员绿色金融规划》中指出,"绿色金融是一个广义的术语,可以指有利于可持续发展项目和倡议、环境产品以及可持续经济发展政策的金融投资"[①]。国际可持续发展研究所的西蒙·扎待克(Simon Zadek)以及卡西·弗林(Cassie Flynn)在《源自南方的绿色金融:发掘潜力》报告中进一步明确了绿色金融与绿色投资之间的关系,指出"绿色金融与绿色投资两个概念经常被交替使用。但是,在实践中绿色金融的含义远比投资更广"[②]。德国发展研究所的兰丽缇·林登堡(Nannette Lindenberg)将绿色金融归纳为3个方面,即"绿色投资融资、公共绿色政策融资和绿色金融体系"[③]。从以上研究情况可知,"尽管学者们对绿色金融的概念提出了不同的看法,但其核心没有偏离环境保护和可持续发展理念"[④]。

---

① Niklas Höhne & Sumalee Khosla, Hanna Fekete & Alyssa Gilbert, "Mapping of Green Finance Delivered by IDFC Members in 2011" [PDF], *Ecofys*, 14 June 2012, p. 7, https://www.kfw-entwicklungsbank.de/migration/Entwicklungsbank-Startseite/Entwicklungsfinanzierung/Umwelt-und-Klima/Zahlen-Daten-Studien/Studien-und-Publikationen/2012_Mapping-Report.pdf,登录时间:2016年10月25日。

② Simon Zadek & Cassie Flynn, "South-Originating Green Finance: Exploring the Potential" [PDF], International Institute for Sustainable Development, November 2013, p. 7, http://www.iisd.org/pdf/2014/south-originated_green_finance_en.pdf,登录时间:2017年9月7日。

③ Nannette Lindenberg, "Definition of Green Finance" [PDF], German Development Insitute, April 2014, p. 3, https://www.die-gdi.de/uploads/media/Lindenberg_Definition_green_finance.pdf,登录时间:2017年9月7日。

④ 邓翔:《绿色金融研究述评》,载《中南财经政法大学学报》2012年第6期,第68页。

第二，国外学者较早使用环境金融等专业术语研究相关问题。

埃里克·考恩（Eric Cowan）以加拿大国际开发署（CIDA）在亚洲的实际项目作为案例，强调环境金融在现实世界中的重要价值是"为环境保护或社会的环境倡议解决与融资相关的实际问题"①。由索尼亚·拉巴特（Sonia Labatt）和罗德尼·怀特（Rodney R. White）在2002年出版的专著《环境金融：环境风险评估与金融产品指南》也通过研究实际案例，重点分析了以提高环境质量和转移环境风险为目标的金融工具。②

2. 国内文献

目前，国内以绿色金融作为专门问题的研究还处于起步阶段。

第一，以分享国外绿色金融成功经验的介绍性研究成果为主。

翁智雄等指出，"发达国家的绿色金融产品发展较早，在产品与类别、内容与形式、效益与效果等方面都有许多值得学习、借鉴之处"③。张健华以美国的碳交易市场作为专题进行研究。④ 蓝虹分析了国外领先金融机构的碳金融产品和业务的成功案例。⑤ 张伟以上市银行为例，介绍了金融业促进节能减排的国际经验与机制。⑥

第二，致力于探索我国绿色金融体系发展路径。

王元龙等指出，"绿色金融的发展离不开国家政策支持，包括资金、法律法规、人才培养、机构设施建设等方面。从近期来看，构建中国绿色金融体系需要重点把握两个方面，即优化宏观政策环

---

① Eric Cowan, "Topical Issues in Environmental Finance" [PDF], EEPSEA Biannual Workshop, November, 1998, p. 3, https://idl-bnc.idrc.ca/dspace/bitstream/10625/27137/5/118116.pdf，登录时间：2016年10月24日。

② Sonia Labatt & Rodney R. White, *Environmental Finance: A Guide to Environmental Risk Assessment and Financial Products*, Wiley, 2002.

③ 翁智雄、葛察忠、段显明、龙凤：《国内外金融产品对比研究》，载《中国人口·资源与环境》2015年第6期，第21页。

④ 张健华：《低碳金融》，上海交通大学出版社2011年版。

⑤ 蓝虹：《碳金融与业务创新》，中国金融出版社2012年版。

⑥ 张伟：《绿色经济研究丛书·金融业绿色转型研究：以金融业促进节能减排为例》，经济科学出版社2014年版。

境与构造微观基础"①。黄贤和钟为亚认为，中国"应健全约束激励机制、完善市场体系、加强各部门协作，大力发展绿色金融助推环保产业"②。马骏阐述了绿色金融在中国的发展情况，并分析了绿色金融支持实体经济发展的案例。③

（二）与跨国公司参与全球环境治理相关的研究

鉴于跨国银行属于跨国公司的一种类型，本书认为有必要梳理国内外与美国跨国公司参与全球环境治理相关的研究成果。

1. 国外文献

在国际政治经济学领域，跨国公司一直是国外学者研究的重点。当代国际政治经济学权威，罗伯特·吉尔平（Robert Gilpin）在其代表作《国际关系政治经济学》（1987）和《全球政治经济学：解读国际经济秩序》（2001）两本书中都将跨国公司作为重要研究对象。吉尔平强调跨国公司所带有的母国属性特征，即"跨国公司、多国公司或全球公司（不管你喜欢哪种称呼）仍然是有国籍的"④。

目前，国外学者对跨国公司参与环境治理的研究体现出4个方面的特点。

第一，从企业社会责任视角展开分析。

迪利克（T. Dyllick）和霍克茨（K. Hockerts）强调，环境可持续性（例如有效的环境管理与保护措施）是体现企业可持续性的重要方面之一。⑤ 丹迪斯·罗迪内利（Dennis A. Rondinelli）和迈克尔·贝瑞（Michael A. Berry）对"企业环境公民"概念做出重

---

① 王元龙、马昀、王思程、刘宇婷、叶敏：《中国绿色金融体系：构建与发展战略》，载《财贸经济》2011年第10期，第45页。
② 黄贤、钟为亚：《我国绿色金融发展问题及对策探讨》，载《环境保护》2014年第14期。
③ 马骏：《中国绿色金融发展与案例研究》，中国金融出版社2016年版。
④ ［美］罗伯特·吉尔平：《全球政治经济学：解读国际经济秩序》，杨宇光、杨炯译，上海人民出版社2013年版，第267页。
⑤ T. Dyllick & K. Hockerts, "Beyond the Business Case for Corporate Sustainability", *Business Strategy and the Environment*, Vol. 11, Issue 2, March/April 2002, pp. 130 – 141.

要定义，认为跨国公司的内部环境管理实践对其外部环境条件产生了重要影响。① 迪莱克·萨替达玛（Dilek Cetindamar）和胡索伊（K. Husoy）以参与联合国"全球契约"行动的 29 家跨国公司为研究对象，认为在企业履行环境责任行为的原因中道德和经济两个因素同时存在。②

第二，研究跨国公司参与环境治理的具体路径。

美国著名环境律师和政策制定者、耶鲁大学教授丹尼尔·埃斯蒂（Daniel C. Esty）在其代表作《从绿到金：聪明企业如何利用环保战略构建竞争优势》③和《从绿到金的操作指南》④中，介绍了企业应如何将环保思维融入企业战略，从而削减成本、降低风险、增加收入，并树立起强有力的品牌形象。美国科罗拉多大学教授彼得·戴莱恩（Peter deLeon）等学者分析了公司参与环境治理的两种途径，一种是在政府监管命令下的被动行为；另一种是自愿环境计划，即公司主动地参与环境治理。⑤

第三，分析美国跨国公司试图逃避环境责任的问题。

杰弗里·伦纳德（H. Jeffrey Leonard）等学者指出，自 20 世纪 70 年代以来，环境法规成为影响跨国公司在世界范围内选择经营地点的重要因素。环境法规正在造成世界各工业国之间比较竞争优势方面的变化。伦纳德提出了以下两个重要论点：其一，严格的环境法规管制迫使跨国公司离开美国和其他发达国家；其二，欠发达

---

① Dennis A. Rondinelli & Michael A. Berry, "Environmental Citizenship in Multinational Corporations: Social Responsibility and Sustainable Development", *European Management Journal*, Vol. 18, Issue 1, 2000, pp. 70 – 84.

② Dilek Cetindamar & K. Husoy, "Corporate Social Responsibility Practices and Environmentally Responsible Behavior: The Case of The United Nations Global Compact", *Journal of Business Ethics*, Volume 76, Issue 2, December 2007, pp. 163 – 176.

③ Daniel C. Esty & Andrew Winston, *Green to Gold: How Smart Companies Use Environmental Strategy to Innovate, Create Value, and Build Competitive Advantage*, Yale University Press, 2006.

④ Daniel C. Esty & P. J. Simmons, *The Green to Gold Business Playbook: How to Implement Sustainability Practices for Bottom-Line Results in Every Business Function*, Wiley Press, 2011.

⑤ Peter deLeon & Jorge E. Rivera, *Voluntary Environmental Programs: A Policy Perspective*, Lexington Books, 2009.

国家却为吸引跨国公司投资而降低环境管制标准。①

第四，探讨美国跨国公司在全球环境治理中的积极作用。

罗尼·加西亚—约翰逊（Ronie Garcia-Johnson）的《出口环境主义：美国化工跨国公司在巴西和墨西哥》是第一部研究跨国公司推广环境理念和实践的专著。加西亚—约翰逊以20世纪70—90年代美国化工跨国公司在巴西和墨西哥开展的责任关怀项目为案例，展示美国跨国公司是如何促进发展中国家环境保护运动进步的。加西亚—约翰逊指出，跨国公司为了保持竞争优势而有动机去提高它们在东道国分支机构的环境、健康和安全标准。②

2. 国内文献

近些年来，国内学者对于全球环境治理中跨国公司有所关注，但是还没有出现研究该问题的专著。

第一，对跨国公司在全球环境治理中作用的重要性予以肯定。

王逸舟认为，跨国公司等非国家行为体"的权力在全球经济中起着日益增长的作用，那么国家中心的范式在解决生态问题时的作用自然会受到削弱"③。李东燕指出，"政府不再是治理的垄断角色，而是代之以具有特定技能、知识、能力的其他机构（尤其是跨国公司）共同实施治理"④。

第二，分析了跨国公司在全球环境治理中与其他行为体的互动。

张海滨探讨了国际非政府组织影响跨国公司决策的三种方式：（1）发动公众和舆论；（2）通过合作向跨国公司灌输环保意识；（3）通过提高消费者的环境意识，进而影响跨国公司的行为。⑤ 朱

---

① H. Jeffrey Leonard, *Pollution and the Struggle for the World Product: Multinational Corporations, Environment, and International Comparative Advantage*, Cambridge University Press, 1988.

② Ronie Garcia-Johnson, *Exporting Environmentalism: U. S. Multinational Chemical Corporations in Brazil and Mexico*, The MIT Press, 2000.

③ 王逸舟：《西方国际政治学：历史与理论》（第二版），上海人民出版社2006年版，第512页。

④ 李东燕：《全球治理——行为体、机制与议题》，当代中国出版社2015年版，第166页。

⑤ 张海滨：《环境与国际关系——全球环境问题的理性思考》，上海人民出版社2008年版，第125—126页。

素梅认为，跨国公司积极参与全球环境治理，主要表现在三个层面上：（1）跨国公司与联合国的合作；（2）跨国公司与非政府组织的合作；（3）跨国公司与地区组织的合作。跨国公司从深层意义上促进了国际关系的多元化和民主化。①

第三，以案例分析方式探讨了美国跨国公司的环境外交。

董晓同选取美国英特尔公司作为案例，考察了美国跨国公司推行环境外交的行为方式与特点，并重点探讨了美国跨国公司与美国政府、所在行业以及东道国之间的内在关系。董晓同认为，美国跨国公司具有资金、技术等优势，在全球环境治理中作出的贡献值得肯定。但是，作者在结论部分也简要指出，跨国公司"首先考虑的仍然是盈利问题；跨国公司在推行环境外交时的自主性还有所欠缺"②。

（三）与跨国银行参与全球环境治理相关的研究

本书所要研究的问题具有较强的学术前沿性。学术界对涉及银行部门参与环境治理的问题开始较多关注也仅是最近几年的事情。另外，从事该问题研究的学者主要集中在金融领域。经济学专业重视大样本数据分析以及国际金融学科偏爱跨国比较分析的研究思路和方法使该问题的深入研究受到很大局限。因此，目前国内外关于美国跨国银行参与全球环境治理的研究成果总体来讲十分不足。

1. 国外文献

目前，在国外学术界还没有出现专门研究美国跨国银行参与全球环境治理的重要成果。

第一，以美国等发达国家银行参与环境治理的案例作比较研究。

荷兰经济学家马塞尔·杰肯（Marcel Jeucken）被誉为第一位

---

① 朱素梅：《全球环保领域中的跨国公司及其环境外交》，载《世界经济与政治》2000年第5期。

② 董晓同：《美国跨国公司的环境外交》，载《复旦国际关系评论》2007年第1期，第182—183页。

出版有关银行业可持续金融研究专著的学者。他的代表性成果主要包括：《可持续金融与银行业：金融部门和地球的未来》①《可持续银行：绿色金融》②和《金融可持续性：地球上的银行》③等。马塞尔·杰肯通过比较分析美国、英国、澳大利亚、欧洲以及亚洲主要银行在可持续发展领域的案例，为银行提升可持续发展能力提供了政策性建议。

第二，美国银行业早期环境风险管理的经验和教训被作为案例介绍。英国学者菲尔·凯斯（Phil Case）的《环境风险管理和公司贷款：全球视角》是第一部系统探讨银行和其他金融机构信贷资金环境风险管理的专著和教科书。菲尔·凯斯介绍了美国银行业在20世纪80年代由于受到《超级基金法》等环境法规的压力，以及来自美国环保署的严格管制，而作为贷款人被迫重视环境风险管理的经验和教训。④

2. 国内文献

与国外情况相比，国内对于该领域问题的研究则更显不足。

第一，与银行参与环境治理相关的研究专著较少。

蓝虹的《商业银行环境风险管理》是国内第一本系统研究和介绍商业银行环境风险管理技术、流程和方法的专著。蓝虹介绍了美国商业银行环境风险管理产生和发展的背景，以及转嫁环境风险的主要保险险种。⑤

第二，介绍国外银行参与环境治理先进经验的论文较多。

国内学者的研究成果以介绍国外银行先进经验的论文为主。郑

---

① Marcel Jeucken, *Sustainable Finance and Banking: The Financial Sector and the Future of the Planet*, Routledge, 2001.

② Jan Japp Bouma, Marcel Jeucken & Leon Klinkers, *Sustainable Banking: The Greening of Finance*, Greenleaf Publishing in association with Deloitte & Touche, 2001.

③ Marcel Jeucken, *Sustainability in Finance: Banking on the Planet*, Eburon Academic Publishers, 2004.

④ Phil Case, *Environmental Risk Management and Corporate Lending: A Global Perspective*, CRC Press, 1999, pp. 58-60.

⑤ 蓝虹：《商业银行环境风险管理》，中国金融出版社2012年版。

冲介绍了包括摩根大通、富国银行和花旗银行等美国跨国银行在内的 14 家西方大型银行在环境风险管理政策、流程以及组织架构等方面的实践与经验。[①] 代玉簪和郭红玉选取了花旗银行和摩根大通银行等 7 家赤道银行作为典型代表，研究和总结了国际主流银行的环境金融政策与管理实践经验。[②]

第三，缺少对美国跨国银行环境风险管理的专题研究。

银行环境风险管理是当前国内学术界的热点问题，但是已有研究的深度不够。特别是欠缺关于美国跨国银行环境风险管理的专题研究。1997 年，杨选简要介绍了美国银行业综合信贷管理中的环境风险管理经验。[③] 自此之后，国内学者多是在研究成果中对美国跨国银行的环境风险管理政策有所涉及，却并未深入展开系统性研究。例如，谭太平[④]、宋晓玲[⑤]等学者在论文中介绍了花旗银行环境风险管理的成功经验。

（四）国内外相关研究的可拓展空间

综上所述，与本书选题相关的已有研究成果具有 3 个特点。

1. 对跨国公司的研究不足

国家、政府间国际组织以及非政府组织等 3 类行为体是全球环境治理研究中的主要对象。跨国公司行为体受到的重视程度不高。从整体情况来看，已有研究成果对全球环境治理中跨国公司行为体的分析还不够深入。

2. 已有研究的局限性较大

在本书选题相关领域作出较多探索的金融专业学者将主要精力

---

① 郑冲：《银行环境风险管理：国际经验与启示》，载《金融理论与实践》2012 年第 9 期。
② 代玉簪、郭红玉：《商业银行环境金融业务管理的国际经验及启示》，载《南方金融》2014 年第 11 期。
③ 杨选：《美国银行的环境风险管理》，载《国际市场》1997 年第 1 期。
④ 谭太平：《国内外银行绿色金融实践的比较研究》，载《生态经济》2010 年第 6 期。
⑤ 宋晓玲：《西方银行业绿色金融政策：共同规则与差别实践》，载《经济问题探索》2013 年第 1 期，第 171 页。

用于研究如何提升银行等金融机构有效应对环境风险以获取利润的能力,研究思路和方法的局限性较大。国内学者还主要停留在介绍国际银行业先进经验的阶段。

3. 国际关系领域尚无重要成果出现

总体来讲,学术界在本书选题领域的研究还处于起步阶段。尤其是在国际关系领域,还没有出现从国际经济和政治视角研究跨国银行参与全球环境治理原因的重要学术成果。

四 术语界定

由于本书的研究问题涉及多学科领域的交叉,有必要对本书中出现的主要术语进行清晰的界定.

1. 跨国银行

学界关于跨国银行的概念目前没有统一界定标准。跨国银行的定义主要有广义和狭义之分。广义上,跨国银行"是设立在两个或两个以上国家的实体,不问其社会制度如何。它在一个决策体系下进行经营,各实体之间通过股权或其他形式具有紧密联系"[①]。狭义的定义则对银行设立国外分支机构的数目、地点、在国外分支机构控股多少以及设立分支机构的国家数目等都有更详细的规定。例如,"按联合国跨国公司中心的定义,必须在五个或五个以上的国家里拥有多数股份的分支、附属机构的银行,称为跨国银行"[②];英国《银行家》杂志以资本实力和境外业务作为界定跨国银行的主要标准,规定跨国银行的一级资本必须在10亿美元以上并且必须在伦敦、东京、纽约等主要国际金融中心设立分支机构。[③]

由于本书选题的学科领域为国际关系,所以本书对跨国银行的

---

① 张帆:《美国跨国银行与国际金融》,中信出版社1989年版,前言第1页。
② 许毅、沈经农、陶增骥:《经济大辞典:财政卷》,上海辞书出版社1987年版,第154页。
③ 刘安学:《跨国银行经营管理》,西安交通大学出版社2013年版,第3页。

界定侧重于广义的解释，强调跨国银行的基本特征是"在一个以上国家拥有分支和附属机构"①。本书所涉及的美国跨国银行，主要符合两个基本条件：其一，总部位于美国；其二，在美国以外设有分支机构。

本书选取了美国银行（Bank of America Corp.）、花旗集团（Citigroup Inc.）、高盛集团（Goldman Sachs Group Inc.）、摩根大通（JP Morgan Chase & Co.）、摩根士丹利（Morgan Stanley）以及富国银行（Wells Fargo & Co.）六家美国跨国银行作为研究对象加以分析（参见表0—1）。

表0—1　　　　　本书研究的六家美国跨国银行②

美国排名	银行名称	总资产（万亿美元）	世界排名	股票市值（亿美元）
1	摩根大通	2.55	1	2993.93
2	美国银行	2.25	4	2287.78
3	富国银行	1.95	2	2765.78
4	花旗集团	1.82	7	1598.98
5	高盛集团	0.89	12	969.34
6	摩根士丹利	0.83	18	797.63

选取这六家美国跨国银行主要基于以下考虑：

首先，财力雄厚。在美国乃至世界银行领域，这六家跨国银行的资产规模都位于前列。根据"标普智慧"（S&P Global Market Intelligence）2017年的最新统计结果，以上六家银行在资产规模方面稳居美国最大银行前六位；并且按股票市值（2017年1月20日）计算，这六家银行位于世界银行排名前二十。

---

① Geoffrey Jones, *Banks as Multinationals* (*RLE Banking & Finance*), Routledge, 2012, p. 1.
② 此表为笔者根据相关资料整理、统计。参见 Amanda Dixon, "America's 10 biggest banks", Bankrate, November 7, 2017, http://www.bankrate.com/banking/americas-top-10-biggest-banks/#slide=1，登录时间：2017年12月5日；"World's Largest Banks 2017", Banks around the World, https://www.relbanks.com/worlds-top-banks/market-cap，登录时间：2017年12月5日。

其次，矛盾性表现鲜明。这六家美国跨国银行既是积极参与全球环境治理的代表性银行，同时，在污染性能源等危害环境的投融资领域，也在全球银行业中居突出位置。

因此，选择以上具有代表性和典型性的六家跨国银行作为研究对象，有利于深刻揭示本书所要解答的核心问题。此外，在这六家跨国银行中，因为花旗集团参与环境治理的实际表现最为突出，并且历年公布的环境责任报告也最为详尽，所以本书对花旗集团作了较多分析。

2. 全球环境治理

全球环境治理是全球治理研究的一部分。"20世纪90年代，研究国际政治的学者开始使用'全球治理'这一概念，但至今仍缺乏明确的定义。"[①] 对全球治理不同理论流派及观点的介绍在相关领域的专著和教科书中已列举得非常详尽，因此本书就不再一一赘述。本书侧重于全球治理委员会对全球治理概念所作的阐释。全球治理是"涉及多元行为体的管理全球事务的过程与机制"[②]。

目前，虽然学界对参与全球治理的行为体有不同的分类方法，但是归纳起来主要包括四类，即国家、政府间国际组织、非政府组织以及跨国公司。前三类行为体已受到学者的较多关注。主权国家以及政府间国际组织被认为是全球治理的最基本行为主体，特别是联合国在全球治理中发挥着主导性作用。非政府组织在全球治理中的作用也受到学者的较多青睐。随着全球化的不断深入，跨国公司的重要性与日俱增。例如，目前"与生态有关的最重要的政策中有许多并不是由国家当局做出的，而是由那些相对而言数量不多、却强大有力的跨国公司制定的"[③]。本书选择跨国公司这类行为体中的跨国银行作为研究对象，符合全球环境治理的基本概念以及发展要求。

---

① 许健：《全球治理语境下国际环境法的拓展》，知识产权出版社2013年版，第36页。
② 李东燕：《全球治理——行为体、机制与议题》，当代中国出版社2015年版，第5页。
③ 王逸舟：《西方国际政治学：历史与理论》，上海人民出版社2006年版，第512页。

在此基础上，本书认为所谓"全球环境治理"，是指国际社会中国家、政府间国际组织、非政府组织以及跨国公司（包括跨国银行）等多元行为体，通过共同参与及合作，解决全球性环境问题的过程与机制。

环境问题是指"由人类活动或自然原因引起的环境破坏和环境质量变化，以及由此给人类的生存和发展带来不利的影响"[1]。根据产生原因不同，环境问题可以被分为两类："一类是由自然力引起的原生环境问题，称为第一环境问题，主要指地震、洪涝、干旱、滑坡等自然灾害问题；一类是由人类活动引起的次生环境问题，也叫第二环境问题，它又可以分为环境污染和生态环境破坏两类。"[2] 本书所指的全球环境问题是诸如气候变化、生物多样性的丧失、酸雨、水体污染、固体废弃物污染、森林砍伐等次生环境问题。由于"气候变化是当前最受世界关注的全球性环境问题"[3]，所以本书涉及跨国银行参与全球气候治理的论述比重相对较大。

3. 绿色金融

在现代汉语中，"绿色"一词有两层含义："1. ［名］绿的颜色；2. ［形］属性词。指符合环保要求、无公害、无污染的。"[4] 绿色金融中的"绿色"应为以上第二种释义。在金融学中，"金融"是指"货币流通和信用分配活动的总称"[5]。

关于"绿色金融"概念，本书侧重于《G20绿色金融综合报告》中的界定，即"能产生环境效益以支持可持续发展的投融资活动。这些环境效益包括减少空气、水和土壤污染，降低温室气体排放，提高资源使用效率，减缓和适应气候变化并体现其协同

---

[1] 史学瀛：《环境法学》，清华大学出版社2006年版，第6页。
[2] 刘成武、石磊：《身边的环保》，中国林业出版社2004年版，第2页。
[3] 张海滨：《环境与国际关系》，上海人民出版社2008年版，第241页。
[4] 《现代汉语词典》，商务印书馆2016年版，第854页。
[5] 赵宁霞：《金融法》，西南财经大学出版社2009年版，第1页。

效应等"①。另外,《全球绿色金融:英国作为一个国际枢纽》报告又进一步明确"绿色金融包含'气候融资'(清洁能源、低碳交通、能源效率和气候变化应对能力),以及用来资助绿色增长与保护和恢复自然环境、森林和水资源、生物多样性和生态系统等更广泛的环境保护融资。绿色金融是可持续金融的环境支柱。可持续金融是将环境、社会和治理(ESG)纬度纳入融资决策"②。由以上两条关于绿色金融的重要定义可知,本书试图探讨跨国银行参与全球环境治理的原因属于绿色金融的研究范畴。

为进一步加深对绿色金融的理解,有必要明确对"环境金融"的界定。在绿色金融被正式提出之前,"环境金融"一词被较多使用。环境金融的定义有广义和狭义之分。我国学者认为"环境金融是指金融机构应对环境风险的具体措施和基于环境保护的金融业务"③。这是对环境金融的广义理解。而国外金融业以及该领域学者对环境金融的解释口径较窄,其含义与环境融资等同,主要是指为专注于环境问题解决方案的项目提供融资服务。

从以上定义可知,广义的环境金融比绿色金融研究口径略宽,狭义的环境金融研究范围则要窄于本书侧重的绿色金融定义。为便于区别与理解,本书将英文 Environmental Finance 的狭义释义翻译为环境融资。例如,在花旗集团的《公民责任报告》中涉及与环境有关的实际业务被分成三类:即环境融资(Environmental Finance)、环境风险管理(Environmental Risk Management),以及内

---

① G20 绿色金融研究小组:《G20 绿色金融综合报告》,2016 年 9 月 5 日,第 1 页,http://unepinquiry.org/wp-content/uploads/2016/09/Synthesis_Report_Full_CH.pdf,登录时间:2017 年 4 月 10 日。

② "Globalising Green Finance: The UK As An International Hub" [PDF], *City of London Corporation Research Report*, November 2016, http://greenfinanceinitiative.org/wp-content/uploads/2016/11/Globalising-green-finance_AA3.pdf, p.9, 登录时间:2017 年 4 月 10 日。

③ 蓝虹:《商业银行环境风险管理》,中国金融出版社 2012 年版,前言第 1 页。

部运营与供应链管理（Operations and Supply Chain）。① 根据绿色金融的定义，金融机构内部运营与供应链的环保管理问题并非绿色金融的研究内容，而属于广义环境金融的研究范畴。因此，按照金融机构的实际业务分类，绿色金融应包括环境融资以及环境风险管理两类。狭义的环境金融则仅指环境融资。

绿色金融与环境金融以及可持续金融的关系如图0—1所示，

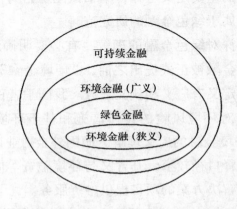

图0—1 绿色金融概念界定图

本书认为，对于绿色金融的研究应注意把握以下几点：

（1）绿色金融是涉及环境、经济与国际关系等学科交叉的问题。目前学界主要将绿色金融作为经济领域的问题加以研究。但是，绿色金融概念的产生以及之后的发展情况都已经充分说明了其所具有的重要国际政治意义。

（2）全球环境治理与金融专业对绿色金融研究的侧重点有所不同。金融专业学者研究绿色金融的主要目的是探究金融机构如

---

① 环境融资：为专注于环境和气候变化解决方案的项目提供咨询和融资；环境风险管理：帮助客户理解和管理由于其业务活动对环境造成影响而产生的相关风险；内部运营与供应链管理：管理自身的业务和供应链，以减少对环境的直接影响，并降低经营成本。以上解释参见"2015 Citi Global Citizenship Report"［PDF］，CITI，p. 30，http：//www.citigroup.com/citi/about/citizenship/download/2015/global/2015-citi-global-citizenship-report-en.pdf，登录时间：2017年4月17日。

何应对环境挑战以维护自身利益的方法。而全球环境治理则更多地强调绿色金融的社会价值与金融机构的社会责任。因此，与金融专业学者重视分析绿色金融产品及服务的可操作性不同，本书作为国际关系专业的研究成果则更强调对绿色金融进行理论层次的探究。

（3）本书探讨的内容仅是绿色金融问题的一部分。美国跨国银行是私人资本部门的典型代表。然而，绿色金融的研究范畴却并不局限于银行或私人资本部门。本书只是选取了作为金融领域中最核心的部门——银行，以及当前全球环境治理中急需探讨的对象——私人资本进行了初步分析。

4. 投融资

投资（investment）是指"一定经济主体为了获取预期不确定的效益而将现期的一定收入转化为资本或资产"①。融资（financing）是"为支付超过现金的购货款而采取的货币交易手段，或为取得资产而集资所采取的货币手段"②。从词的表层意思看，银行投资和融资的区别似乎表现为资金运动的相反方向。然而，在银行的实际经济业务流程中投资与融资却并非互斥的。

投资的英文对应词是 investment，是指"以资本、物资或劳务，直接或间接投入某种企业的经营，而企图获得预期的报酬利润者"③。融资的英文对应词为 financing，其释义是"筹集资金；融通资金，供应资金；资金周转［指筹措或提供资金的行为和过程］"④。因此，从融资的定义可以更明确地理解银行获取资金的方式。在资金运动的最终方向上，对于银行而言，投资和融资二者其实是一致的。银行融资的最终目的也是要将资金投入企业或项目，

---

① 张中华：《投资学》，高等教育出版社2017年版，第4页。
② 庄立：《学点用得上的金融常识》，中国华侨出版社2016年版，第49页。
③ 单其昌：《英汉经济贸易词典》，外语教学与研究出版社2002年版，第567页。
④ 单其昌：《英汉经济贸易词典》，第412页。

即企业融资或项目融资。① 例如，作为企业融资的一种重要类别，间接融资"是指企业借助银行等金融机构而进行的融资活动，它是传统的融资形式。在间接融资形式下，银行等金融机构发挥中介作用：预先聚集资本，然后提供给融资企业"②。由此可见，银行参与融资本质上其实也属于投资行为。

鉴于投资和融资概念的以上特点，本书在行文中并未对投资或融资两词的使用作出过多区分。为便于理解，本书常以"投融资"表达银行为企业或项目提供资金的行为。

五 理论分析框架

冷战结束以来，全球治理研究在国际关系领域兴起。1992年，美国著名国际关系学者詹姆斯·罗西瑙（James N. Rosenau）在《没有政府的治理：世界政治中的秩序和变革》中首次提出"全球治理"概念。③ "全球治理的要素主要有以下五个：全球治理的价值、全球治理的规制、全球治理的主体或基本单元、全球治理的对象或客体以及全球治理的结果。一些学者把这些要素分解成五个问题：为什么治理？依靠什么治理或如何治理？谁治理？治理什么？治理得怎样？"④ 以上五个问题构成了全球治理研究理论分析框架的基础。"当前的全球治理研究，需要面对更加多元化的参与行为体、更加网络化的复合相互依赖状态、规模更大的全球公共产品融

---

① "项目融资是指以项目未来的收益和资产价值为项目债务提供偿还保证的融资；企业融资则是指以企业的资产和信誉等为项目债务提供偿还担保的融资。"企业融资分为直接融资和间接融资两类。"直接融资是指不通过金融机构，由资金供求双方直接进行资金融通的方式；间接融资则是以金融机构为媒介而在资金供求双方之间完成的资金融通。"参见杨文进、何志刚《投资学》，清华大学出版社2004年版，第120页。

② 葛建新：《创业学》，清华大学出版社2004年版，第155页。

③ James N. Rosenau & Ernst-otto Czempiel, *Governance without Government: Order and Change in World Politics*, Cambridge University Press, 1992.

④ 俞可平：《全球化：全球治理》，社会科学文献出版社2003年版，第13页。

资、更多样化的制度安排。"① 因此，本书试图探讨跨国银行参与全球环境治理的原因属于全球治理研究范畴。在与本书选题相关的已有成果中，马塞尔·杰肯的绿色金融四阶段理论对本研究具有重要启发意义。

（一）绿色金融四阶段理论

2001年，马塞尔·杰肯在《可持续金融和银行业务：金融部门与地球的未来》一书中首次提出绿色金融四阶段理论。② 该理论为本书系统分析跨国银行参与全球环境治理的治理标准、治理理念和治理模式等方面的积极表现提供了科学依据。马塞尔·杰肯指出，大多数银行为实现可持续发展目标要经历固定的模式，即抵制（defensive）、规避（preventive）、进攻（offensive）和可持续（sustainable）四个阶段。除了抵制阶段以外，其余三个阶段是依次递进关系，并且后面的阶段包含之前所有阶段的特点。

1. 抵制阶段

第一阶段是抵制阶段。银行认为参与环境治理将增加成本并且无利可图。在这一阶段，银行不仅未意识到开展内部环境保护有利于节约成本，而且作为跟随者，银行还将政府的环境法律和法规视为对其直接或间接利益的威胁。银行表现出对可持续发展重要性的无知。马塞尔·杰肯认为，发达国家的银行现在都已经对参与环境治理有了正确认识。由于银行在抵制阶段并未实际参与环境治理，因此本书第一章对处于抵制阶段跨国银行的表现不予研究。

2. 规避阶段

第二阶段是规避阶段。与前一个阶段不同，在规避阶段节约潜在成本的意义已经被明确。银行处于规避阶段的特征主要表现为两

---

① 张宇燕、任琳：《全球治理：一个理论分析框架》，载《国际政治科学》2015年第3期，第3页。

② 关于马塞尔·杰肯绿色金融四阶段理论的内容，参见 Marcel Jeucken, *Sustainable Finance and Banking: The Financial Sector and the Future of the Planet*, Routledge, 2001, pp. 71–74.

个方面：首先，银行重视内部业务的环境保护以节约成本，例如，用纸、用电、用水以及商务旅行等；其次，外部特征方面表现为，通过限制银行业务（如贷款和储蓄产品）减少与环境风险相关的投资损失，从而实现节约成本的目的。马塞尔·杰肯指出，尽管处于规避阶段的银行对参与环境治理的态度已经不再是抵触的，但是在限制外部风险和负债以及节约内部成本方面仍然稍显被动。除了应对已有或可预期的环境法律之外，银行基本上不愿付出更多的努力。然而，许多主流银行已经通过执行更加集中的投资和信贷政策（如用于信用风险评估的环境风险控制清单）来限制它们的环境风险。对此，马塞尔·杰肯强调，虽然这类举措的本质是规避性的，但是它仅会出现在那些已经发展到了进攻阶段的银行之中。马塞尔·杰肯的上述观点被美国跨国银行参与全球环境治理所表现出的特点进一步证实。本书第一章第一节将研究处于规避阶段的跨国银行为推动全球环境治理规范发展所作出的重要贡献，以及它们在环境风险管理标准创新方面所取得的成绩。

3. 进攻阶段

第三阶段是进攻阶段。作为相对高一级的阶段，进攻阶段也包含了规避阶段的特点。然而，与规避阶段相比，银行参与环境治理在进攻阶段表现得更为积极，并且意义也显得更加重要。马塞尔·杰肯指出，处于进攻阶段的银行开始寻求既有利可图又有益于环境的市场机会，例如，开发环境基金、参与可持续能源融资，以及签署联合国环境规划署的环境和可持续发展声明等。另外，银行还勇于表达支持可持续发展的进步立场和观点。在进攻阶段，银行已经意识到参与环境治理能够获得比从事其他投资和信贷活动更好的机会。马塞尔·杰肯强调，虽然银行在进攻阶段的活动也可能表现出可持续的特点，但这或许仅仅只是一种巧合，而并非总是有专门针对性的。目前，美国跨国银行已发展到参与全球环境治理的进攻阶段。本书第一章第二节将分析处于进攻阶段的跨国银行在环境融资中表现出的主要治理理念和治理模式。

4. 可持续阶段

第四阶段是可持续阶段。可持续阶段是银行发展的未来理想目标。在可持续阶段，银行通过设定各种具有实质意义的先决条件确保其所有业务都是可持续的。可持续银行业务可以被定义为一种状态，即内部活动符合可持续经营的要求，并且外部活动（如贷款和投资）侧重于评估和激励客户以及社会中其他实体的可持续性。银行可以通过参与可持续能源融资等方式为可持续发展作出贡献。马塞尔·杰肯强调，可持续银行业务不应被理解为静止的状态而且是没有终点的。本书发现，当前美国跨国银行所面临的首要挑战是如何向可持续阶段进一步积极转型。

根据以上四个阶段的划分依据和特点可知，美国跨国银行参与全球环境治理的已有过程实际仅包括规避阶段和进攻阶段。因此，本书将在第一章探讨处于规避阶段和进攻阶段的美国跨国银行参与全球环境治理的表现。

（二）跨国银行参与全球环境治理的原因

作为本书最重要的理论分析框架，绿色金融四阶段理论为探讨银行参与环境治理问题作出了开创性贡献。然而，不可回避的是，该理论还有待完善并且在银行参与环境治理的原因分析方面尤显薄弱。

1. 美国跨国银行参与全球环境治理原因的层次分析

马塞尔·杰肯指出，对于大多数银行而言，为降低成本和减少与环境风险有关的投资损失而采取规避性银行业务是不可避免的；在进攻阶段，吸引银行的是参与环境治理能够获得的市场商机。马塞尔·杰肯等经济学家在回答"为什么治理"这个问题时较多地集中于公司层次的分析，并且始终以维护和增进公司自身利益作为根本出发点。这种分析方法显然容易造成结论的片面性。另外，还需要注意的是，在绿色金融四阶段理论被提出之后，全球环境治理进程已经出现了诸多新的变化和重要因素，其中包括公民社会力量的崛起，以及《巴黎气候变化协定》等全球环境治理共识的达成。

因此，本书认为有必要运用国际关系层次分析法对美国跨国银行参与全球环境治理的原因作出综合分析，以得出全面和审慎的科学结论。除了公司层次之外，美国国内乃至全球层次的政治、技术、经济和社会因素都具有重要研究意义。另外，企业社会责任意识以及首席执行官的个人价值观念也是不容忽视的重要因素。

2. 影响美国跨国银行参与全球环境治理的根本原因

绿色金融四阶段理论并未对影响银行参与环境治理的根本原因展开深入研究。本书认为探讨美国跨国银行参与全球环境治理的根本原因，将有利于思考如何推动美国跨国银行向可持续阶段进一步积极转型。马塞尔·杰肯指出，可持续阶段的最重要特征是银行所表现出的雄心和行动。马塞尔·杰肯尤其看重银行对待可持续发展的态度。他认为，即使银行尚未实现所有业务的可持续性，但是如果已经表现出要将可持续性纳入其所有业务之中的强烈愿望，那也可以被视为可持续银行。然而，值得深思的是，在绿色金融四阶段理论被提出十余年后，仍然没有任何银行已经进入可持续阶段或者能够被视为可持续银行。此种现状促使本书思考是何种原因阻碍了银行的所谓"雄心和行动"。因此，分析影响美国跨国银行参与全球环境治理的根本原因对解答以上问题具有重要意义。

"从资本的本性看资本流动的动因是追逐利润。"[1] 由于"资本的天性是追逐利润"[2]，所以对于跨国银行而言，盈利必然"是其改进服务、开拓业务和改善经营管理的内在动力"[3]。需要注意的是，私人资本的逐利性既可以是推动跨国银行参与全球环境治理的动力，同样也可以成为妨碍其进步的阻力。而市场则是跨国银行获取利润的源头。因此，本书认为市场因素势必会对跨国银行向可持续阶段转型产生决定性影响。本书通过剖析美国跨国银行所表现出

---

[1] 王雅杰：《国际金融：理论·实务·案例》，清华大学出版社2006年版，第315页。
[2] 王莉丽：《绿媒体：中国环保传播研究》，清华大学出版社2005年版，第139页。
[3] 盖锐主编：《金融学概论》，清华大学出版社2005年版，第57页。

的消极性，试图从"症结"入手来探究影响跨国银行参与全球环境治理的根本原因。

3. 推动美国跨国银行进一步参与全球环境治理的关键原因

2008年全球金融危机之后，西方学者关于"绿色凯恩斯主义"的论战表现出十分激烈的态势。以乔纳斯·安舍姆（Jonas Anshelm）等学者为代表的支持"绿色凯恩斯主义"一方强调，"如果处理得当，市场机制可以被国家用于推动社会向气候友好型大规模转变。事实上，国家是唯一拥有必要的经济和政治力量发起一项范围如此广泛进程的参与者。当该进程达到一定势头之后，责任就可以被完全转交给市场参与者"①。反对"绿色凯恩斯主义"的比尔·布莱克沃特（Bill Blackwater）等学者认为，"从根本上讲，资本主义与向低碳世界的快速转型不相容。因此，至关重要的是，国家在为共同利益分配经济资源方面应发挥决定性作用"②。由此可见，尽管对于如何应对环境危机还存在着深刻分歧，但是一些西方学者已经清楚认识到完全依靠市场机制来推动环境治理是行不通的。

其实，"经济学之父"亚当·斯密（Adam Smith）早在发现市场规律的同时，就已经注意到这只"看不见的手"存在天然缺陷。在《道德情操论》中，亚当·斯密强调，还有另外"一只看不见的手"引导着人们"在没打算要有这效果，也不知道有这效果的情况下，增进了社会的利益，提供了人类繁衍所需的资源"③。虽然亚当·斯密论证的基础是宗教道德哲学，但其主张节制与引导市场中个人自利行为的观点对本书有重要启示作用。

马塞尔·杰肯认为银行向可持续阶段过渡的前提条件是必须实现社会对负面环境影响的完全市场定价。然而，鉴于资本的逐利性

---

① Jonas Anshelm & Martin Hultman, *Discourses of Global Climate Change: Apocalyptic Framing and Political Antagonisms*, Routledge, 2014, p. 74.

② Bill Blackwater, "The contradictions of environmental Keynesianism", *Climate & Capitalism*, June 14, 2012, http://climateandcapitalism.com/2012/06/14/the-contradictions-of-environmental-keynesianism/, 登录时间：2017年8月22日。

③ ［英］亚当·斯密：《道德情操论》，谢宗林译，中央编译出版社2013年版，第227页。

本质以及当前化石燃料能源领域的供求现状，完全依靠市场手段必然难以有效实现美国跨国银行向可持续阶段转型的目标。美国印第安纳大学经济学教授保罗·伯克特（Paul Buekett）认为，"如果要使化石资本和大银行成为向可再生能源转换的工具而不是障碍，那么它们可能必须被国有化并接受公共管控"①。国际著名人类生态学家安德烈亚斯·马尔姆（Andreas Malm）强调，仅仅在能源组合中添加可再生能源作为其中一部分是远远不够的，当前还必须对化石燃料进行积极压制。② 以上学者的观点促使本书做出以下更深入思考：现阶段，在美国政府环境政策严重退步致使国家力量已无法对市场发挥有效引导作用的情况下，③ 哪些关键因素将有利于推动美国跨国银行进一步参与全球环境治理？

六　研究方法与本书创新

"社会科学的一个重要方面是，学者研究人类行为的方法是经验性的。这就意味着得出的结论不是建立在推测之上，而是基于系统地收集数据"④。本书所使用的数据资料主要来源于以下五部分：第一部分是目前已有的学术研究成果，包括国内外公开出版的专著和发表的期刊论文；第二部分是联合国以及其他政府间国际组织的研究报告；第三部分是非政府组织、智库机构以及美国跨国银行的

---

① Paul Buekett, "An Eco-Revolutionary Tipping Point", *Monthly Review*, Volume 69, Issue 1, May 2017.

② Andreas Malm, *Fossil Capital: The Rise of Steam Power and the Roots of Global Wrming*, Verso, 2016, p. 382.

③ 美国特朗普政府的消极环境政策，尤其是退出《巴黎气候变化协定》的做法，与市场向可持续阶段转型的趋势背道而行。"对银行和其他金融机构而言，美国的逆转突显了气候变化作为风险管理难题的现实。给金融机构从自然风险到资产评估，再到高碳和碳排放行业信贷级别的一系列管理计划都蒙上了一层阴影。"参见 Alex LaPlante, "Why banks should care about Trump's climate-change withdrawal", *American Banker*, July 14, 2017, https://www.americanbanker.com/opinion/why-banks-should-care-about-trumps-climate-change-withdrawal, 登录时间：2017年8月11日。

④ Charles Stangor, *Social Groups in Action and Interaction*, Psychology Press, 2004, p. 8.

研究报告和相关资料；第四部分是美国政府部门的档案资料；第五部分是国内外主流媒体的新闻报道。

（一）研究方法

为了论证核心问题，在分析过程中，本书主要运用了以下四种研究方法。

1. 层次分析法

层次分析法的应用在当代国际关系研究领域具有重要意义。秦亚青认为，"近20年来西方国际关系领域的重大理论突破无不借助于方法论的创新与发展，且主要是应用国际系统层次分析的结果"①。最早在国际关系研究中应用层次分析法的是结构现实主义代表人物肯尼思·华尔兹（Kenneth N. Waltz）。华尔兹试图在国际系统、国家内部以及个人等三个"'分析层次'上研究国际政治结果的主要假设原因"②。应用层次分析法有利于使国际关系研究更具系统性和全面性。华尔兹强调，"所有三种概念浑然成为一自然体。人、国家和国际体系在努力理解国际关系中是如此重要，以至于一个分析家，无论他怎样重视一种基本概念，也很少完全忽视其他两种基本概念。而且，强调一种基本概念会歪曲人们对其他两种基本概念的解释"③。

在华尔兹提出的三种"意象"启发下，本书试图运用国际关系层次分析法，从全球、美国国内和公司等三个层次探究美国跨国银行参与全球环境治理的原因。全球层次和美国国内层次的分析，主要涉及政治、技术、经济和社会等四方面因素。全球层次是指美国跨国银行所处的全球环境，如全球环境治理议程、全球

---

① 秦亚青：《层次分析法与国际关系研究》，载《欧洲研究》1998年第3期，第4页。
② Kenneth N. Waltz, *Man, the State and War: a theoretical analysis*, Columbia University Press, 2001, p. ix.
③ ［美］肯尼思·N. 华尔兹：《人、国家与战争——一种理论分析》，倪世雄、林至敏、王建伟译，上海译文出版社1991年版，第138页。

清洁能源技术和市场、全球绿色经济革命，以及全球公民社会等。美国国内层次是指美国跨国银行所处的国内环境，如美国国内早期环境立法、美国国内州和城市的环境政策、美国国内清洁能源技术和市场，以及美国国内公民社会等。公司层次是指美国跨国银行所面临的环境风险和市场机遇、美国跨国银行的企业社会责任意识，以及美国跨国银行首席执行官对环境问题的态度和价值观念等个人因素。

2. 历史研究法

历史研究法"是借助于对相关社会历史过程的史料进行分析和整理，以探求研究对象本身的发展过程和人类历史发展规律"[①]。历史研究法主张把历史事件置于特定的历史条件下进行实事求是的辩证分析，以求正确总结历史经验和揭示事件本质。史料对于历史研究具有格外重要的意义。赵光贤曾指出，"在历史研究法中要着重讲史料，史料就是我们进行历史研究的材料"[②]。

本书通过梳理相关中外学术论著、期刊和报告等文献资料，辨析了美国跨国银行参与全球环境治理的发展历程，系统地研究了美国跨国银行参与全球环境治理的原因，并在此基础上推测其变化趋势，以便为今后的全球环境治理提供有益的理论思考。

3. 案例研究法

本书案例的选取主要遵循典型性和代表性两个基本原则。所谓典型性，即选择美国跨国银行参与全球环境治理进程中的关键节点。本书甄别历史事件关键节点的依据是，"其变革事件的前后历史比较平静，但会在某一时期被危机所打断，在关键节点上才会非常明显地显示出变革的特征"[③]。例如，本书在分析推动美国跨国银

---

① 陈志刚：《历史研究法在教育研究运用中应注意的要求》，载《教育科学研究》2013年第6期，第76页。
② 赵光贤：《历史研究法讲话》，载《历史教学》1982年第4期，第35页。
③ 左希迎：《嵌入与冲突——美国军事制度变迁的进程与逻辑》，复旦大学博士学位论文，2013年，第15页。

行参与全球环境治理的原因时，选取了卡米塞阿项目和拉夫运河事件两个具有典型性的案例作为关键节点加以研究。所谓代表性，即选取能够充分解释某一问题原因的个别案例。例如，本书以美国跨国银行在燃煤电厂的投资情况作为代表，分析了美国跨国银行与传统化石燃料能源之间的密切联系。

李少军指出，"对于单一案例进行内部分析，研究者通常会采取三种途径，即过程追踪、相合性检验和反事实分析"①。本书主要应用了过程追踪的方法，通过对具体案例进行连续性的和完全的解释，从而试图厘清美国跨国银行参与全球环境治理的原因。

4. 定性研究法

定性研究是"剖析事物性质的一种研究方法。其着眼点在于对事物的表象进行全面的、深入细致的考察和分析，进而揭示决定这一事物运动、变化和发展的内在规律。定性的过程是理论探索、历史研究与现状调查相结合的过程"②。

定性研究法重视在"案例中寻找解释与规律，通过深入发掘这些案例，得出在自身研究范围内非常具有解释力度的结论"③。针对本书的研究问题，定性研究法能够较好地"展现因果机制究竟如何切实发生在某个或几个案例当中"④。需要强调的是，本书虽以定性研究为主，但同时也注意充分运用大量的图表等统计数据来支持论证。⑤

（二）创新与挑战

通过综合运用以上几种研究方法，本书可能的创新之处及面临

---

① 李少军：《论国际关系中的案例研究方法》，载《当代亚太》2008年第3期，第118页。
② 《辞海》，上海辞书出版社1999年版，第2734页。
③ 刘丰：《定性比较分析与国际关系研究》，载《世界经济与政治》2015年第1期，第92页。
④ 祁玲玲：《定量与定性之辨：美国政治学研究方法的融合趋势》，载《国外社会科学》2016年第4期，第136页。
⑤ 唐世平强调，"即便是定性案例分析，其中对因素和结果的度量和比较也应该用描述性数据来支持你的赋值和比较不同案例中不同因素和结果的差异"。参见唐世平《超越定性与定量之争》，载《公共行政评论》2015年第4期，第58页。

的挑战如下:

1. 创新

第一,选取美国跨国银行作为全球环境治理研究的行为体。

学术界已将主要精力用于研究国家、政府间国际组织以及非政府组织等行为体在全球环境治理中的作用机制和互动关系。然而,对于跨国公司这类行为体的研究则显得十分不足。本书选择美国跨国银行作为全球环境治理中的行为体进行研究,具有一定的学术前沿性。

第二,运用国际关系层次分析法研究绿色金融问题。

近年来,对绿色金融问题的已有研究主要集中于金融专业领域。然而,由于绿色金融是涉及当今国际经济和政治的重要议题,因此有必要运用国际关系领域的研究方法进行系统性综合分析。本书采用国际关系层次分析法研究美国跨国银行参与全球环境治理的原因,"有助于辨明发挥重大作用的变量,揭示国际关系问题的本质和特征"[①]。

2. 挑战

第一,该选题的跨学科性。

"环境问题是最具综合性的问题,非单一学科背景所能驾驭。"[②] 研究美国跨国银行参与全球环境治理的原因,涉及国际经济、政治和环境等多学科理论交叉。这种跨学科的复杂性使该选题研究难度增大。

第二,缺乏已有研究成果作为参考。

作为前沿性问题,由于目前学术界对于全球环境治理中跨国银行这类私人资本部门行为体的研究较少,所以能够用来作为借鉴的学术成果不足。这种情况也使该选题的研究难度增大。

第三,本书研究问题具有的动态性和复杂性。

---

① 尚劝余,《国际关系层次分析法:起源、流变、内涵和应用》,载《国际论坛》2011年第4期,第53页。

② 张海滨:《环境与国际关系》,上海人民出版社2008年版,第309页。

美国跨国银行在全球环境治理中的角色具有很强的变化性，需要不间断地予以关注和细致辨析。随着时间的推移，该问题必然会出现很多新现象，表现出很多新特点。因此，对于如此复杂问题的研究不可能一蹴而就。本书仅是做出了初步探索。

七　结构安排

本书共分为导论、主体和结论三部分。本部分为导论，主要是阐明本书的研究问题和选题意义、对该问题的研究现状进行文献梳理，并且介绍本书的研究方法、创新点、主要术语以及论文结构。本书主体部分共包括四章。

第一章探讨了美国跨国银行参与全球环境治理的表现。本章重点分析了美国跨国银行在规避阶段和进攻阶段的特点。

第二章主要运用国际关系层次分析法研究了促使美国跨国银行参与全球环境治理的具体原因。本章分别从全球、美国国内和公司三个不同层次进行了系统分析。

第三章研究了影响美国跨国银行参与全球环境治理的根本原因。本章首先分析了美国跨国银行与污染能源市场之间的密切联系，然后对造成美国跨国银行以上消极性根源的市场因素进行了深入剖析。

第四章分析了现阶段有利于推动美国跨国银行进一步参与全球环境治理的关键因素。

最后一部分是结论，在已有论证的基础上明确了本书的核心观点，并指出有待今后深入探讨的问题。

第一章

美国跨国银行参与全球环境治理的表现

根据绿色金融四阶段理论,银行在抵制阶段尚未参与环境治理。银行参与环境治理的过程实际上始于规避阶段。目前,美国跨国银行已经发展到了参与全球环境治理的进攻阶段。因此,本章研究了美国跨国银行自参与全球环境治理以来,在规避阶段和进攻阶段的主要表现。①

第一节 规避阶段美国跨国银行的表现

银行在规避阶段主要表现为以下两方面特征:首先,重视内部的环境保护以节约成本;其次,限制投融资中与环境问题有关的风险。② 因为当前全球环境治理面临的最紧迫难题是资金供应不足,而且银行内部运营与供应链的环境保护严格意义上属于绿色金融概念的外延,所以本节将聚焦于美国跨国银行在投融资实践中的环境风险管理政策研究。③ 在美国跨国银行中,由于花旗集团的环境风

---

① 本章选取规避阶段和进攻阶段研究的理由,参见本书"导论"的"理论分析框架"部分。

② Marcel Jeucken, *Sustainable Finance and Banking*: *The Financial Sector and the Future of the Planet*, Routledge, 2001, p. 72.

③ 相较于广义理解,国际主流研究对于绿色金融的定义未涵盖银行内部环境保护。参见本书"导论"的"术语界定"部分。

险管理政策最具代表性，因此本节将以花旗集团作为重点分析对象。

一 参与发起和推广"赤道原则"

2003年是美国跨国银行参与全球环境治理的重要标志。虽然早在20世纪80—90年代，美国的银行业就已经开始重视在国内参与投融资时的环境责任问题①，但在全球环境治理中，美国跨国银行进入规避阶段的标志事件则是"赤道原则"的出台。正是在美国花旗集团的直接参与和推动下②，"2003年6月，10家国际主流银行③宣布承诺采用'赤道原则'，标志着国际银行界在项目融资贷款中应对环境和社会问题方法的剧烈变化"④。"赤道原则"也成为美国跨国银行制定环境风险管理政策的基础。

（一）银行业参与全球环境治理的"黄金准则"

在全球环境治理进程中，"赤道原则"的诞生和成长具有重要意义。主要体现在以下三个方面。

第一，"赤道原则"为银行投融资提供了明确的环境标准。

首先，"赤道原则"的出现改变了长期以来国际银行业在投融资领域内缺少有效环境标准的现状。"赤道原则"是"金融机构为了确定、评估和管理项目中的环境和社会风险而采用的风险管理框架。其主要目的是为支持负责任的风险决策，而提供尽职

---

① 见本书第二章第二节"美国国内早期环境立法的严格管制"。
② 美国花旗集团与荷兰银行（ABN AMRO）、巴克莱银行（Barclays）以及西德意志银行（West LB），是"赤道原则"的四家创始行。参见 Alan AtKisson, *The ISIS Agreement: How Sustainability Can Improve Organizational Performance and Transform the World*, Earthscan, 2012, p. 209.
③ 根据美国金融数据公司迪罗基（Dealogic）的统计结果，2002年，这10家跨国银行承担了大约145亿美元的项目贷款，约占2002年全球项目银团贷款市场的30%。参见"Leading Banks Announce Adoption of Equator Principles", *Equator Principles*, 4 June 2003, http://www.equator-principles.com/index.php/all-adoption/adoption-news-by-year/65 - 2003/167-leading-banks-announce-adoption-of-equator-principles，登录时间：2017年2月15日。
④ Rod Morrison, *The Principles of Project Finance*, Routledge, 2016, p. 137.

调查的最低标准"①。银行等金融部门曾长期忽视其应承担的环境责任,国际金融领域内也一直缺乏有效的环境标准作为项目融资的行为指南。"在赤道原则出现之前,对于项目中的环境和社会风险,大多数银行的处理措施都是临时性的。例如,由于具有高环境和社会风险而被一家银行信贷委员会否决的交易,却很可能轻而易举地从另一家银行获得融资。银行业因缺少评估环境和社会风险的普遍共识,导致其影响借款人执行环境标准的杠杆作用显得非常有限,而且贷款文件中的环境公约在很大程度上也缺乏强制执行力度。"②

其次,作为银行投融资领域内最重要的环境标准,"赤道原则"有广泛的适用范围。最初,"赤道原则"仅"应用于全球范围内资本成本在5000万美元及以上的开发项目"③。经过2006年的修订之后,目前的"赤道原则"适用于"不同行业领域内1000万美元及以上的所有项目贷款"④。修订后的"赤道原则"降低了所适用项目资本成本的起始最低额度,这意味着有更多的项目融资将接受"赤道原则"环境标准的监管,从而更大程度地扩展了"赤道原则"的应用范围。

再次,"赤道原则"对其成员机构遵守相关环境承诺作出了严格的规定。例如,已经采用了"赤道原则"的金融机构须"承诺在针对融资项目的内部环境和社会政策、程序及标准中执行"赤道原则",并且将不会为那些不遵守"赤道原则"的客户项目提供项

---

① Marc J. Epstein & Adriana Rejc Buhovac, *Making Sustainability Work: Best Practices in Managing and Measuring Corporate Social, Environmental, and Economic Impacts*, Berrett-Koehler Publishers, 2014, p. 119.

② Rod Morrison, *The Principles of Project Finance*, Routledge, 2016, p. 137.

③ Christopher Stephen Brown, *The Sustainable Enterprise: Profiting from Best Practice*, Kogan Page Publishers, 2005, p. 416.

④ Fred M. Andreas, Elizabeth S. Cooperman, Blair Gifford and Graham Russell, *A Simple Path to Sustainability: Green Business Strategies for Small and Medium-sized Businesses*, ABC – CLIO, 2011, p. 123.

目融资或与项目相关的企业贷款"①。从而,"赤道原则"成为严格约束银行业负责任融资行为的一把环境标尺。

表1—1 "赤道原则"的基本情况②

序号	类别	主要内容
1	应用范围	项目融资
		项目融资咨询服务
		用于项目的公司贷款
		过桥贷款
2	原则声明	原则1:审查和分类(A类、B类、C类)
		原则2:环境和社会评估
		原则3:适用的环境和社会标准
		原则4:环境和社会管理系统以及"赤道原则"行动计划
		原则5:利益相关者的参与
		原则6:投诉机制
		原则7:独立审查
		原则8:承诺性条款
		原则9:独立监测和报告
		原则10:报告和透明度
3	"赤道原则"协会成员公开报告	已完成项目量,包括类别、部门、区域,以及是否进行了独立审查
		项目融资交易的项目名称(须得到客户同意)
		"赤道原则"实施过程中的信息,包括角色和职责、人员,以及政策和程序
		采用"赤道原则"第一年强制培训细节

---

① IUCN Species Survival Commission (SSC), *An IUCN situation analysis of terrestrial and freshwater fauna in West and Central Africa*, IUCN, 2015, p. 138.

② 此表为笔者根据相关资料整理、统计。参见"Overview of Key Changes – EP II to EP III", *Equator Principles*, http://www.equator-principles.com/index.php/ep3/ep3,登录时间:2017年5月19日;"The Equator Principles June 2013" [PDF], *Equator Principles*, http://www.equator-principles.com/resources/equator_principles_III.pdf,登录时间:2017年5月23日。

续表

序号	类别	主要内容	
4	客户公开报告	环境和社会影响评估在线摘要	
		在运营阶段二氧化碳年度排放量超过 10 万吨以上项目的温室气体（GHG）排放水平	
5	气候*	注意尽职调查	
		针对高排放项目实施符合国际金融公司绩效标准 3（Performance Standard 3）的替代性分析	
		在序言中明确提及应对气候变化	
		关于温室气体排放水平项目报告要求	强制性：二氧化碳排放量超过 10 万吨的项目
			鼓励：二氧化碳排放量超过 25000 吨的项目

*注：与国际金融公司绩效标准更新相一致的增加内容。

最后，"赤道原则"将环境标准融入项目融资活动的全过程。"赤道原则"的成员机构不仅在对项目进行融资之前要作出审慎的项目评估，而且还要在项目的实施过程中对信息进行跟踪、监督和详细报告。"赤道原则"要求成员机构将环境尽职调查应用于项目的每一个环节，以最大限度确保项目对环境不产生消极影响。

第二，"赤道原则"是全球环境治理进程中的一个重要里程碑。

首先，"赤道原则"在国际金融领域以及全球环境治理中的作用日益重要。"赤道原则""是在气候变化、生物多样性和人权等重要共识，以及主张尽可能地消除项目对生态系统、社区和气候的负面影响基础上形成的"[1]，是指导国际金融部门参与全球环境治理的重要规范。目前，正式采用"赤道原则"的成员机构"已经达到 90 家（EPFIs），遍布 37 个国家，覆盖新兴市场项目融资贷款的

---

[1] Klaus Mathis & Bruce R. Huber, *Environmental Law and Economics*, Springer, 2017, p.446.

70%以上"①。

其次,"赤道原则"有助于全球环境治理进程的发展。"赤道原则"主要参考了"国际金融公司的《环境和社会可持续性绩效标准》(*Performance Standards on Environmental and Social Sustainability*)以及世界银行集团的《环境、健康与安全指南》(*Environmental, Health and Safety Guidelines*)"②。世界银行集团是"联合国的独立专业机构以及联合国多个部门的观察员,其中包括联合国大会(General Assembly)"③。国际金融公司"作为世界银行集团内负责私人部门的机构,是发展中国家私人部门项目贷款以及股权融资的最大多边来源"④。因而,从根本上讲,"赤道原则"发源于联合国全球环境治理的基本思想,并且进一步被应用于银行等金融部门项目融资的具体实践领域。另外,银行在项目融资中执行"赤道原则"的环境标准,有助于弥补东道国,尤其是发展中国家在国内环境立法方面的不足。目前,"发展中国家通常缺少已经在工业化国家较为普遍应用的环境法律"⑤。而"赤道原则"中的"若干标准要高于许多国家的法定最低标准,甚至还要高出美国一些案例的法律要求"⑥。因此,"赤道原则"为推动全球环境治理规范进步所发挥的积极作用非常重要。

再次,"赤道原则"反映出公民社会在全球环境治理中的重要地位。以环境非政府组织为主导的公民社会力量对"赤道原则"的诞生起到了重要推动作用。全球公民社会的重要性也反映在"赤道

---

① "About The Equator Principles", *Equator Principles*, http://www.equator-principles.com/index.php/about-ep, 登录时间: 2015 年 5 月 19 日。
② Alice de Jonge & Roman Tomasic, *Research Handbook on Transnational Corporations*, Edward Elgar Publishing, 2017, p.139.
③ World Bank Group, *The World Bank Group A to Z*, World Bank Publications, 2014, p.173.
④ United Nations, *United Nations Today – 1981: (suggestions for Speakers)*, United Nations Publications, 1981, p.58.
⑤ Scott L. Hoffman, *The Law and Business of International Project Finance: A Resource for Governments, Sponsors, Lawyers, and Project Participants*, Cambridge University Press, 2007, p.109.
⑥ Geoffery Heal, *When Principles Pay: Corporate Social Responsibility and the Bottom Line*, Columbia University Press, 2010, p.76.

原则"的若干规定之中。例如,"赤道原则"成员机构须公开报告所应用赤道原则项目在实施过程中的信息,以接受广泛的社会监督。并且,客户也须在线公布环境和社会影响评估,以及二氧化碳排放情况。尽管"赤道原则"对其成员机构和客户公开报告的相关规定还存在一定的不透明性等局限之处,但是从中已经可以充分看出公民社会监督力量所受到的重视程度之高。

最后,"赤道原则"反映了全球环境治理规范形成模式的一种创新思维。传统意义上,全球治理规范应是主权国家间通过签署正式条约或协议等官方文件而达成的国际性制度安排。例如,"1992年6月3日至14日,联合国环境与发展大会(United Nations Conference on Environment and Development, UNCED)在巴西里约热内卢召开。当时,在里约出席会议的有来自178个国家的政府代表和110位国家首脑"[①]。1992年,在里约热内卢高峰会上达成的"《联合国气候变化公约》(United Nations Framework Convention on Climate Change),目前已经被世界上几乎所有国家签署"[②]。然而,"赤道原则"却"在规范企业环境行为方面,展现出了一种完全不同的(国际)规则制定方式"[③]。它是由花旗集团等"10家私人银行在2003年发起的"[④]。"赤道原则""具有里程碑般的重要意义,它是第一个全球性、自发形成的部门标准"[⑤]。由此可见,在"赤道原则"的形成过程中,制定国际规则的主体已并非传统意义上的主权国家,而是一种非传统国际关系行为体——私人跨国银行。"赤道原则"的产生和推广充

---

① Arnold W. Reitze, *Air Pollution Control Law: Compliance and Enforcement*, Environmental Law Institute, 2001, p. 422.

② Karl-P. Kirsch-Jung, *User Rights for Pastoralists and Fishermen: Agreements Based on Traditional and Modern Law; Contributions from Mauritania*, Kasparek Verlag, 2009, p. 5.

③ Ottavio Quirico & Mouloud Boumghar, *Climate Change and Human Rights: An International and Comparative Law Perspective*, Routledge, 2015, p. 60.

④ Tullio Treves, Francesco Seatzu and Seline Trevisanut, *Foreign Investment, International Law and Common Concerns*, Routledge, 2013, p. 105.

⑤ Karen Wendt, *Responsible Investment Banking: Risk Management Frameworks, Sustainable Financial Innovation and Softlaw Standards*, Springer, 2015, p. 344.

分显示出全球治理规范制定中私人部门的重要力量，即"追逐利润的商业企业可以通过参与制定和发展普遍应用的规范为全球治理作出有意义的贡献。这一现象在跨国治理安排中表现得越来越显著，被称为'企业创新型规范'（corporate norm-entrepreneurship）"①。因此，"赤道原则"代表着一种富有创新精神的全球环境治理规范制定模式。

第三，"赤道原则"对金融领域其他环境标准的制定起到了积极示范性作用。

"赤道原则""被视为金融行业项目融资领域的黄金准则"②。在"赤道原则"的带动下，金融领域也出现了一批与"赤道原则"类似的环境政策。例如，"欧洲复兴开发银行（European Bank for Reconstruction & Development）等多边开发银行，以及应用《经济合作与发展组织通用方法》③（OECD Common Approaches）的出口信贷机构，越来越多地开始采用与赤道原则相同的标准。另外，赤道原则还激发了碳原则（Carbon Principles）以及气候原则（Climate Principles）等金融部门和银行领域内其他环境和社会负责任管理实践标准的发展"④。2008年2月，"花旗集团、摩根大通、摩根士丹利等华尔街三家领军银行宣布发起碳原则"⑤。随后，"美国银行、瑞士信贷银行（Credit Suisse）和富国银行也在同年晚些时候签署

---

① A. Flohr, L. Rieth, S. Schwindenhammer, K. Wolf, *The Role of Business in Global Governance: Corporations as Norm-Entrepreneurs*, Springer, 2010, p. 18.

② Peter Darling, *SME Mining Engineering Handbook*, Third Edition, SME, 2011, p. 1668.

③ 2012年6月28日，经济合作与发展组织理事会通过了《关于官方支持出口信贷及环境和社会尽职调查通用方法委员会建议》。该建议决定将2012年国际金融公司绩效标准（2012 IFC Performance Standards）作为某些项目的参考标准，并且阐明将使用其他国际标准及指南。参见"The 2012 Common Approaches", OECD, http://www.oecd.org/tad/xcred/the2012commonapproaches.htm, 登录时间：2017年5月22日。

④ "About the Equator Principles", Equator Principles, http://www.equator-principles.com/index.php/about-ep, 登录时间：2017年5月22日。

⑤ Todd P. Carington, *Carbon Capture and Storage Including Coal-fired Power Plants*, Nova Science Publishers, 2010, p. 12.

了碳原则"①。"碳原则"的主要目的是"为美国国内电力公司的咨询顾问和贷款人提供气候变化指引"②,并"从能源效率、可再生能源和低碳发电技术三个方面对电力行业借款人实施严格的尽职调查程序"③。"碳原则"的产生具有一定的积极意义,它是"银行部门针对气候变化和碳密集型投资的首次全行业声明"④。

(二)"赤道原则"的实际应用

花旗集团等美国跨国银行积极参与并应用"赤道原则",有利于推动全球环境治理规范的发展。危地马拉(Guatemala)输电线项目案例具有代表性,值得认真分析。下面将结合 2016 年花旗集团在危地马拉输电线项目 PET 1—2009 中的环境风险管理实践来探讨美国跨国银行积极应用"赤道原则"的重要意义。

2016 年 6 月 30 日,"花旗银行欧洲上市公司英国支行(Citibank Europe PLC UK Branch)和加拿大出口开发署(Exporting Development Canada,EDC),同波哥大电力公司(Empresa de Energia de Bogota S. A. ESP,EEB)危地马拉子公司特雷卡⑤(Trecsa)签

---

① National Research Council, Division on Earth and Life Studies, Board on Atmospheric Sciences and Climate & America's Climate Choices: Panel on Informing Effective Decisions and Actions Related to Climate Change, *Informing an Effective Response to Climate Change*, National Academies Press, 2011, p. 67.

② *Annual Energy Outlook 2009 With Projections to 2030*, Government Printing Office, 2009, p. 49.

③ Wayne C. Turner, *Energy Management Handbook*, Fifth Edition, The Fairmont Press, 2004, p. 449.

④ "Banks, Climate & The Carbon Principles" [PDF], Rainforest Action Network, p. 2, http://d3n8a8pro7vhmx.cloudfront.net/rainforestactionnetwork/legacy_url/1424/ran_the_principle_matter_carbonprinciplereport.pdf?1402698593,登录时间:2017 年 6 月 2 日。

⑤ 为实施 PET1—2009 项目,特雷卡公司成立于 2010 年。PET1—2009 被视为危地马拉国家和民族的紧急项目,可为危地马拉人民提供更经济、更可靠、更能负担得起的电力服务。该项目旨在修建长约 850 千米的输电线和 12 座新高压变电站,并扩建 12 座旧变电站。2009 年,危地马拉政府授权波哥大能源集团(Grupo Energía de Bogotá)负责该项目第一阶段的建设、管理、运营,以及维护。参见"Trecsa has Recceived a Loan For Usd 87 Million to Complete Electric Transmission Project In Guatemala" [PDF], *ENERGIA de Bogotá*, August 15th, 2014, https://www.grupoenergiadebogota.com/content/download/4583/72186/file/TRECSA%20HAS%20RECEIVED%20A%20LOAN%20FOR%20USD%2087%20MILLION.pdf,登录时间:2017 年 6 月 7 日。

署了为危地马拉输电扩展项目 PET 1—2009 融资 8700 万美元的信贷协议"①。

花旗集团针对该项目融资实施了"赤道原则"环境风险管理政策。执行该政策的主要程序如下:"首先,对项目进行独立评估。要求项目方按照国际金融公司绩效标准(IFC standards)开展额外的生物多样性评估和减灾工作。其次,花旗集团和加拿大出口开发署的环境和社会风险管理团队(ESRM teams)要求特雷卡公司聘请一名独立的环境多样性专家。该专家主要与环境社会风险管理团队合作,共同制订和执行一份正式的环境多样性管理计划以避免或减轻对动物关键栖息地及敏感物种的影响,并且展开提升相关员工执行能力的培训。"②

花旗集团在拉丁美洲国家危地马拉输电线项目融资中应用"赤道原则"环境风险管理政策具有重要意义。首先,有利于以更严格的环境标准在发展中国家开展项目融资。由于受到历史遗留的政治、经济、土著族群等多种复杂因素的影响,现阶段拉美地区的环境治理突显出的各种矛盾异常激烈。例如,"根据英国非政府组织'全球见证'(Global Witness)在 2016 年 6 月提供的报告,2015 年在世界范围内至少有 185 名环保人士被谋杀,而其中近三分之二的被谋杀案者死于拉美"③。相对

---

① "Trecsa Signs Financing Agreement To Complete Project PET 1-2009"[PDF], *ENERGIA de Bogotá*, June 30, 2016, https://www.grupoenergiadebogota.com/content/download/8159/110482/file/Traduccion-%2030%2006%2016_EN.pdf,登录时间:2017 年 6 月 7 日。

② PET 1—2009 项目的输电线路要经过 300 多个社区和 330 千米的自然栖息地。在花旗集团执行独立评估之前,该项目施工方已经与当地社区进行了积极的沟通。并且,在环境影响方面,该项目也已符合东道国的法律规定。但花旗集团作为项目投资方提出了更高的环境标准和更严格的执行程序。参见"2016 Global Citizenship Report"[PDF], p.43, CITI, http://citigroup.com/citi/about/citizenship/download/2016/2016_citi_global_citizenship_report.pdf,登录时间:2017 年 6 月 7 日。

③ Lindsay Fendt,"In Latin America, environmentalists are an endangered species", *Mongbay*, 11 August 2016, https://news.mongabay.com/2016/08/in-latin-america-environmentalists-are-an-endangered-species/,登录时间:2017 年 6 月 7 日。

于东道国危地马拉及其他拉美地区国家的环境法律和法规而言,花旗集团在此次项目融资中所应用的国际金融公司绩效标准在环境风险管理方面的相关规定要更加严格。这些环境标准的实施有利于确保在最大程度上减少项目所产生的环境危害。其次,花旗集团在此次项目融资中所执行的"赤道原则"环境风险管理政策和尽职程序具有良好的示范效应,有益于帮助该项目客户特雷卡公司以及项目所在国家和地区提升环境风险管理政策水平。花旗集团等美国跨国银行在国际项目融资中积极应用"赤道原则",有利于推动全球环境治理规范发展。

二 不断提升环境风险管理标准

在具体的投融资实践活动中,花旗集团等美国跨国银行不仅执行"赤道原则"的相关规定,而且还以"赤道原则"为基础,不断提升环境风险管理标准。美国跨国银行所取得的成功经验值得认真研究。

作为全球环境治理规范创新,"赤道原则"具有开放性和灵活性的特点。一方面,"赤道原则"对所有金融机构都是开放的,而非封闭性的条约或组织;另一方面,"赤道原则"成员机构在具体执行"赤道原则"的过程中又体现出很大程度的灵活性和创新性。总之,采用"赤道原则""绝不意味着这些银行签署了某种协议。实际上,这些原则的目的是为每一个'赤道原则'金融机构(EPFI)实施与项目融资活动相关的内部社会和环境政策、程序和标准提供共同的基准和框架"[1]。由此可见,"赤道原则"不仅没有限制成员机构在制定和执行环境标准政策方面的自主权,反而更加重视和鼓励其成员机构的创新实践。

---

[1] Sanjay K. Agarwal, *Corporate Social Responsibility in India*, SAGE Publications India, 2008, p. 74.

目前，已有四家美国私人跨国银行加入了"赤道原则"①，它们分别是花旗集团、美国银行、富国银行和摩根大通（参见表1—2）。其中花旗集团也是"赤道原则"的早期发起者之一，与"荷兰银行、巴克莱银行和西德意志银行共同起草了相关指导原则"②。

表1—2　　　　美国加入"赤道原则"的银行③

序号	名称	加入日期
1	花旗集团	2003年6月4日
2	美国银行	2004年4月15日
3	富国银行	2005年7月12日
4	摩根大通	2006年12月4日
5	美国进出口银行	2011年3月31日

以花旗集团为代表的美国跨国银行在环境风险管理政策方面的创新体现出如下特点：

第一，以"赤道原则"为基础不断提升环境风险管理标准。

首先，作为"美国第一家全面引进环境和社会风险管理政策的

---

① 美国进出口银行（EIBUS）创立于1934年，其组建得到了美国前总统富兰克林·罗斯福（Franklin D. Roosevelt）的支持，原名华盛顿进出口银行（Export-Import Bank of Washington）。1945年，成为独立机构。1968年，名称变为美国进出口银行。其以支持美国出口融资、扩大美国就业、不与私人资本竞争为运营宗旨。鉴于美国进出口银行成立之初的官方背景和运营目的，本书不予研究。但是，需要注意的是，在国际金融领域，美国进出口银行被视为私人银行（private-sector bank）。与通常情况下对国有银行和私人银行的区分不同，国际上对是否为私人银行的判断主要是从资本来源属性考虑的，而非银行的发起人。例如，在花旗集团2003年的《企业公民报告》中，国际金融公司（IFC）、欧洲复兴开发银行（EBRD）、海外私人投资公司（OPIC），以及美国进出口银行等具有官办背景的金融机构被归为私人银行。参见"History of Exim"，Exim, http：//www. exim. gov/about/history - 0，登录时间：2017年5月18日；"Citizenship Report 2003"［PDF］，citigroup, p. 39, http：//www. citigroup. com/citi/about/data/corp_citizenship/global_ 2003_english. pdf，登录时间：2017年6月4日。

② Thayer Scudder, *The Future of Large Dams*: *Dealing with Social*, *Environmental*, *Institutional and Political Costs*, Earthscan, 2012, p. 288.

③ 此表为笔者根据相关资料整理、统计。参见"Equator Principles Association Members & Reporting", *Equator Principles*, http：//www. equator-principles. com/index. php/members-and-reporting，登录时间：2017年5月18日。

金融机构"①，花旗集团自 2003 年加入"赤道原则"以来，不断提升环境风险管理标准（参见表 1—3）。早在加入"赤道原则"之初，花旗集团就非常注重对"赤道原则"的更新。例如，"2003年，花旗集团制定了全球公司与投资银行部②环境和社会风险管理政策（GCIB Environmental and Social Risk Management Policy），从而完善了其环境政策框架。花旗全球公司与投资银行部的政策在很大程度上参考了赤道原则"③。

表 1—3　　　　　　花旗集团提升环境风险管理标准进度④

序号	主要情况	时间
1	采用"赤道原则"	2003
2	制定环境和社会风险管理政策	2004
	将环境风险管理政策的应用范围扩展至企业贷款和债务证券承销领域	
3	完善林业部门投资方法	2005
	强化独立风险管理中的信贷审批制度	
4	采用新的可持续林业政策	2006
	研发并采用核政策	
5	在美国火电项目评估程序中纳入具体的气候风险评估步骤	2007

①　"2015 CITI global citizenship factsheet sustainability" [PDF], CITI, p. 10, http://www.citigroup.com/citi/about/citizenship/download/2015/global/2015-citi-global-citizenship-factsheet-sustainability-en.pdf，登录时间：2017 年 5 月 26 日。

②　花旗集团由三个部门组成：花旗集团全球消费部（Citigroup Global Consumer Group）、全球公司与投资银行部（Global Corporate & Investment Banking, CIB）、花旗集团全球财富管理部（Citigroup Global Wealth Management, GWM）。参见 Jack W. Plunkett, *The Almanac of American Employers*, Contemporary Books, 2008, p. 235.

③　"Banking on responsibility: Part 1 of Freshfields Bruckhaus Deringer Equator Principles Survey 2005: The Banks" [PDF], *Freshfields Bruckhaus Deringer*, July 2005, pp. 119–120.

④　此表为笔者根据花旗集团 2003 年至 2016 年《企业公民报告》资料整理、统计。参见"Citizenship Information 2003 – 2014", CITI, http://www.citigroup.com/citi/about/citizenship-report.htm; "2015 Citi Global Citizenship Report" [PDF], CITI, http://www.citigroup.com/citi/about/citizenship/download/2015/global/2015-citi-global-citizenship-report-en.pdf; "2016 Global Citizenship Report" [PDF], CITI, http://www.citigroup.com/citi/about/citizenship/download/2016/2016_citi_global_citizenship_report.pdf，登录时间：2017 年 5 月 27 日。

续表

序号	主要情况	时间
6	采用"碳原则"	2008
7	研发并应用新的山巅移除采矿环境尽职调查程序	2009
8	作为"赤道原则"金融机构指导委员会主席领导"赤道原则"的首届战略评估	2010
9	帮助"赤道原则"协会启动全面更新程序	2011
10	批准花旗全面环境和社会风险管理政策	2012
11	花旗全球商业银行部门制定本单位的环境和社会风险管理标准	2013
11	开始更新环境和社会风险管理标准	2013
11	研发能源和电力部门环境和社会风险管理框架	2013
12	完成环境和社会风险管理政策更新①	2014
13	研发煤矿开采标准	2015
14	更新页岩油气行业标准客户问卷以及棕榈油问卷	2016

其次,积极拓展"赤道原则"的适用范围。在具体执行环境政策时,花旗集团也并没有教条地照搬"赤道原则"的规定。"除了赤道原则所涵盖的项目融资交易外,花旗的环境风险管理政策还被应用于企业贷款和债务证券承销"②等其他融资领域(参见表1—4)。花旗集团所制定的环境风险管理政策既是在"赤道原则"基础上的创新,也有利于赤道原则理念的积极推广。

再次,制定重点领域的环境风险管理政策。由于目前"国际金融公司的《环境和社会可持续性绩效标准》和世界银行集团的《环境、健康与安全指南》以及各国国内或国际标准,缺少针对一系列重点领域的具体部门政策或指引"③,花旗集团在其环境风险管

---

① 主要包括3个方面:(1)增加新的"赤道原则"要求;(2)修订高危和特别关注地区;(3)制定油砂和页岩风险评估程序。

② "Citizenship Report 2004" [PDF], CITI, p. 40, http://www.citigroup.com/citi/about/citizenship/download/2004/global_2004_english.pdf,登录时间:2017年5月25日。

③ "Environmental and Social Policy Framework" [PDF], CITI, October 2015, p. 5, http://www.citigroup.com/citi/environment/data/937986_Env_Policy_FrameWk_WPaper_v2.pdf,登录时间:2017年5月26日。

理政策中还整合了针对某些环境危害较大但又缺乏相关环境风险管理政策指引的重点部门的具体环境标准（参见表1—5）。这些重点部门主要包括采矿、林业、原子能，以及油砂与页岩等。花旗集团针对环境问题较为突出的重点部门制定具体的环境风险管理政策，既有效弥补了国际上已有的环境标准的不足，也有助于应对全球环境治理所面临的严重危机和挑战。

表1—4　　　　　　　　花旗集团环境管理标准适用范围[①]

序号	交易/产品类型	项目资本成本
1	项目融资和再融资（赤道原则）	1000万美元以上
2	项目融资咨询服务（赤道原则）	1000万美元以上
3	过桥贷款（赤道原则）	1000万美元以上
4	用于项目的公司贷款（赤道原则）	1亿美元以上
5	企业和政府贷款	5000万美元以上
6	官方和出口代理贷款	5000万美元以上
7	并购融资	5000万美元以上
8	债务证券配售或承销	5000万美元以上
9	股票承销	5000万美元以上
10	股权投资	500万美元以上
11	信用证、投标保证金和项目保证金	5000万美元以上

最后，花旗集团在不断提升自身环境风险管理标准的同时，还积极推动"赤道原则"的进步。花旗集团的环境风险管理政策以"赤道原则"为基础，二者之间又相互促进、共同发展。花旗集团不仅"在2003年发起赤道原则的过程中起到了重要推动作用，而且在2006年和2013年的赤道原则更新中也功不可没"[②]。例如，

[①] 此表为笔者根据相关资料整理、统计。参见"Environmental and Social Policy Framework"[PDF], CITI, October 2015, p.8, http://www.citigroup.com/citi/environment/data/937986_Env_Policy_FrameWk_WPaper_v2.pdf，登录时间：2017年5月27日。

[②] "Environmental Policy Framework"[PDF], CITI, August 2014, p.7, http://www.rspo.org/acop/2014b/citi/F-Lending-Policy.pdf，登录时间：2017年5月26日。

表1—5　花旗集团制定的重点部门具体环境风险管理标准①

序号	部门	具体标准
1	林业	林业可持续发展标准
2	原子能	核相关交易部门标准
3	采矿	山巅移除采矿尽职调查程序
4	火力发电厂	碳原则
5	油砂和页岩	油砂风险评估程序和页岩风险评估程序

"在2006年的赤道原则更新中，花旗就发挥了不可或缺的领导作用"②。在"赤道原则"Ⅱ（EP Ⅱ）的更新过程中，花旗集团"不仅是新原则的最主要起草者，而且还承担了向客户、非政府组织和社会责任基金（SRIs）进行后续宣传的重要任务，始终位于赤道原则Ⅱ更新过程的中心位置"③。2006年，由于在"赤道原则"更新及实施过程中的杰出表现，花旗集团获得了"《金融时报》可持续银行奖（FT 2006 Sustainable Banking Awards）年度银行（Bankers of the Year）特别表彰，并被称赞'有系统地将赤道原则应用于集团的关键业务线上'"④。2010年，花旗集团"当选为赤道原则金融机构指导委员会（Equator Principles Financial Institutions Steering Committee）主席"⑤，负责担任"赤道原则""发言人，并在指导

---

①　此表为笔者根据相关资料整理、统计。参见"Global Citizenship Report 2013"［PDF］，CITI，p. 49，http：//www.citigroup.com/citi/about/data/corp_citizenship/global_2013_english.pdf，登录时间：2017年5月29日。

②　"Environmental and Social Risk Management"［PDF］，CITI，p. 1，http：//www.citibank.com/citi/citizen/data/cr07_ch12.pdf，登录时间：2017年5月26日。

③　"Citizenship Report 2006"［PDF］，CITI，p. 61，http：//www.citigroup.com/citi/about/citizenship/download/2006/global/global_2006_english.pdf，登录时间：2017年5月26日。

④　"FT 2006 Sustainable Banking Awards：shortlist"，*Financial Times*，June 9，2006，https：//www.ft.com/content/6ee9b07e-f79a-11da-9481-0000779e2340，登录时间：2017年5月26日。

⑤　"Citi 2010 Annual Report"［PDF］，CITI，p. 17，http：//www.citigroup.com/citi/investor/quarterly/2011/ar10c_en.pdf?ieNocache=46，登录时间：2017年5月27日。

委员会、其他成员机构和工作组内部发挥了关键的协调作用"①。一直以来,花旗集团"积极领导赤道原则协会(Equator Principles Association)参与国际金融公司绩效标准更新工作。另外,花旗还在倡导和负责赤道原则首届战略评估②(Strategic Review of the Principles)中发挥了重要作用"③。2013年,在更新"赤道原则"的促进下,花旗集团也开始"启动机构客户部门环境和社会风险管理标准(ICG ESRM Standard)的全面更新工作"④。

第二,重视环境风险管理团队的建设。

环境风险管理政策的成功执行有赖于一支能够有效运作的环境风险管理团队,因此花旗集团非常重视环境风险管理团队的建设。

首先,花旗集团为公司内部环境风险管理团队设计了完善的组织结构(参见表1—6)。在花旗集团内部,负责执行环境风险管理政策的主要岗位包括:初级办理人(Transactor)、风险官员(Risk Officer)、环境和社会风险管理股(ESRM Unit)、环境和社会风险管理审批人(ESRM Approver)、承诺委员会(Commitment Committees)和投资银行家(Portfolio Banker)。花旗集团环境风险管理团队的特点主要体现在以下两方面:其一,各部门负责环境风险管理的专家的权力具有独立性,从而确保了环境风险管理工作的有效执行。例如,2003年,"花旗集团从公司与投资银行部独立风险管理

---

① Manuel Wörsdörfer, "10 Years 'Equator Principles': A Critical Economic-Ethical Analysis" [PDF], *Comparative Research in Law & Political Economy*, Osgoode CLPE Research Paper No. 54, 2013, p. 11, https://papers.ssrn.com/sol3/papers.cfm?abstract_id=2359573, 登录时间:2017年5月27日。

② 2010年10月至2011年5月,"赤道原则"协会开展了战略评估,主要目的是审查"赤道原则"的进展情况,并制定未来发展设想,以确保"赤道原则"在金融部门项目融资环境和社会风险管理中"黄金法则"的地位。参见"About The Equator Principles Strategic Review-2010/2011", *Equator Principles*, http://www.equator-principles.com/index.php/strategic-review-2010-2011, 登录时间:2017年5月28日。

③ "Global Citizenship Report 2010" [PDF], CITI, p. 15, http://www.citigroup.com/citi/about/data/corp_citizenship/global_2010_english.pdf, 登录时间:2017年5月28日。

④ "Global Citizenship Report 2013" [PDF], CITI, p. 48, http://www.citigroup.com/citi/about/data/corp_citizenship/global_2013_english.pdf, 登录时间:2017年5月28日。

股（CIB Independent Risk Management unit）选派了多名高级信贷官员，担任环境和社会风险管理专家，负责 A 类项目交易的审批工作。所有的环境和社会风险管理专家都是独立风险管理负责人，不必向公司与投资银行部的业务管理部门作报告"[1]；其二，以环境和社会风险管理股作为核心部门。该部门设有主任一名、副主任和分析师各一名。环境和社会风险管理股主要承担了新交易审查、内部员工培训、撰写跟踪报告以及与环境非政府组织等进行外部沟通和进行宣传活动等的关键职责。

其次，重视对环境风险管理团队的培训工作。花旗集团自加入"赤道原则"以来，就非常重视针对环境风险管理团队的培训（参见表1—7）。2003 年至 2016 年，参与花旗环境风险管理培训的员工总数达 9756 人，平均每年约为 700 人。花旗集团所采用的培训方式多样，包括"远程培训和现场培训等，以使员工熟悉环境风险管理标准和程序"[2]。2016 年，花旗"更新了网络培训模块，并且与其他赤道银行合作创建了多媒体电子培训计划"[3]。作为一家经营网点和业务已遍及全球的跨国银行，花旗集团的环境风险管理培训有利于相关环境标准和理念在世界范围内的传播和推广。例如，2006 年，正值中国"十一五"规划着重强调可持续发展之际，为了加强同中国银行业同行在环境责任领域的交流与合作，花旗集团的"环境和社会风险管理政策培训会议，也选择在香港、上海和北京召开"[4]。

---

[1] "Citizenship Report 2004"［PDF］, CITI, p. 40, http：//www.citigroup.com/citi/about/citizenship/download/2004/global_2004_english.pdf，登录时间：2017 年 5 月 25 日。

[2] "Global Citizenship Report 2013"［PDF］, CITI, p. 52, http：//www.citigroup.com/citi/about/data/corp_citizenship/global_2013_english.pdf，登录时间：2017 年 5 月 31 日。

[3] "2016 Global Citizenship Report"［PDF］, CITI, p. 44, http：//www.citigroup.com/citi/about/citizenship/download/2016/2016_citi_global_citizenship_report.pdf，登录时间：2017 年 5 月 31 日。

[4] "Citizenship Report 2006"［PDF］, CITI, p. 67, http：//www.citigroup.com/citi/about/data/corp_citizenship/global_2006_english.pdf，登录时间：2017 年 5 月 31 日。

表1—6　　花旗集团执行环境风险管理政策的关键岗位①

序号	岗位名称	岗位职责
1	初级办理人	负责交易的初步筛选和分类
2	风险官员	负责审查和确认由初级办理人作出的分类及分析
3	环境和社会风险管理股	负责担任环境和社会风险管理专家以及审批人的技术顾问
		负责新交易的审查、建议和咨询
		负责内部环境和社会风险培训、沟通以及政策执行跟踪和报告
		负责与公司环境事务股（Corporate Environmental Affairs Unit）合作，向非政府组织、社会责任投资者、"赤道原则"金融机构（EPFIs）和媒体开展外部宣传
4	环境和社会风险管理审批人	负责A类交易审批
5	承诺委员会	负责审查债券和股票承销交易
6	投资银行家	负责监督交易并且在贷款周期内监测环境和社会风险管理政策的遵守情况

①　此表为笔者根据相关资料整理、统计。参见"Citizenship Report 2006"[PDF]，CITI，p.60，http://www.citigroup.com/citi/about/data/corp_citizenship/global_2006_english.pdf，登录时间：2017年5月29日。

表1—7　　　　花旗集团环境风险管理团队培训统计表①

序号	年度	统计人数
1	2003	1500
2	2004	1050
3	2005	400
4	2006	556
5	2007	910
6	2008	560
7	2009	157
8	2010	242
9	2011	168
10	2012	447
11	2013	504
12	2014	916
13	2015	1335
14	2016	1011

第三，加强国际交流与合作，构建全球领导力。

花旗集团不仅重视自身环境风险管理政策的更新和应用，还积极加入全球环境治理倡议，拓展国际交流与合作空间，构建环境风险管理领域的全球领导力。

首先，积极参与全球环境治理倡议，提升环境风险管理水平。

目前花旗集团已经加入的包括联合国全球契约（UN Global Compact）、自然资本宣言（Natural Capital Declaration）、国际金融公司环境和社会绩效标准（International Finance Corporation's Environmental and Social Performance Standards）以及国际金融公司环境、

---

① 此表为笔者根据花旗集团2003年至2016年《企业公民报告》资料整理、统计。参见"Citizenship Information 2003 – 2014"，CITI，http：//www.citigroup.com/citi/about/citizenshipreport.htm；"2015 Citi Global Citizenship Report"［PDF］，CITI，http：//www.citigroup.com/citi/about/citizenship/download/2015/global/2015-citi-global-citizenship-report-en.pdf；"2016 Global Citizenship Report"［PDF］，CITI，http：//www.citigroup.com/citi/about/citizenship/download/2016/2016_citi_global_citizenship_report.pdf，登录时间：2017年5月31日。

健康与安全指南（International Finance Corporation's Environmental, Health and Safety Guidelines）在内的多个涉及全球环境治理的重要国际倡议（表1—8）。

表1—8　　　　　花旗集团已加入的国际环境倡议①

序号	倡议名称
1	碳信息披露项目（CDP）
2	赤道原则
3	国际金融公司环境和社会绩效标准
4	国际金融公司环境、健康与安全指南
5	自然资本宣言
6	可持续棕榈油圆桌倡议（Roundtable on Sustainable Palm Oil）
7	联合国环境规划署金融倡议（UNEP Finance Initiative）
8	联合国全球契约

下面将以花旗集团加入"联合国全球契约"以及"自然资本宣言"两个具有代表性的全球环境治理倡议进行分析。

2010年4月，花旗集团"成为加入联合国全球契约的第一家大型美国银行"②。联合国全球契约"于2000年在纽约联合国总部正式启动运作"③，它是"政府、企业、劳工、公民社会以及联合国机构等众多利益相关者共同努力创建的一个自愿框架"④。目前，联合国全球契约已经发展为"世界最大的自愿性企业社会责任倡

---

① 此表为笔者根据相关资料整理、统计。参见"2016 Global Citienship Report"［PDF］，CITI，p.86，http：//www.citigroup.com/citi/about/citizenship/download/2016/2016_citi_global_citizenship_report.pdf，登录时间：2017年6月1日。

② "Citi Joins United Nations Global Compact"［PDF］，CITI，April，2010，http：//www.citigroup.com/citi/citizen/assets/pdf/citi_an_gc_42010.pdf，登录时间：2017年6月1日。

③ Jose Antonio Ocampo，*Global Compact International Yearbook 2010*，United Nations Publications，2010，p.24.

④ Emily B. Laidlaw，*Regulating Speech in Cyberspace：Gatekeepers，Human Rights and Corporate Responsibility*，Cambridge University Press，2015，p.99.

议，参与的企业近 8000 余家，遍布 140 多个国家"[1]。在联合国全球契约中，环境风险管理是重要方面之一。"全球契约"的原则 7 明确指出"相比投资于可持续经营领域，在不可持续（例如，资源枯竭和环境恶化）生产方面的投资长期回报率较低"[2]，因此"为应对环境挑战，企业应该支持预防性的措施"[3]。花旗集团加入"全球契约"有利于更好地制定和实施环境风险管理政策。

  2015 年，花旗集团"正式签署了自然资本宣言"[4]。自然资本宣言是"一项由全球金融部门主导的倡议，旨在在金融产品和服务之中融入自然资本因素，并致力于将其列入财务会计、披露与报告中"[5]。2012 年，"自然资本宣言""在'里约 + 20：联合国可持续发展大会'（UN Conference on Sustainable Development, Rio + 20）上，被 40 多家金融机构的首席执行官（CEO）正式签署。这些缔约方承诺到 2020 年时，要将自然资本因素整合进入私人部门的报告、会计核算及决策制定之中"[6]。"自然资本"一词，"从金融领域借用了'资本'这一术语，用来阐释自然资源的价值，以及生态系统所提供诸如水、药材、食物等商品和服务的能力"[7]。"自然资本"概念从经济学的视角揭示并抽象化了自然环境所具有的重要意

---

[1] Marc Bungenberg & Stephan Hobe, *Permanent Sovereignty over Natural Resources*, Springer, 2015, p. 51.

[2] Liam Leonard & Maria-Alejandra Gonzalez-Perez, *Beyond the UN Global Compact: Institutions and regulations*, Emerald Group Publishing, 2015, p. 125.

[3] Afshin Akhtarkhavari, *Global Governance of the Environment: Environmental Principles and Change in International Law and Politics*, Edward Elgar Publishing, 2010, p. 165.

[4] "Citi Becomes Official Signatory to the Natural Capital Declaration", *UNEP FI & GCP*, http://www.naturalcapitalfinancealliance.org/2015/10/citi-becomes-official-signatory-to-the-natural-capital-declaration/，登录时间：2017 年 6 月 1 日。

[5] Timothy M. Gieseke, *Shared Governance for Sustainable Working Landscapes*, CRC Press, 2017, p. 12.

[6] "The NCD and NCFA story", *UNEP FI & GCP*, http://www.naturalcapitalfinancealliance.org/about-the-natural-capital-declaration/，登录时间：2017 年 6 月 1 日。

[7] "The Natural Capital Declaration" [PDF], *UNEP FI & GCP*, http://www.naturalcapitalfinancealliance.org/wp-content/uploads/2013/12/The-Natural-Capital-Declaration-EN.pdf，登录时间：2017 年 6 月 1 日。

义，从而有利于私人金融部门增强对环境风险管理重要性的认识程度。2015年，花旗集团"作为副主席在自然资本的研究项目中发挥了领导作用。该项目通过将价值工具整合进入干旱问题，分析受干旱所影响的重点行业"①。

其次，通过国际交流，介绍环境风险管理先进经验，帮助合作伙伴共同进步。

花旗集团积极与银行业同行分享在环境风险管理创新方面所取得的宝贵经验，尤其重视帮助发展中国家的银行部门提升环境风险管理水平。例如，近年来，花旗集团重点与南亚地区的银行部门展开交流与合作，积极促进该地区棕榈油投资市场中银行环境风险管理政策的进步。

棕榈油种植和生产所引发的环境风险较为严重，因为"它对热带雨林造成侵害，进而不利于缓解气候变化危机"②。在全球范围内，印度尼西亚是棕榈油生产大国，也是破坏热带雨林最为严重的地区。"世界银行2012年的资料显示，印尼是世界最大的油棕（oil palm）产出国。又据印度尼西亚农业部（Indonesian Ministry of Agriculture）2011年公布的统计数字，1967—2010年，印尼油棕用地扩大了8300%，绝大多数被侵占的土地原为低地森林和泥炭沼泽林。"③ 2015年11月，"印尼资产最大的八家银行（占印尼全国银行资产的46%），承诺要成为可持续银行业的先锋，参与了由印度尼西亚金融服务管理局（Indonesia Financial Service Authority，FSA）和世界自然基金会印尼分会（WWF-Indonesia）合作发起的试点项

---

① "2015 Citi Global Citizenship Report" [PDF], CITI, p. 40, http：//www.citigroup.com/citi/about/citizenship/download/2015/global/2015-citi-global-citizenship-report-en.pdf, 登录时间：2017年6月1日。

② World Bank, *World Development Report* 2010: *Development and Climate Change*, World Bank Publications, 2009, p. 148.

③ Zachary R Anderson, Koen Kusters & Krystof Obidzinski, *Reducing green house gas emissions from oil palm in Indonesia: Lessons from East Kalimantan*, CIFOR, 2015, p. 2.

目'成为可持续银行第一步'"①。2016年,花旗集团与"世界自然基金会(World Wildlife Fund)和印尼金融监管机构(OJK)合作举办专题研讨会,向印尼八大银行的风险部门经理介绍花旗的棕榈油尽职调查程序"②,并帮助印尼八大银行制定环境和社会风险管理政策。

"自20世纪70年代以来,在东南亚地区几乎每年都要发生的跨境烟霾污染(haze pollution),对于新加坡人而言已经成为一种苦难之源"③。这种烟霾污染主要是由印度尼西亚等地棕榈油生产中燃烧的烟雾颗粒造成的。烟霾污染对公众健康会造成严重危害。例如,"在美国癌症学会(American Cancer Society)进行的癌症预防二号研究(Cancer Prevention II study)项目中,调查人员发现长时间暴露于细颗粒物中可能会引发肺癌和心肺死亡"④。2015年,"世界自然基金会新加坡分会(WWF-Singapore)成功发起'我们呼吸我们所购买'(We Breathe What We Buy)运动,全球参与人数超过2000万。在这场运动之后,新加坡可持续棕榈油联盟(Singapore Alliance for Sustainable Palm Oil)于2016年6月正式成立"⑤。该联盟的目标是"使可持续棕榈油认证(CSPO)成为停止本地区烟霾污染、森林滥伐以及动物栖息地丧失等危害环境行为的行业规范。

---

① 2015年,作出可持续发展承诺的印尼最大的八家银行为:曼迪利银行(Bank Mandiri)、印尼人民银行(BRI)、中亚银行(BCA)、印尼国家银行(BNI)、回教教义银行(Bank Muamalat)、夏利亚庶民银行(BRI Syariah)、西爪哇—万丹地方建设银行(Bank BJB)和印尼国际银行(Bank Artha Graha Internasional)。参见"Eight Largest Banks in Indonesia Commits to Implement Sustainable Finance", World Wide Fund For Nature, 23 November 2015, http://www.wwf.or.id/tentang_wwf/upaya_kami/marine/? uNewsID=43824, 登录时间:2017年6月3日。

② "2016 Global Citizenship Report" [PDF], CITI, p. 42, http://www.citigroup.com/citi/about/citizenship/download/2016/2016_citi_global_citizenship_report.pdf, 登录时间:2017年6月3日。

③ "We Breathe What We Buy", https://webreathewhatwebuy.com/_2015/haze/, 登录时间:2017年6月3日。

④ Robert Friis, *Essentials of Environmental Health*, Jones & Bartlett Publishers, 2012, p. 263.

⑤ "Singapore Launches The Singapore Alliance For Sustainable Palm Oil", Roundtable on Sustainable Palm Oil, 30 June 2016, http://www.rspo.org/news-and-events/news/singapore-launches-the-singapore-alliance-for-sustainable-palm-oil, 登录时间:2017年6月3日。

它将为企业提供一个可持续的生产、交易,以及使用认证的可持续棕榈油的平台"①。新加坡可持续棕榈油联盟的创始会员包括"消费品巨头联合利华(Unilever)、著名新加坡制造商雄鸡标(Ayam Brand)、食品和饮料专家达能(Danone)、家居零售商宜家(IKEA),以及新加坡野生动物保护协会(Wildlife Reserves Singapore)"②。反对棕榈油不可持续生产的公民社会运动使银行部门成为被关注的重点,也促进银行制定和提升相关领域的环境风险管理政策。2015年,"新加坡银行协会(Association of Banks in Singapore,ABS)发布了'负责任融资指引'(Guidelines on Responsible Financing)。该指引的规定,新加坡的银行部门到2017年必须披露其负责任融资承诺、公布政策框架,并启动治理系统"③。花旗集团凭借在棕榈油环境风险管理领域的先进经验,积极帮助新加坡银行部门制定相关政策。2016年,花旗集团在"新加坡银行协会介绍了花旗的棕榈油尽职调查程序,并帮助新加坡制定了烟霾诊断指导说明"④。由此可见,以花旗集团为代表的跨国银行不仅在自身环境风险管理标准创新方面取得了值得肯定的成绩,而且还为推动全球环境治理规范发展贡献了重要力量。

---

① "Singapore Alliance For Sustainable Palm Oil", World Wide Fund For Nature, http://www.wwf.sg/business/singapore_alliance_for_sustainable_palm_oil/,登录时间:2017年6月3日。

② "Top firms in Singapore join new alliance to meet consumer demand for haze-free products", World Wide Fund For Nature, 27 June 2016, http://wwf.panda.org/wwf_news/?271876/Top-firms-in-Singapore-join-new-alliance-to-meet-consumer-demand-for-haze-free-products,登录时间:2017年6月3日。

③ Choi Shing Kwok, "Speechs", Ministry of the Environment and Water Resources, 29 November, 2016, https://www.mewr.gov.sg/news/speech-by-mr-choi-shing-kwok-permanent-secretary-for-the-ministry-of-the-environment-and-water-resources--at-the-sustainable-palm-oil-leaders-summit-29-november-2016,登录时间:2016年6月3日。

④ "2016 Global Citizenship Report"[PDF], CITI, p.42, http://www.citigroup.com/citi/about/citizenship/download/2016/2016_citi_global_citizenship_report.pdf,登录时间:2017年6月3日。

第二节 进攻阶段美国跨国银行的表现

自21世纪初以来，美国跨国银行已发展到参与全球环境治理的进攻阶段。马塞尔·杰肯认为，银行在进攻阶段参与环境治理的态度更富主动性、创造性和创新性。处于进攻阶段的银行已经充分注意到快速增长的环境技术市场份额，所以参与环境融资的热情很高。① 近十余年来，美国跨国银行在参与环境融资中越来越多地表现出重视气候变化和强调公私合作两个主要特征。

一 重视气候变化的环境融资理念

应对气候变化危机是当前全球环境治理的最主要任务。"气候融资已发展为2015后新气候制度，即2015《巴黎气候变化协定》的核心支柱。"② 银行等金融机构在应对全球气候变化中的作用十分重要。本书发现美国跨国银行已将气候融资视为其环境融资战略和实践的核心部分。其主要特点表现为以下几方面：

第一，以应对气候变化为环境政策优先议题。

2015年，花旗集团制定了为期五年的可持续发展战略。其可持续发展框架的重点为"三个优先议题，即应对气候变化、营造可持续发展的城市、以群众和社区为本"③。在这三个与花旗集团的业务和利益相关者密切相关的环境及可持续发展优先议题中，应对气候变化被列为首要选项。此足以说明花旗集团对气候变化问题的重视程度之高。

---

① Marcel Jeucken, *Sustainable Finance and Banking: The Financial Sector and the Future of the Planet*, Routledge, 2001, pp. 72-73.

② Mariama Williams, *Gender and Climate Change Financing: Coming out of the margin*, Routledge, 2015, p. 403.

③ "Sustainable Progress: Citi's Five-Year Sustainability Strategy" [PDF], CITI, February 2015, p. 4, http://www.citigroup.com/citi/environment/data/Corporate_Sustainability_Strategy.pdf, 登录时间：2017年5月3日。

美国银行坚持"以帮助社会向低碳经济转型和支持可持续的商业活动作为自身业务特色"[①]。近年来,美国银行凭借在应对气候变化方面的出色表现,受到了多家媒体和机构的高度评价。从美国银行在2015—2016年参与全球环境治理所获奖项情况来看,应对气候变化已经成为该行业环境承诺和实践中最重要的组成部分,并且对其所取得环境治理业绩的贡献份额也最大(参见表1—9)。

表1—9　　美国银行参与全球环境治理获奖情况[②]

年度	颁奖部门	获奖内容
2015	《金融新闻》杂志	投资银行奖和编辑选择奖
2015	CDP[③]	报告披露透明度100分和领导力绩效分A[④]
2015	《银行家》杂志	气候变化和可持续发展领域最具创新性投资银行[⑤]
2015	《欧洲货币》杂志	《欧洲货币》杂志卓越奖
2015	美国环保署	美国环保署气候领导力奖
2016	《财富》杂志	《财富》杂志"改变世界名单"第16名
2016	道琼斯可持续发展指数	道琼斯发展世界指数和北美指数
2016	气候债券倡议组织[⑥]	绿色债券先锋奖
2016	环境金融网	环境金融绿色债券奖

---

① "Bank of America 2016 ESG"[PDF], Bank of America, p. 6, http://about.bankofamerica.com/assets/pdf/Bank-of-America-2016-ESG-Summary-Report.pdf,登录时间:2017年5月6日。

② 此表为笔者根据相关资料整理、统计。参见"Awards and recognition: See how our environmental commitment is being recognized", Bank of America, http://about.bankofamerica.com/en-us/global-impact/environment-award-article.html#fbid=zNBp172K0D4,登录时间:2017年5月6日。

③ CDP是一家国际非营利性慈善组织,其前身为碳披露项目(Carbon Disclosure Project),旨在通过提供可靠的环境影响数据分析,帮助投资者、企业和政府等相关部门制定有利于气候行动的更明智的决策。参见"About us", CDP, https://www.cdp.net/en/info/about-us,登录时间:2017年5月6日。

④ 连续六年被CDP选入气候披露领导力指数(Climate Disclosure Leadership Index)和气候A名单(Climate A list)。

⑤ 连续五年获得气候变化和可持续发展领域最具创新性投资银行奖。

⑥ 气候债券倡议组织,是一家国际性非营利组织,旨在调动100万亿美元债券市场解决气候变化问题。参见https://www.climatebonds.net/,登录时间:2017年5月6日。

续表

年度	颁奖部门	获奖内容
2016	美通社（PR News）	美通社企业社会责任奖
2016	社区商务协会（BITC）	阿斯达环境领袖奖
2016	CDP	温室气体排放管理和报告领导力绩效分 A -
		CDP 水调查响应分 A -

高盛集团参与全球环境治理的历程反映出其对气候变化议题的高度重视。"高盛承认由联合国政府间气候变化专门委员会（Intergovernmental Panel on Climate Change）所达成的科学共识，即气候变化是由人类活动导致地球大气中温室气体浓度大量增加的客观事实。"[①] 高盛集团充分认同气候变化具有科学依据的立场，构成了其正确应对气候变化问题的出发点。

从高盛集团参与全球环境治理的"十年里程碑"，可归纳出三方面特点（参见表1—10）。首先，大力资助研究气候变化问题的科研机构。2006 年，高盛集团与未来资源研究所（Resources for the Future）、世界资源研究所（WORLD RESOURCES INSTITUTE）及林洞研究中心（Woods Hole Research Center）等三家气候问题研究机构合作成立了"环境市场中心"，并首次资助230 多万美元研究经费。[②] 其次，重视创新市场解决方案在应对气候变化中的作用。2005 年，"欧盟碳排放交易计划[③]（European Union Emissions Trading

---

① N. Khalili, *Practical Sustainability: From Grounded Theory to Emerging Strategies*, Springer, 2011, p. 178.

② 获得高盛研究经费的三家机构主要从事以下活动：未来资源研究所负责气候政策选择评估，世界资源研究所负责研发减少温室气体排放的全球技术，林洞研究中心负责评估森林生态系统。参见"2006: Center For Environmental Markets", Goldman Sachs, http://www.goldmansachs.com/citizenship/environmental-stewardship/our-environmental-journey/2006.html, 登录时间：2017 年5 月10 日。

③ 欧盟碳排放交易计划于2005 年1 月1 日启动，是世界第一个大规模温室气体交易机制。参见 David Cuff & Andrew Goudie, *The Oxford Companion to Global Change*, Oxford University Press, USA, 2009, p. 212.

Scheme）推出之后，高盛立即启动碳排放交易平台"①，成为碳排放市场做市商。2014 年，高盛引领绿色债券市场创新，成功发行了首笔世纪绿色债券、首笔绿色能源市场证券化债券，以及首笔拉美地区可再生能源项目绿色债券②。最后，以清洁能源作为环境投融资的关键领域。2010 年，高盛集团成立了清洁技术和可再生能源集团（Clean Technology and Renewables Group），主要负责为清洁技术及可再生能源公司提供咨询和投融资服务。目前，"高盛在清洁能源领域内已经发展为一家领先的特许经营权机构。在彭博新能源财经（Bloomberg New Energy Finance）的清洁能源与能源智能技术（Clean Energy & Energy Smart Technologies）公共市场领军管理者排名中多次位列第一"③。

最近几年，富国银行对气候变化的重视程度持续升温。自 2015 年以来，在富国银行的《公司社会责任报告》中，始终将"加速向低碳经济转型，以及减少气候变化对客户和社区的影响作为其环境可持续发展战略目标的优先选项"④。2016 年，富国银行的"176

---

① "2005：Environmental Policy Framework"，Goldman Sachs，http：//www.goldmansachs.com/citizenship/environmental-stewardship/our-environmental-journey/2005.html，登录时间：2017 年 5 月 10 日。

② 首笔世纪绿色债券：提供哥伦比亚特区饮用水和下水道管理局（DC Water and Sewer Authority）3.5 亿美元 100 年到期的绿色债券；首笔绿色能源市场证券化债券：提供夏威夷商务、经济发展和旅游部（State of Hawaii's Department of Business, Economic Development and Tourism）1.5 亿美元绿色能源市场证券化债券；首笔拉美绿色项目债券：为秘鲁风电运营商 Energía Eólica 提供 2.04 亿美元为期 20 年的绿色项目债券。参见"Goldman Sachs Led Innovative Green Bond Transactions"，Goldman Sachs，http：//www.goldmansachs.com/citizenship/environmental-stewardship/our-environmental-journey/2014.html，登录时间：2017 年 5 月 10 日。

③ "2010：Clean Technology & Renewables Group"，Goldman Sachs，http：//www.goldmansachs.com/citizenship/environmental-stewardship/our-environmental-journey/2010.html，登录时间：2017 年 5 月 10 日。

④ 参见"Wells Fargo & Company Corporate Social Responsibility Report 2015"［PDF］，Wells Fargo，p.12，https：//www08.wellsfargomedia.com/assets/pdf/about/corporate-responsibility/2015-social-responsibility-report.pdf，登录时间：2017 年 5 月 12 日；"Wells Fargo & Company Corporate Social Responsibility Interim Report 2016"［PDF］，Wells Fargo，p.15，https：//www08.wellsfargomedia.com/assets/pdf/about/corporate-responsibility/2016-social-responsibility-interim.pdf，登录时间：2017 年 5 月 12 日。

亿美元环境融资主要用于支持可再生能源、清洁技术和其他环境可持续业务"①等应对气候变化领域。

表 1—10　　高盛集团 10 年参与环境治理里程碑事件②

年份	主要成绩
2005	高盛建立环境政策框架（Environmental Policy Framework）
	高盛组建碳排放交易平台
2006	高盛建立环境市场中心（Center for Environmental Markets）
2007	高声宣布成立全球投资研究可持续平台③
2008	高盛资产管理公司推出一款全球权益证券
2009	高盛承诺 2020 年实现碳零排放
2010	高盛成立清洁技术和可再生能源集团
2011	高盛资产管理公司成为联合国负责任投资原则（UNPRI）签约方
2012	高盛承诺为清洁能源投融资 400 亿美元
	高盛主持首届清洁能源生态峰会④
2013	高盛主导应对水资源危机的基础设施公私合作融资和峰会
2014	高盛引领绿色债券交易创新
2015	更新环境政策框架
2016	高盛完成 400 亿美元清洁能源投融资目标
	高盛启动清洁能源投融资延伸目标：到 2025 年达到 1500 亿美元

第二，设定明确的气候融资战略目标。

---

①　"Environmental sustainability"，Wells Fargo，https：//www.wellsfargo.com/about/corporate-responsibility/goals-and-reporting/，登录时间：2017 年 5 月 12 日。

②　此表为笔者根据相关资料整理、统计。参见"Environmental Stewardship：Our Environmental Journey"，Goldman Sachs，http：//www.goldmansachs.com/citizenship/environmental-stewardship/our-environmental-journey/index.html，登录时间：2017 年 5 月 10 日。

③　"2007：Goldman Sachs Global Investment Research Gs Sustain Platform"，Goldman Sachs，http：//www.goldmansachs.com/citizenship/environmental-stewardship/our-environmental-journey/2007.html，登录时间：2017 年 5 月 10 日。

④　"2012：Clean Energy Financing & Investment Target"，Goldman Sachs，http：//www.goldmansachs.com/citizenship/environmental-stewardship/our-environmental-journey/2012.html，登录时间：2017 年 5 月 10 日。

在美国跨国银行中，花旗集团较早制定了具体的气候融资目标。花旗集团的气候友好型项目融资承诺和实践在金融业界产生了积极的示范效应。"2007 年 5 月 8 日，戴维·怀顿①（David Wighton）在《金融时报》（Financial Times）中曾撰文称赞，全球最大的金融服务集团花旗集团承诺十年之内为环境项目融资500 亿美元，并计划将减少其温室气体排放的投资追加 10 倍达到100 亿美元"②。花旗集团的 500 亿美元融资主要应用于"风能、太阳能发电系统，以及有利于减缓气候变化的清洁技术创新"③领域。2013 年，"花旗集团的 500 亿美元气候融资目标被提前三年完成"④，并且"超出原计划投资额 39 亿美元"⑤。2015 年初，花旗集团开始启动 1000 亿美元环境融资新目标，即"在十年之内（2014—2023），通过贷款、投资等方式推动 1000 亿美元用于减少气候变化影响和解决环境问题的相关活动"⑥。在气候融资方面，"花旗集团的新目标已使其遥遥领先于其他金融机构。例如2012 年，美国银行承诺的 500 亿美元低碳融资倡议，以及高盛宣布的 400 亿美元融资计划"⑦。

2007 年初，"为应对全球气候变化，美国银行宣布 200 亿美元

---

① 戴维·怀顿曾任《金融时报》美国新闻编辑、纽约站总编辑以及驻英国首席政治记者。2014 年，戴维·怀顿加入《华尔街日报》（The Wall Street Journal），任经济新闻编辑。参见 "David Wighton"，*The Wall Street Journal*，http://topics.wsj.com/person/W/david-wighton/8138，登录时间：2017 年 5 月 3 日。

② Richard Maltzman and David Shirley，*Green Project Management*，CRC Press，2012，p. 15.

③ Rajesh Kumar，*Strategies of Banks and Other Financial Institutions: Theories and Cases*，Elsevier，2014，p. 297.

④ "Citi Announces $100 Billion, 10-Year Commitment to Finance Sustainable Growth"，CITI，http://www.citigroup.com/citi/news/2015/150218a.htm，登录时间：2017 年 5 月 3 日。

⑤ "citizenshipbrochure2013"［PDF］，CITI，2014，p. 2，http://www.citigroup.com/citi/about/citizenship/download/2014/global/citizenshipbrochure2013_english.pdf.

⑥ "$100 BILLION ENVIRONMENTAL FINANCE GOAL"，CITI，http://www.citigroup.com/citi/environment/performance.htm，登录时间：2017 年 5 月 4 日。

⑦ Ehren Goossens，"Citigroup Sets $100 Billion Funding Goal for Green Projects"，*Bloomberg L. P.*，February 18，2015，https://www.bloomberg.com/politics/articles/2017 - 05 - 02/ryan-tells-gop-health-care-vote-could-be-held-later-this-week，登录时间：2017 年 5 月 14 日。

融资倡议，以支持有利于环境可持续发展的商业活动"①。2013 年，美国银行提前四年完成了 200 亿美元融资计划。自 2007 年至 2013 年，"美国银行在环境商业活动领域共融资 270 亿美元，仅 2013 年就融资 55 亿美元"②。2012 年，美国银行推出一项"为期十年，总额 500 亿美元的环境融资新目标，用于帮助应对气候变化问题、减少消耗自然资源，以及提升低碳经济发展能力"③。2015 年 7 月 27 日，美国银行在白宫举办的"美国商企气候承诺行动"④（American Business Act on Climate Pledge）活动中宣布增加原 500 亿美元的融资目标，计划"到 2025 年为低碳商业活动融资 1250 亿美元"⑤。截至 2016 年底，美国银行"自 2013 年以来已经为完成该目标融资 490 亿美元。仅 2016 年就融资 159 亿美元"⑥。

富国银行的"首个环境融资承诺始于 2005 年"⑦。2005 年，"富国银行宣布了将环境责任纳入其经营和业务实践中的十点承诺

---

① Wendy Jedlicka, *Sustainable Graphic Design*: *Tools*, *Systems and Strategies for Innovative Print Design*, John Wiley & Sons, 2010, p. 31.

② "Corporate Social Responsibility 2013 Report" [PDF], Bank of America, p. 9, http://about.bankofamerica.com/assets/pdf/Bank-of-America-2013-Corporate-Social-Responsibility-Report.pdf, 登录时间：2017 年 5 月 5 日。

③ "Bank of America Announces New $50 Billion Environmental Business Initiative", Bank of America, http://about.bankofamerica.com/en-us/press-releases/2012-06-11-bank-of-america-announces-new-50-billio-detail.html#fbid=zNBp172K0D4, 登录时间：2017 年 5 月 5 日。

④ 2015 年 7 月 27 日，13 家美国大公司为支持奥巴马政府，在白宫签署"美国商业行为气候承诺"。参见 "Fact Sheet: White House Launches American Business Act on Climate Change", the White House, https://obamawhitehouse.archives.gov/the-press-office/2015/07/27/fact-sheet-white-house-launches-american-business-act-climate-pledge, 登录时间：2017 年 5 月 5 日。

⑤ "Bank of America Announces Industry-leading $125 Billion Environmental Business Initiative", Bank of America, July 27, 2015, http://newsroom.bankofamerica.com/press-releases/environment/bank-america-announces-industry-leading-125-billion-environmental-busines, 登录时间：2017 年 5 月 5 日。

⑥ "Bank of America 2016 ESG Summary Report" [PDF], Bank of America, http://about.bankofamerica.com/assets/pdf/Bank-of-America-2016-ESG-Summary-Report.pdf, 登录时间：2017 年 5 月 6 日。

⑦ "Wells Fargo Announces Record $6.4 Billion in Environmental Financing in 2012", Wells Fargo, June 10, 2013, https://www.wellsfargo.com/about/press/2013/20130610_RecordEnvironmentalFinancing/, 登录时间：2017 年 5 月 12 日。

(10-point Environmental Commitment)，包括在五年之内以贷款、投资和融资等方式为有利于环境的商业机会提供超过 10 亿美元资金"①。该 10 亿美元环境融资目标很快就被完成。2007 年，富国银行仅为"获得能源与环境设计认证（LEED）的绿色建筑贷款就已经超过了 10 亿美元"②。到 2009 年底，富国银行在绿色项目的累计贷款和投资总额已经超过了 60 亿美元（参见图 1—1）。近些年来，富国银行的环境融资目标被大幅提高，并且更加侧重低碳和清洁能源领域。2012 年，富国银行又宣布了"一项由三个 2020 年目标构成的重大环境承诺"③。其中最为重要的目标是，"在未来八年内，为资助节能建筑和可再生能源项目提供 300 亿美元"④，以"加速面向绿色经济转型"⑤。至 2014 年，"富国银行已在绿色建筑、清洁技术和其他环境可持续经营领域融资超过 370 亿美元，超前完成了 2020 年 300 亿美元目标"⑥。

2006 年，摩根士丹利宣布"计划在五年之内投资约 30 亿美元用于与温室气体（GHG）减排相关的碳排放信用、项目，以及其他举措"⑦。2009 年，摩根士丹利"超额完成其制定的减排承诺，

---

① Jerry Yudelson, *Greening Existing Buildings*, McGraw-Hill Education, 2009, p. 10.

② Anthony Buonicore & Dianne Crocker, "Global Warming Goes Mainstream" [PDF], *Air & Waste Management*, p. 43, 2007, http://pubs.awma.org/gsearch/em/2007/12/insidetheindustry.pdf, 登录时间：2017 年 5 月 12 日。

③ Kevin Lyons, *A Roadmap to Green Supply Chains: Using Supply Chain Archaeology and Big Data Analytic*, Industrial Press, Inc., April 15, 2015, p. 136.

④ Rebecca L. Henn, Andrew J. Hoffman & Nicole Woolsey Biggart, *Constructing Green: The Social Structures of Sustainability*, MIT Press, 2013, p. ixx.

⑤ "Wells Fargo：$30 + Billion in Environmental Investments by 2020", Wells Fargo, April 23, 2012, https://www.wellsfargo.com/about/press/2012/20120423_WellsFargo30Billion/, 登录时间：2017 年 5 月 12 日。

⑥ "Wells Fargo & Company Corporate Social Responsibility Interim Report 2014" [PDF], *Wells Fargo*, p. 5, https://www08.wellsfargomedia.com/assets/pdf/about/corporate-responsibility/2014-social-responsibility-interim.pdf, 登录时间：2017 年 5 月 12 日。

⑦ "Morgan Stanley to Invest in $3bn of Emissions Reduction Credits and Other Related Initiatives", Morgan Stanley, Oct 26, 2006, https://www.morganstanley.com/press-releases/morgan-stanley-to-invest-in-3bn-of-emissions-reduction-credits-and-other-related-initiatives_3818, 登录时间：2017 年 5 月 14 日。

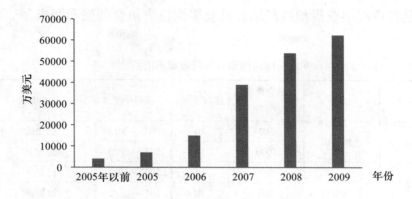

图1—1 富国银行环境贷款和投资累计图①

从2006年至2009年减少温室气体排放量12%"②。2013年,摩根士丹利成立了"可持续发展研究所"(Institute for Sustainable Investing),旨在"通过全球市场和投资者推动,带领公司与客户及学术机构一致努力,为可持续发展企业筹集资本"③。摩根士丹利的投资与影响平台(Investing with Impact Platform)涵盖了"140多种可持续投资产品,包括投资基金、指数股票型基金、转户理财,以及适用合格投资者的其他投资渠道"④。2013年,摩根士丹利"通过投资与影响平台设定了未来五年内实现100亿美元客户资产的目标。即通过开发新产品、创新主题投资,以及可持续投资思想的引导,投资与影响平台将不仅为客户实现规避风险的财务回报目标,也将

---

① Leslie Guevarra, "Wells Fargo Green Financing Surges to $6.2 Billion", GreenBiz, March 22, 2010, https://www.greenbiz.com/news/2010/03/22/wells-fargo-green-financing-surges-6.2-billion, 登录时间: 2017年5月12日。

② "Morgan Stanley Sustainability Report 2009"[PDF], Morgan Stanley, p.3, http://www.morganstanley.com/globalcitizen/pdf/sustainability2009.pdf, 登录时间: 2017年5月14日。

③ "Institute for Sustainable Investing", Morgan Stanley, http://www.morganstanley.com/what-we-do/institute-for-sustainable-investing/, 登录时间: 2017年5月14日。

④ "Investing with Impact"[PDF], Morgan Stanley, p.2, http://www.morganstanley.com/auth/content/dam/msdotcom/en/assets/pdfs/articles/investing-with-impact.pdf, 登录时间: 2017年5月14日。

满足客户渴望获得积极环境和社会影响投资机会的强烈要求"①。

表1—11　　6家美国跨国银行气候融资承诺汇总②

序号	银行	融资计划（亿美元）	预期（年）	执行年度	完成状态
1	花旗集团	500	10	2007—2013	已完成
		1000	10	2014—2023	进行中
2	美国银行	200	10	2007—2013	已完成
		500	10	2013—至今	被更新
		1250	13	2013—2025	进行中
3	高盛集团	400	10	2012—2015	已完成
		1500	14	2012—2025	进行中
4	富国银行	10	5	2005—2007	已完成
		300	8	2012—2014	已完成
5	摩根士丹利	30	5	2006—2009	已完成
		100	5	2013—2017	进行中
6	摩根大通③	14	1	2013	已完成
		18	1	2014	已完成
		20	1	2015	已完成

第三，向清洁能源倾斜的环境融资。

"在人类社会发展进程中，能源始终是一块重要基石。同时，

---

① "Morgan Stanley Establishes Institute for Sustainable Investing", Morgan Stanley, Nov 1, 2013, https://www.morganstanley.com/press-releases/morgan-stanley-establishes-institute-for-sustainable-investing_a2ea84d4-931a-4ae3-8dbd-c42f3a50cce0，登录时间：2017年5月14日。

② 此表为笔者根据本节相关资料整理、统计。

③ 自2003年至2015年，摩根大通已经为可再生能源项目融资超过148亿美元。参见"Our Commitment To Sustainable Finance"[PDF], JPMorgan CHASE & Co., https://www.jpmorganchase.com/corporate/Corporate-Responsibility/document/jpm-sustainable-finance-brochure-final.pdf，登录时间：2017年5月14日；"Making Sustainability Our Business", JPMorgan CHASE & Co., https://www.jpmorganchase.com/corporate/Corporate-Responsibility/st-earth-day.htm，登录时间：2017年5月14日；"2015 Environmental Social and Governance Report" [PDF], JPMorgan CHASE & Co., p.20, https://www.jpmorganchase.com/corporate/Corporate-Responsibility/document/jpmc-cr-esg-report-2015.pdf，登录时间：2017年5月14日。

能源也是作为人类面临的最大环境挑战之一，气候变化问题的核心。因此，解决气候变化问题必将对能源使用的未来产生重大且深远的影响。"①

近年来，清洁能源市场已经被美国跨国银行视为富有利润商机的环境融资领域之一。仅以2016年彭博新能源财经公布的清洁能源和能源智能技术公共市场领先投资者排名（依据信用规模）为例，美国跨国银行不仅在总数上位居第一（6/20），而且在前5名投资银行中占据3强（参见表1—12）。

表1—12　全球清洁能源和能源智能技术公共市场投资银行排名②

排名	名称	总部
1	摩根士丹利	美国纽约州纽约
2	高盛	美国纽约州纽约
3	德意志银行	德国莱茵河畔法兰克福
4	摩根大通	美国纽约州纽约
5	北欧银行（Nordea Bank）	瑞典斯德哥尔摩
6	加拿大皇家银行（Royal Bank of Canada）	加拿大蒙特利尔
7	美国银行	美国北卡罗来纳州夏洛特
8	东方证券	中国上海
9	中信证券	中国深圳
10	中国国际金融股份有限公司	中国北京
11	花旗集团	美国纽约州纽约
12	国投安信股份有限公司	中国上海
13	巴克莱银行	英国伦敦
14	欧特家博士（Dr August Oetker）	德国比勒费尔德

---

① Geoff O'Brien, Nicola Pearsall and Phil O'Keefe, *The Future of Energy Use*, Routledge, 2010, p. 1.

② 此表为笔者根据相关资料整理、统计。参见 "2016 Clean Energy & Energy Smart Technologies League Tables" [PDF], *Bloomberg New Energy Finance*, 12 January 2017, p. 27, https://data.bloomberglp.com/bnef/sites/14/2017/01/BNEF-2016-Clean-Energy-EST-League-Tables-1.pdf, 登录时间：2017年5月11日。

续表

排名	名称	总部
15	大华继显（UOB-Kay Hian）	新加坡
16	加拿大国家银行（National Bank of Canada）	加拿大蒙特利尔
17	卡内基投资银行（Carnegie Fondkommission）	瑞典斯德哥尔摩
18	中泰证券	中国济南
19	罗斯资本伙伴（Roth Capital Partners）	美国加利福尼亚州新港滩
20	富邦金融控股公司（Fubon Financial）	中国台北

当今，"国际领域内重要私人资本对可再生能源领域的投资意义重大。例如，高盛集团的 400 亿美元可再生能源投融资承诺，就突显出全球清洁能源市场所不可抗拒的强大魅力"[①]。2012 年，高盛集团设立了"未来十年内在全球清洁能源领域投融资 400 亿美元资本的目标"[②]。2016 年 5 月，高盛集团"全部实现并超过了最初目标，共完成投融资 410 多亿美元"[③]。表 1—13 概括了高盛集团完成 400 亿美元清洁能源投融资目标所产生的积极环境和社会影响。自 2012 年至 2016 年，高盛集团共帮助全球范围内 29 个国家的 89 家公司和项目的新增清洁能源技术及可再生能源投融资 410 亿美元。其中投资总额约 25 亿美元，融资金额共计约 390 亿美元。5 年之内，高盛集团累计投融资可再生能源电力约 31GW。这些投融资项目提供的清洁电力规模能满足美国 550 万户家庭的用电需要。截至 2016 年，高盛集团在清洁能源领域的投融资共减少温室气体排放 7400 万公吨，相当于植树 7000 万英亩或限行上路汽车 1600 万辆。

---

① Randall Abate, *Climate Change Impacts on Ocean and Coastal Law: U. S. and International Perspectives*, Oxford University Press, 2015, p. 156.

② "Goldman Sachs Environmental Policy Framework", Goldman Sachs, http://www.goldmansachs.com/s/environmental-policy-framework/index.html, 登录时间：2017 年 5 月 8 日。

③ "Clean Energy Impact Report" [PDF], Goldman Sachs, p. 1, http://www.goldmansachs.com/citizenship/environmental-stewardship/market-opportunities/clean-energy/impact-report/report.pdf, 登录时间：2017 年 5 月 8 日。

表 1—13　　高盛集团 400 亿美元清洁能源投融资影响①

配置资金总额 410 亿美元				
（2012—2016 年，29 个国家的 89 家公司和项目）				
投资			融资	
25 亿美元			390 亿美元	
发电 4.5 GW			110 亿美元 开发新电能	150 亿美元 再融资	130 亿美元 清洁技术和生态系统融资
风能 3.1GW	太阳能 0.7GW	其他清洁技术 0.6GW	融资电能 27GW	太阳能、风能 15GW	电动汽车、智能电网、高级生物制品
效果	投融资可再生能源发电 31GW（550 万户美国家庭）				
	减少温室气体排放 7400 万公吨 （截至 2016 年）			种植 7000 万英亩森林	
				取缔上路汽车 1600 万辆	
	创收 340 亿美元＼提供绿色就业机会 129000 人（截至 2015 财年）				

2014—2016 年的花旗集团环境融资情况可以反映出，目前风能、太阳能等清洁能源领域已经成为花旗集团环境融资的最重要部门（参见表 1—14）。其中，风能所占的比重最大，总计达到了 22%；太阳能在花旗集团环境融资的八大类别中位居第二，为 16%。2014—2016 年，花旗集团在清洁能源（风能和太阳能）领域的总融资额已超过 374 亿美元，约占其环境融资总额的 38%。尽管风能在花旗集团环境融资中排名第一，但是太阳能项目的融资额近年来始终保持平稳上升态势。在花旗环境融资总额中，太阳能所占比重从 2014 年和 2015 年的 13% 增长到 2016 年的 24%；而风能却在 2016 年下降为 16%。2016 年，花旗集团在太阳能领域的融资为 64 亿美元，首次超过风能（42 亿美元）。

---

① 此表为笔者根据相关资料整理、统计。参见 "Clean Energy Impact Report"［PDF］, Goldman Sachs, pp. 2 - 5, http://www.goldmansachs.com/citizenship/environmental-stewardship/market-opportunities/clean-energy/impact-report/report.pdf, 登录时间：2017 年 5 月 8 日。

表1—14　　　　　　　　　花旗集团环境融资情况①

	2014年		2015年		2016年		总计	
	金额（亿美元）	比例（%）	金额（亿美元）	比例（%）	金额（亿美元）	比例（%）	金额（亿美元）	比例（%）
风能	58	25	117	25	42	16	217	22
太阳能	31	13	62	13	64	24	157	16
可持续交通	23	10	42	9	20	8	85	9
水质和保护	8	3	19	4	33	12	60	6
绿色住宅	6	3	16	3	25	9	47	5
能源效率	3	1	5	1	3	1	11	1%
花旗业务	2	1	2	0	3	1	7	1
其他类别*	104	44	213	45	75	28	392	40
总计	236	100	476	100	263	100	975	100

* 包括绿色债券和捆绑多个环境技术的收益合作②等交易。

二　强调公私合作的环境融资模式

近年来，私人资本在公共基础设施项目融资中所占份额持续增加。例如，"与2015年同期的253亿美元相比，2016年上半年，在发展中国家的基础设施投资中，私人资本的参与达到295亿美元"③。由于大型公共基础设施项目，特别是传统能源和交通项目，通常具有较强的环境负效应，因而参与基础设施项目融资的私人资本在全球环境治理中的作用十分重要。另外，私人资本参与清洁能源等环境友好型项目融资对于应对气候变化等全球环境问题则更具

---

① "2016 Global Citizenship Report"［PDF］，CITI, p. 65, http://citigroup.com/citi/about/citizenship/download/2016/2016_citi_global_citizenship_report.pdf, 登录时间：2017年5月4日。

② 收益合作（yieldcos），是最近兴起于美国的一种主要应用于可再生能源的公共股权融资（public equity market finance）形式。其运作形式有别于封闭式基金（closed-end funds），因为参与的公司必须是拥有可再生能源资产的上市公司。但是，在支付丰厚红利方面，其特点又与封闭式基金类似。参见OECD, *OECD Business and Finance Outlook 2016*, OECD Publishing, Jun 9, 2016, p. 153.

③ "PPI- Half Year Update（January-June 2016）", The World Bank, http://ppi.worldbank.org/resources/ppi-resources, 登录时间：2017年4月19日。

有积极意义。在全球公共基础设施项目投融资中，公私合作融资模式（PPP）受到青睐。为实现可持续发展目标，《变革我们的世界：2030年可持续发展议程》也特别强调"涉及政府、私人部门和公民社会在内的多方合作伙伴关系"①的重要性。全球治理本质上"是一种以合作为特点的管理模式"②。因此，公私合作融资模式符合全球治理的基本思想。本书发现美国跨国银行在环境融资中非常重视公私合作模式。

（一）公私合作融资模式的重要意义

按照世界银行集团的阐释，公私合作融资模式介于公共经营所有和私有化之间。随着私人部门参与程度和承担风险的逐渐升高，公私合作融资模式具体表现为以下形式：经营管理合同、租赁和特许租赁经营、特许权（特许经营、建设—经营—转让、设计—建设—运营）、合资/公共资产部分剥离。③

目前，"尚没有被普遍接受的公私合作融资模式的定义"④。本书认为关于公私合作融资模式的定义有狭义和广义之分。美国政府审计总署（U.S. Government Accountability Office，U.S. GAO）认为，"公私合作融资模式有时被称为合资（joint venture），即公共和私人部门合作伙伴之间达成的一种合同安排，包括私人部门在公共设施或服务的开发、融资、所有权以及经营中所参与的多种活动。通常包括基础设施项目和/或设施"⑤。PPP

---

① "What are the Sustainable Development Goals?" World Economic Forum, 16 Sep 2015, https://www.weforum.org/agenda/2015/09/what-are-the-sustainable-development-goals/，登录时间：2017年4月1日。

② 李东燕：《全球治理——行为体、机制与议题》，当代中国出版社2015年版，第13页。

③ "PPP Arrangements/ Types of Public-Private Partnership Agreements", World Bank Group, http://ppp.worldbank.org/public-private-partnership/agreements，登录时间：2017年4月27日。

④ Jeffrey Delmon, Victoria Rigby Delmon, *International Project Finance and PPPs: A Legal Guide to Key Growth Markets*, Kluwer Law International, 2010, p. 3.

⑤ United States. General Accounting Office, *Privatization, Lessons Learned by State and Local Governments: Report to the Chairman, House Republican Task Force on Privatization*, DIANE Publishing, 1997, p. 46.

知识实验室①对公私合作融资模式的定义是，"为了提供公共资产或服务，在私人实体与政府之间订立的长期合同。其中私人实体承担了重大风险和管理责任，并且回报与业绩挂钩"②。由此可见，当前的相关定义比较倾向于将公私合作融资模式中的"公共部门"狭义地理解为政府部门。

以上关于公私合作融资模式的定义，主要是从资产的所有权和经营权角度得出的结论。然而，通过分析以美国跨国银行为代表的私人资本部门参与公私合作环境融资项目案例，本书认为从全球环境治理视角出发，所谓"公共部门"应被广义地理解为非营利、非私人部门。因此公共部门不仅包括政府，还可包括非营利组织、区域性金融机构、世界银行、国际金融公司等众多部门。另外，公私合作模式所应用的范围也不仅局限于某一具体项目，还可以延伸为相关环境倡议及环境技术研发活动。本书中所指的公私合作融资模式侧重于广义理解。

目前，公私合作融资模式被广泛应用于以清洁能源为代表的环境融资领域。例如，随着当前全球能源市场中可再生能源项目的蓬勃发展，该投资领域吸引了越来越多私人资本的积极参与（参看图1—2）。

从图1—3可知，2011—2015年以来，能源部门是私人资本参与基础设施投资的最主要领域（发展中国家占86%，发达国家占52%）。更值得注意的是，在能源部门中，私人资本投资又以可再生能源为主。在发展中国家，可再生能源占私人资本参与基础设施

---

① PPP知识实验室，于2015年在公私基础设施咨询机构（PPPIAF）的支持下，由亚洲开发银行（Asian Development Bank，ADB）、欧洲复兴开发银行（European Bank for Reconstruction and Development，EBRD）、美洲开发银行（Inter-American Development Bank）、伊斯兰开发银行（Islamic Development Bank，IsDB）和世界银行集团推出。其主要作用是服务于政府和企业的需要，提供关于公私合作融资模式的可靠、值得信赖的知识。参见"About the Knowledge Lab"，PPP Knowledge Lab，https：//pppknowledgelab.org/，登录时间：2017年4月19日。

② "What are Public Private Partnerships?" World Bank Group，Sat，2015-10-03，http：//ppp.worldbank.org/public-private-partnership/overview/what-are-public-private-partnerships，登录时间：2017年4月19日。

投资份额的53%，合计140亿美元。发达国家的可再生能源虽然仅占私人资本参与基础设施投资的29%，但是其资金总额却高达1690亿美元。

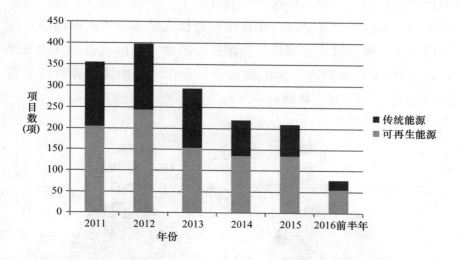

图1—2 可再生能源项目与传统能源项目数量比较①

资料来源：世界银行，私人参与基础设施项目数据库②。

"美国金融机构在应用公私合作融资模式参与国内和国际项目方面有丰富的经验。例如，早在1992年，美国银行为英国最早的特许权项目之一塞文河第二大桥（the Second Severn Bridge）承销了6亿美元银团贷款"③。美国跨国银行高度重视公私合作融资模式

---

① Jenny Chao and Seong Ho Hong, "Private Participation in Infrastructure Database（PPIDB）- Half Year Update（January – June 2016）"［PDF］, World Bank Group, p. 2, http：//ppi.worldbank.org/~/media/GIAWB/PPI/Documents/Global-Notes/H1-2016-Global-Update.pdf，登录时间：2017年4月19日。

② 私人参与基础设施项目数据库（PPI Project Database）拥有139个中低收入国家的6400个基础设施项目数据。该数据库是研究发展中国家私人参与基础设施情况的主要来源，涵盖了能源、电信、交通、水和污水处理项目等。参见"Private Participation in Infrastructue Database", The World Bank，https：//ppi.worldbank.org/，登录时间：2017年4月19日。

③ Akintola Akintoye, Matthias Beck and Mohan Kumaraswamy, *Public Private Partnerships*：*A Global Review*, Routledge, 2015, p. 378.

对于确保其实现环境融资目标有重要意义。以可再生能源项目融资为例，"可再生能源项目往往比传统能源项目的前期成本更高，但一旦建成，其运营成本更适中，且没有燃料费用"①。因此，对于美国跨国银行而言，充满潜在商机的可再生能源项目也具有很高的投资风险。在这种情况下，公私合作融资模式便成为美国跨国银行参与可再生能源项目投融资的首选途径。因为"各国政府、多边发展银行（MDBs）和双边金融机构在公私合作融资模式的各阶段都发挥着强大的作用"②，从而有利于私人资本规避投融资风险。

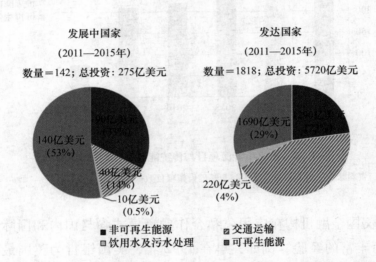

图1—3　发展中国家与发达国家私人资本参与基础设施领域投资对比③

资料来源：2016年8月，世界银行私人参与基础设施数据库。

---

① "2015 Citi Global Citizenship Report"［PDF］，CITI, p. 33, http：//www.citigroup.com/citi/about/citizenship/download/2015/global/2015-citi-global-citizenship-report-en.pdf, 登录时间：2017年4月20日。

② Jenny Chao, "How are PPPs really financed?" The World Bank, http：//blogs.worldbank.org/ppps/how-are-ppps-really-financed/, 登录时间：2017年4月20日。

③ 此图为笔者根据相关资料整理、统计。参见 Fernanda Ruiz-Nunez, "PPI Investments in IDA Countries, 2011 to 2015"［PDF］，World Bank Group, p. 4, https：//ppi.worldbank.org/~/media/GIAWB/PPI/Documents/Data-Notes/PPI-in-IDA-Countries-2011-2015.pdf, 登录时间：2017年4月20日。

（二）公私合作环境融资实践

下面将结合实际案例，分析跨国银行在环境融资中应用公私合作融资模式的特点。

在具体业务中，花旗集团"与市和联邦政府、县和州的绿色银行、非政府组织以及其他银行机构等伙伴开展合作，致力于为客户提供最低的融资成本"[①]。

表1—15中列举了花旗集团在美国南加利福尼亚州跳羚2号太阳能电站[②]（Springbok 2 Solar Farm）项目中的主要合作伙伴。花旗集团与桑坦德银行等金融机构为该项目提供了银团贷款。而且，该项目还为"参与税务股权融资[③]的美国道富集团和花旗集团"[④]提供了相关税收优惠政策承诺。正是这种良好的公私合作伙伴关系确保了花旗集团获得投资收益并且规避了环境风险。同时花旗集团参与的环境融资项目也产生了积极的环境和社会效益。在环境治理方面，跳羚2号太阳能电站项目具有里程碑意义。该项目与已经开工的跳羚1号太阳能电站预计"可为110300户洛杉矶家庭提供足够的清洁、可再生能源服务。减少的温室气体排放量相当于取缔

---

① "2015 Citi Global Citizenship Report" [PDF]，CITI，p. 33，http://www.citigroup.com/citi/about/citizenship/download/2015/global/2015-citi-global-citizenship-report-en.pdf，登录时间：2017年4月21日。

② 跳羚2号太阳能电站是位于洛杉矶北部克恩郡（Kern County）的191MW-DC光伏项目，计划于2016年底完工。参见Christian Roselund，"Construction begins on the 191 MW-DC Springbok 2 Solar Farm in Southern California"，*pv magazine*，March 15，2016，https://www.pv-magazine.com/2016/03/15/construction-begins-on-the-191-mw-dc-springbok-2-solar-farm-in-southern-california_100023741/，登录时间：2017年4月23日。

③ 税务股权融资：自2007年以来，美国太阳能产业融资已开始应用所谓税务股权（tax equity）政策。即参与太阳能项目融资的金融机构可获得税款抵免（tax credits）、扣除和回扣等好处。参见"What is Tax Equity Finnacing?" [PDF]，*Solomon Energy*，Oct. 28，2015，http://www.solomonenergy.com/images/userfiles/files/2015-10-28-What-is-Tax-Equity-Financing_2.pdf，登录时间：2017年4月24日。

④ "8minutenergy Completes Financing for 191-MW Solar Plant"，*Cleanenergyworld*，15 December 2015，http://www.cleanenergyworld.net/8minutenergy-completes-financing-191-mw-solar-plant.html，登录时间：2017年4月24日。

71400 辆路上汽车"①。洛杉矶水利电力部的电力系统工程与技术服务部门执行主任迈克尔·韦伯斯特（Michael Webster）高度评价该项目，并指出"对于为洛杉矶创建清洁能源未来，以及实现到 2016 年达到 25% 和 2020 年达到 33% 的可再生能源目标而言，开发跳羚 2 号太阳能项目迈出了关键一步"②。该项目不仅产生了较好的环境影响，其社会效益也值得称赞。"跳羚 2 号太阳能电站位于一处已经废弃了 20 年，面积约为 70 英亩的农田之上。自 2011 年开工以来，在建设期间可以为克恩郡创造 300 个直接就业机会和 400 个间接就业机会"③。

表 1—15　　　　　　　跳羚 2 号太阳能电站项目合作伙伴④

序号	合作伙伴名称	主要责任
1	南加利福尼亚公共电力局（Southern California Public Power Authority）	政府部门
2	洛杉矶水利电力部（Los Angeles Department of Water and Power）	政府部门
3	8minutenergy 可再生能源公司	开发商

---

① "8minutenergy Developing Springbok 2 solar farm", Solar Energy Industries Association, December 21, 2015, http://www.seia.org/news/8minutenergy-developing-springbok-2-solar-farm，登录时间：2017 年 4 月 24 日。

② "8minutenergy Renewables Signs Power Purchase Agreement to Develop 191MW Springbok 2 Solar Farm", 8minutenergy, Nov. 2, 2015, http://www.8minutenergy.com/2015/11/8minutenergy-renewables-signs-power-purchase-agreement-to-develop-191mw-springbok-2-solar-farm/，登录时间：2017 年 4 月 23 日。

③ "8minutenergy and D. E. Shaw Renewable Investments Announce Commissioning of 155 MW-ac Springbok 2 Solar Farm to Provide Power to Los Angeles Department of Water and Power", 8minutenergy, Dec. 19, 2016, http://www.8minutenergy.com/2016/12/8minutenergy-and-d-e-shaw-renewable-investments-announce-commissioning-of-155-mwac-springbok-2-solar-farm-to-provide-power-to-los-angeles-department-of-water-and-power/，登录时间：2017 年 4 月 24 日。

④ 此表为笔者根据相关资料整理、统计。参见 "Leading Independent Solar PV Developer and Global Investment Firm Developing Second Project to Deliver Clean Power to Southern California", 8minutenergy, Dec. 14, 2015, http://www.8minutenergy.com/2015/12/leading-independent-solar-pv-developer-and-global-investment-firm-developing-second-project-to-deliver-clean-power-to-southern-california/，登录时间：2017 年 4 月 24 日。

续表

序号	合作伙伴名称	主要责任
4	D. E. Shaw 可再生能源投资公司	开发商
5	Swinerton 可再生能源公司	施工方
6	（美国）桑坦德银行（Santander Bank, N. A.）	银团贷款融资
7	（美国）CIT 银行	银团贷款融资
8	（美国）KeyBank 银行	银团贷款融资
9	（美国）CoBank 银行	银团贷款融资
10	（美国）花旗集团	银团贷款融资 税务股权融资
11	（美国）道富集团（State Street Bank & Trust Company）	税务股权融资
12	（英国）汇丰银行	银团贷款融资
13	（德国）西门子金融服务公司（Siemens Financial Services）	银团贷款融资

印度海得拉巴地铁项目（Hyderabad Metro Rail Project）是花旗集团以公私合作融资模式参与海外环境融资项目的成功案例之一。海得拉巴地铁项目是目前"地铁领域世界最大的公私合作融资项目。该地铁网络将覆盖的范围总长度约为 72 公里"[①]。海得拉巴公私合作融资项目"采用的是 DBFOT 方式，即设计、建造、融资、运营、转让"[②]。根据招标协议规定，"政府负责项目成本的 40%，其中一半出自联邦政府，另一半由州政府来承担。剩余的 60% 则必须由项目开发商 L&T Metro Rail 担负。一个由 10 家银行组成的财团在印度国家银行（State Bank of India）领导下负责为该项目提供融资"[③]。2015 年，花旗集团"帮助项目开发商为项目筹集了约 4000

---

① "My City My Metro My Pride", L&T Metro Rail (Hyderabab), http://www.ltmetro.in/, 登录时间: 2017 年 5 月 15 日。

② "Welcome To Hmr", Hyderabad Metro Rail Limitid, http://hmrl.telangana.gov.in/welcome.html, 登录时间: 2017 年 5 月 15 日。

③ Hiroaki Suzuki, Jin Murakami, Yu-Hung Hong and Beth Tamayose, *Financing Transit-Oriented Development with Land Values: Adapting Land Value Capture in Developing Countries*, World Bank Publications, 2015, p. 200.

万美元具有较高成本效益的长期、无担保贷款"①。

目前，花旗集团已将公私合作环境融资模式扩展至全球主要地区。例如，花旗集团与作为C40②"成员的各城市政府就减缓气候变化及构建城市应对气候变化能力的途径而共同努力。2014年，花旗集团为帮助C40城市解决实现气候行动目标所必需的可持续基础设施的融资和实施需要，提供了权威的气候融资研究和支持"③。在可再生能源基础设施融资领域，花旗集团的合作伙伴遍布全球。例如，"除了积极参与美国国内的可再生能源融资之外，花旗集团还支持了众多发展中国家的清洁能源基础设施项目"④。2014年，"作为'电力非洲'⑤（Power Africa）倡议的一部分，花旗集团承诺提供25亿美元增量资金，以改善非洲数百万人民的电力供应"⑥。目前，"花旗集团已经成为与美国政府、公共和私人部门，以及埃塞俄比亚（Ethiopia）、加纳（Ghana）、肯尼亚（Kenya）、利比里亚（Liberia）、尼日利亚（Nigeria）和坦桑尼亚（Tanzania）等国政府合作，致力于加速世界最贫穷大陆清洁能源基础设施建设和投资的

---

① "2015 CITI Global Citizenship Factsheet Sustainability" [PDF], CITI, p. 9, http://www.citigroup.com/citi/about/citizenship/download/2015/global/2015-citi-global-citizenship-factsheet-sustainability-en.pdf, 登录时间：2017年5月15日。

② C40创于2005年，发起人是伦敦前市长肯·利文斯通（Ken Livingstone）。C40是一个旨在通过制定和实施可度量地减少温室气体排放及气候风险的政策和方案，为应对气候变化而采取行动的全球大城市网络。"History of The C40", C40 CITIES, http://www.c40.org/history, 登录时间：2017年4月25日。

③ "2014 Citi Global Citizenship Report" [PDF], CITI, p. 33, http://www.citigroup.com/citi/about/data/corp_citizenship/2014-citi-global-citizenship-report-en.pdf, 登录时间：2017年4月25日。

④ "2014 Citi Global Citizenship Report" [PDF], CITI, p. 36, http://www.citigroup.com/citi/about/data/corp_citizenship/2014-citi-global-citizenship-report-en.pdf, 登录时间：2017年4月25日。

⑤ "电力非洲"是2013年由美国政府推出的一项涉及技术及法律专家、私人部门和多国政府的多方合作伙伴关系计划。该计划宣称以增加撒哈拉以南非洲（sub-Saharan Africa）的用电人数为目标。参见"Leveraging Partnerships to Increase Access to Power in sub-Saharan Africa", USAID, April 03, 2017, https://www.usaid.gov/powerafrica/aboutus, 登录时间：2017年4月25日。

⑥ "'Power Africa' & Partner Country Energy In The News" [PDF], U.S. Agency for International Development, July 27-August 09, 2014, p. 2, https://www.usaid.gov/sites/default/files/documents/1860/Energy%20Sector%20News%20Review-%20July%2027-%20August%2009_2014.pdf, 登录时间：2017年4月25日。

少数几个私人部门参与者之一"①。

其他的美国跨国银行也非常重视公私合作融资模式在环境融资中的积极作用。例如，2014年9月23日，美国银行首席执行官布莱恩·莫伊尼汉（Brian Moynihan）在联合国气候峰会金融会议（United Nations Climate Summit Finance Session）上宣布了"一份旨在促使至少100亿美元新投资进入具有重大影响的清洁能源项目的'催化融资动议'（Catalytic Finance Initiative）。该动议将重点发展或推进能够降低投资风险的创新型融资结构，从而更广泛地吸引机构投资者"②。2014年11月，美国银行宣布的清洁炉灶解决方案融资承诺是它们开展"催化融资动议"，以公私合作融资模式促进清洁能源技术研发和应用的一个重要实例。"美国银行和德意志银行（Deutsche Bank）将与全球清洁炉灶联盟③（GACC）、其他的开发性金融机构以及私人投资者合作融资1亿美元，用于支持那些致力于推进和催化清洁炉灶解决方案的社会企业。"④ 美国银行——美林证券⑤（Bank of America Mer-

---

① "Financing for Development Business Compendium" [PDF], FFD Business Sector Steering Committee, p. 63, http：//www.un.org/esa/ffd/wp-content/uploads/sites/2/2015/08/Addis _ Financing _ for_Development_Business_Compendium.pdf，登录时间：2017年4月25日。

② "Bridging the gap: Pathways for transport in the post 2020 process" [PDF], Sustainable Urban Transport Project, 23 September, 2014, p. 2, http：//www.sutp.org/files/contents/sutp-archive/images/articles/Summit_Summary.pdf，登录时间：2017年4月25日。

③ 全球清洁炉灶联盟（Global Alliance for Clean Cookstoves）是由联合国基金会（UN Foundation）主办的非营利组织，旨在支持大规模实行清洁和安全的家庭烹饪方案，以拯救生命、改善生计、赋予妇女权利和减少影响气候变化的排放。该联盟创始成员计划实现到2020年新增1亿个家庭使用清洁、高效的炉具和燃料。参见"Global Alliance For Clean Cookstoves", United Nations Foundation, http：//www.unfoundation.org/what-we-do/campaigns-and-initiatives/cookstoves/？referrer = https：//www.google.com.hk/，登录时间：2017年4月25日。

④ "Bank of America Partners with Global Alliance for Clean Cookstoves to Raise ＄100 Million for Clean Cooking Solutions" [PDF], Bank of America, November 21, 2014, p. 1, http：//newsroom.bankofamerica.com/press-releases/corporate-and-investment-banking-sales-and-trading-treasury-services/bank-america-par，登录时间：2017年4月25日。

⑤ 2009年1月，美国银行收购美林集团（Merrill Lynch & Co.）后，资产规模超过花旗集团和摩根大通，达到2.7万亿美元，跃居全美第一。参见Jonathan Stempel, "Bank of America completes Merrill Lynch purchase", Ruters, Jan 1, 2009, http：//www.reuters.com/article/businesspro-us-bankofamerica-merrill-idUSTRE5001EA20090101，登录时间：2017年4月26日。

rill Lynch）的气候融资部总经理阿比德·卡尔马利（Abyd Karmali）强调，"这种广泛的公私合作融资模式有助于改善世界各地数百万人民的健康和福祉"①。

在美国银行公私合作融资模式的成功引领下，2016 年 4 月，"8 家新合作伙伴加入'催化融资动议'，共承诺投资 80 亿美元"②（参见表 1—16）。联合国前副秘书长兼联合国环境规划署前执行主任阿希姆·施泰纳（Achim Steiner）称赞美国银行的倡议"体现了朝低碳经济转型所需的领导能力和公私合作融资模式的重要意义。此类倡议将带来前所未有的变化"③。

高盛集团也将公私合作融资模式作为参与环境融资的最重要途径之一。例如，2013 年，高盛集团与美国政府部门合作，"安排了多个富有创新性的公私合作融资交易"④。另外，高盛集团还格外重视与众多科研部门开展环境融资方面的合作，"通过整合公共和私人部门的核心竞争力，为有益于解决环境问题的方案筹集急需的资本"⑤。高盛集团"与企业、学术机构和非政府组织合作研发试点项目，将成果以出版物、研究论文和会议研讨等形式有针对性地推

---

① Sean Gillia, "Bank of America's Catalytic Finance Initiative: Investing for Our Future", *U. S. Trust*, Issue 29, 2015, http://www.ustrust.com/publish/ust/capitalacumen/spring2015/features/bank-of-americas-catalytic-finance-initiative-investing-for-our-future.html, 登录时间：2017 年 4 月 25 日。

② "Catalytic Finance Initiative", Bank of America, http://about.bankofamerica.com/en-us/what-guides-us/environmental-sustainability.html#fbid=zNBp172K0D4, 登录时间：2017 年 4 月 26 日。

③ "Bank of America Announces $10 Billion Catalytic Finance Initiative to Accelerate Clean Energy Investments that Reduce Carbon Emissions", UN Environment, September 23, 2014, http://web.unep.org/newscentre/bank-america-announces-10-billion-catalytic-finance-initiative-accelerate-clean-energy-investments, 登录时间：2017 年 4 月 25 日。

④ 2013 年 1 月，高盛集团为湾区供水保障局（Bay Area Water Supply and Conservation Agency）筹集价值 3.35 亿美元的资金调剂债券（refunding bonds）；2013 年 7 月，高盛集团为利哈伊县水务局（Lehigh County Authority）发行 3.08 亿美元供水和排污收益债券（water and sewer revenue bonds）。参见"2013: Tackling Water Challenges", Goldman Sachs, http://www.goldmansachs.com/citizenship/environmental-stewardship/our-environmental-journey/2013.html, 登录时间：2017 年 5 月 16 日。

⑤ "Goldman Sachs Environmental Policy Framnework", Goldman Sachs, http://www.goldmansachs.com/s/environmental-policy-framework/, 登录时间：2017 年 5 月 16 日。

广,从而为公共政策制定提供帮助,并深化有利于应对环境挑战的市场解决方案"①。从高盛集团的主要合作伙伴可以看出,目前清洁能源等涉及气候变化领域的融资在其环境融资中已经占据了重要地位(参见表1—17)。

表1—16 美国银行"催化融资动议"的8家合作伙伴②

序号	合作伙伴名称	性质	总部
1	联博资产管理公司(Alliance Bernstein)	私人部门	美国纽约
2	Aligned Intermediary③ 投资咨询集团	私人部门	美国
3	巴布森资本管理有限责任公司(Babson Capital Management LLC)	私人部门	英国伦敦
4	法国农业信贷银行东方汇理投行(Crédit Agricole CIB)	私人部门	法国巴黎
5	欧洲投资银行(European Investment Bank)	欧盟金融机构	欧盟卢森堡
6	汇丰集团	私人部门	英国伦敦
7	国际金融公司	世界银行附属机构	美国华盛顿
8	Mirova④ 资产管理公司	私人部门	法国巴黎

---

① "Our Partnership", Goldman Sachs, http://www.goldmansachs.com/citizenship/environmental-stewardship-and-sustainability/environmental-markets/cem-partners/,登录时间:2017年5月15日。

② 此表为笔者根据相关资料整理、统计。参见"Catalytic Finance Initiative Brings Together Banks and Investors, Direct $8 Billion in Capital for High-Impact Sustainable Projects", Bank of America, April 6, 2016, http://newsroom.bankofamerica.com/press-releases/environment/catalytic-finance-initiative-brings-together-banks-and-investors-directs-,登录时间:2017年4月26日。

③ Aligned Intermediary 是一家投资咨询集团,主要是为引导私人资本进入气候基础设施项目,以及涉及清洁能源、水基础设施和废物处理等领域的企业。参见"What We Do", Aligned Intermediary, http://www.alignedintermediary.org/,登录时间:2017年4月26日。

④ Mirova 是法盛资产管理(Natixis Asset Management)的下属公司,欧洲第二大开放式社会责任投资基金(open-ended SRI funds)和社会企业基金(social business funds)管理公司。参见"mirova: Responsible Investing", *Unep Finance Initiative*, http://www.unepfi.org/member/mirova-natixis-asset-management/,登录时间:2017年4月26日。

表1—17　　　　高盛集团在环境市场的主要合作伙伴①

序号	机构名称	主要合作领域
1	气候组织（The Climate Group）	可再生能源
2	大自然保护协会（The Nature Conservancy）	可再生能源
3	自然资源保护协会（Natural Resources Defense Council）	能源与资源效率
4	封闭式基金（The Closed Look Fund）	能源与资源效率
5	黄金标准基金会（Gold Standard Foundation）	气候与健康
6	世界资源研究所（World Resources Institute）	水
7	焦点伙伴（RE：Focus Partners）	气候与天气风险解决方案
8	RE100可再生能源倡议（RE100 Initiative）	可再生能源
9	银行环境倡议（Banking Environmental Initiative）	环境社会经济可持续发展
10	世界资源研究所企业咨询集团（WRI Corporate Consultative Group）	可持续发展
11	自然资本项目（Natural Capital Project）	自然系统

小　结

美国跨国银行参与全球环境治理的表现值得肯定。首先，以花旗集团为代表的美国跨国银行积极加入"赤道原则"，为推动全球环境治理规范发展作出了重要贡献。"赤道原则"的产生在全球环境治理进程中具有里程碑意义。加入"赤道原则"是美国跨国银行参与全球环境治理的重要标志。其次，为应对全球环境治理所面临的各种新问题和挑战，美国跨国银行以"赤道原则"为基础不断提升环境风险管理标准。再次，美国跨国银行高度重视气候变化问题的严峻性，坚持以应对气候变化作为其环境融资战略的核心和导向。最后，公私合作融资模式已经成为美国跨国银行参与环境融资的最重要途径之一。

---

① 此表为笔者根据相关资料整理、统计。参见"Center For Environmental Markets", Goldman Sachs, http://www.goldmansachs.com/citizenship/environmental-stewardship/market-opportunities/center-for-environmental-markets/index.html, 登录时间: 2017年5月15日。

第二章

美国跨国银行参与全球环境治理原因的层次分析

为什么美国跨国银行会参与全球环境治理？本章试图运用国际关系层次分析法，从全球、国家和公司三个层次研究美国跨国银行参与全球环境治理的具体原因。

第一节 从全球层次分析美国跨国银行参与全球环境治理的原因

本书认为，从全球层次来看，主要有以下原因促使美国跨国银行参与全球环境治理。

一 全球环境问题的严重性

自20世纪70年代，环境问题被首次纳入全球政治议程以来，世界范围内生态危机持续恶化。当前，全球环境问题的严峻程度依然不容乐观。2000年5月29日至31日，联合国首届全球部长级环境论坛在瑞典马尔默召开。在此次会议通过的《马尔默部长宣言》指出，"尽管自斯德哥尔摩会议以来，国际社会已经付出了诸多努力，但是地球上的自然资源依然在耗竭，生存环境在以惊人的速度恶化"①。

---

① "Malmö Ministerial Declaration", UN Environment, 31 May, 2000, p.1, http://staging.unep.org/malmo/malmo2.doc, 登录时间：2018年1月18日。

面对环境问题的严峻挑战,联合国已经向全球发出多次警报并且级别不断提高。2000年,在联合国时任秘书长科菲·安南(Kofi Annan)的号召下,联合国组织全球1360余名专家对世界生态系统现状以及发展趋势进行了最具科学性的评估。2005年,在《千年生态系统评估》报告中,联合国提醒全球注意生态系统表现出的问题:第一,人类在过去50年内对生态系统的破坏比历史上任何时期都要严重。为满足对食物、淡水、木材、纤维和燃料等消费品日益增长的需求,人类已经造成地球生物多样性重大的和不可逆转的损失。第二,虽然在对生态系统的改变中人类获得了巨大的经济利益,但是这些成就却是以生态系统服务退化、非线性变化风险增加以及某些群体贫困加剧为代价的。第三,至21世纪中叶,生态系统服务退化将会进一步加剧,并且已经成为实现千年发展目标的障碍。① 2012年,联合国环境规划署发布报告《全球环境展望5——我们未来需要的环境》。该报告再次提醒全球,"今天生活在地球上的70亿人口正在以不断增加的速度和强度利用地球资源,这已经超过了地球生态系统所能承受的吸收废物以及中和环境负面影响的能力范畴"②。2018年元旦,联合国秘书长安东尼奥·古特雷斯(António Guterres)向全球发出红色警报,强调"气候变化的速度已超过人类应对的速度"③。由此可见,如今气候变化等全球环境问题已经成为人类社会不得不应对的最重要全球政治议题之一。

二 全球政治议程中的绿色金融理念

随着"国际社会通过关于发展融资的《亚的斯亚贝巴行动议

---

① "Overview of the Millennium Ecosystem Assessment", 2005 *Millennium Ecosystem Assessment*, https://www.millenniumassessment.org/en/About.html,登录时间:2018年1月18日。

② "Global Environment Outlook 5: Environment for the future we want", United Nations Environment Programme, 2012, p. xviii, http://web.unep.org/geo/sites/unep.org.geo/files/documents/geo5_frontmatter.pdf,登录时间:2018年1月18日。

③ "Secretary-General's Video Message: An Alert For The World", United Nations, 1 January 2018, https://www.un.org/sg/en/content/sg/statement/2017-12-31/secretary-general%E2%80%99s-video-message-alert-world-1-january-2018-scroll,登录时间:2018年1月18日。

程》（Addis Ababa Action Agenda）、《变革我们的世界：2030年可持续发展议程》和可持续发展目标，以及《巴黎气候变化协定》等若干重要议程"[1]，发展绿色金融已是当今全球环境治理的大势所趋。"在全球乃至国家层面，金融业将必然要经历从'黑'到'绿'的剧变。"[2] 联合国环境规划署前执行主任阿希姆·施泰纳指出，"2016年将被称为绿色金融年。在世界范围内，越来越多的国家正在调整自身的金融体系，使之与可持续发展的要求相一致"[3]。

（一）全球环境治理的最新议程

"2016年1月1日，由世界各国领袖在2015年9月联合国峰会[4]上所达成的《变革我们的世界：2030年可持续发展议程》中的17个可持续发展目标正式生效"[5]。2030年可持续发展目标是在2000年推出的千年发展目标基础之上作出的更新，并且为世界各国政府乃至国际社会在未来十五年促进全球共同繁荣以及增进人类社会福祉提供了行动指南（参见表2—1）。

"可持续发展目标的概念诞生于2012年'里约+20：联合国可持续发展大会'，旨在制订一套普遍适用的目标，以平衡可持续发展的三个方面，即环境、社会和经济。"[6] 在《2030议程》中，环境问题受到国际社会的高度重视。"可持续发展和环境是该议程的

---

[1] OECD, *Private Sector Engagement for Sustainable Development Lessons from the DAC: Lessons from the DAC*, OECD Publishing, 2016, p. 3.

[2] OECD, *Green Finance and Investment Financing Climate Action in Eastern Europe, the Caucasus and Central Asia*, OECD Publishing, 2016, p. 18.

[3] Nick Robins, "2016, The Year of Green Finance-The View From London", *HUFF POST*, Jan. 15, 2017, http://www.huffingtonpost.com/nick-robins/2016-the-year-of-green-fi_b_8991650.html, 登录时间：2017年3月29日。

[4] 2015年9月25—27日，193位世界领袖出席了在纽约召开的联合国可持续发展峰会，正式通过了新的可持续发展议程《变革我们的世界：2030年可持续发展议程》（简称《2030议程》）。参见"historic UN Summit", United Nations, http://www.un.org/sustainabledevelopment/summit/, 登录时间：2017年3月30日。

[5] "The Sustainable Development Agenda", United Nations, http://www.un.org/sustainabledevelopment/development-agenda/, 登录时间：2017年3月30日。

[6] "A new sustainable development agenda", United Nations Development Programme, http://www.undp.org/content/gcp/en/home/2030agenda.html, 登录时间：2017年4月6日。

中心。《2030 议程》中的 17 个可持续发展目标和 169 个具体目标,旨在通过保护海洋、淡水和森林,改善那些极度贫困人民的生活。"①。气候变化问题被作为《2030 议程》的优先考虑事项。②

表 2—1　　　　　　　　2030 年可持续发展目标③

序号	目标名称
1	无贫穷
2	零饥饿
3	良好健康与福祉
4	优质教育
5	性别平等
6	清洁饮水和卫生设施
7	经济适用的清洁能源
8	体面工作和经济增长
9	产业、创新和基础设施
10	减少不平等
11	可持续城市和社区
12	负责任消费和生产
13	气候行动
14	水下生物多样性
15	陆地生物多样性
16	和平、正义与强大机构
17	促进目标实现的伙伴关系

---

① "Sustainable development plan gives the globe a chance", World Wide Fund For Nature Global, http://wwf.panda.org/what_we_do/how_we_work/policy/post_2015/,登录时间:2017 年 4 月 6 日。

② 这 17 个可持续发展目标建立在千年发展目标的基础上,同时包含了新的领域,如气候变化、经济不平等、创新、可持续消费、和平与正义等优先考虑事项。参见"What are the Sustainable Development Golas?" United Nations Development Programme, http://www.undp.org/content/undp/en/home/sustainable-development-goals.html,登录时间:2017 年 4 月 6 日。

③ 此表为笔者根据相关资料整理、统计。参见《2030 年可持续发展目标》,联合国开发计划署网站,http://www.cn.undp.org/content/china/zh/home/sustainable-development-goals.html,登录时间:2017 年 4 月 6 日。

"2016年11月4日,《巴黎气候变化协定》正式生效。"①《巴黎气候变化协定》"建立在《联合国气候变化框架公约》基础之上,并且第一次使所有国家为应对气候变化和适应其影响的环境而努力奋斗"②。《巴黎气候变化协定》第二条列举了加强《联合国气候变化框架公约》的具体执行目标,包括"(a)把全球平均气温升幅控制在工业化前水平2℃之内,并努力进一步将气温升幅限制在1.5℃之内,同时认识到这将大大降低气候变化的风险和影响;(b)提高适应气候变化不利影响的能力并以不威胁粮食生产的方式增强极端气候抗御力和实现温室气体低排放发展;(c)使资金流动符合温室气体低排放和气候适应型发展的路径"③。

2016年正式生效的两项最重要全球政治议程,即"2030年可持续发展目标和《巴黎气候变化协定》,都对金融体系创新提出了要求"④。金融部门在全球环境治理中的关键作用以及绿色金融理念的重要意义已经凸显出来。

(二)绿色金融的重要意义

"目前,政策制定者和金融机构正将主要精力集中于如何通过调动资金实现可持续发展目标和《巴黎气候变化协定》。"⑤资金困难已经成为全球环境治理所面临的首要障碍之一。为了达到《巴黎气候变化协定》中的"宏伟目标,需要充足的资金供给。2025年之前,在1000亿美元基础之上必须设定新的融

---

① "Paris Agreement – Status of Ratification", United Nations Framework Convention on Climate Change, http://unfccc.int/paris_agreement/items/9444.php, 登录时间:2017年4月1日。

② "Paris Agreement: essential elements", United Nations Framework Convention on Climate Change, http://unfccc.int/paris_agreement/items/9485.php, 登录时间:2017年4月1日。

③《巴黎气候变化协定》,FCCC/CP/2015/L.9,2015年11月30日—12月1日,第20页,https://unfccc.int/resource/docs/2015/cop21/chi/l09c.pdf, 登录时间:2017年4月7日。

④ "Financing the Future: Report of the Italian National Dialogue on Sustainable Finance-Summary" [PDF], UN Environment, December 2016, p.3, http://unepinquiry.org/wp-content/uploads/2017/02/Financing_the_Future_Summary_EN.pdf, 登录时间:2017年4月10日。

⑤ "London is the global hub for green finance says UNEP", Climateaction, 15 January 2016, http://www.climateactionprogramme.org/news/london_is_the_global_hub_for_green_finance_says_unep, 登录时间:2017年3月30日。

资目标"①。

为解决资金难题，国际社会已付出了诸多努力，进行了大量尝试。"2015年7月13—16日，在埃塞俄比亚首都举办的联合国第三次发展筹资问题国际会议中通过的《亚的斯亚贝巴行动议程》是可持续发展的一个里程碑"②。《亚的斯亚贝巴行动议程》"重申以2002年《蒙特雷共识》③（Monterrey Consensus）和2008年《多哈宣言》④（Doha Declaration）作为依据"⑤。该行动议程"为《2030议程》的实施奠定了坚实基础。它通过调整所有的融资流程和政策，包括经济增长政策、社会和环境优先政策，为可持续发展融资提供了一个新的全球框架。该议程包含一套超过100项具体措施的全面政策行动计划，涉及支持实现可持续发展目标的资金来源、技术、创新、贸易、债务和数据等问题"⑥。然而，正如全球公民社会组织所指出的，亚的斯亚贝巴峰会的不足之处是"没能为可持续发

---

① "Background on the UNFCCC: The international response to climate change", United Nations Framework Convention on Climate Change, http://unfccc.int/essential_background/items/6031.php, 登录时间：2017年4月1日。

② Rebecka Villanueva Ulfgard, *Mexico and the Post-2015 Development Agenda: Contributions and Challenges*, Springer, 2017, p.78.

③ 2002年3月18—22日，各国元首或政府首脑在墨西哥蒙特雷举办的联合国发展筹资问题国际会议上达成《蒙特雷共识》，旨在消除贫困、实现可持续的经济增长及促进可持续发展，并落实《联合国千年宣言》中的发展目标。参见"Monterrey Consensus on Financing for Development" [PDF], United Nations, 18-22 March, 2002, p.5, http://www.un.org/esa/ffd/monterrey/MonterreyConsensus.pdf, 登录时间：2017年4月8日。

④ 2008年9月29日—12月2日，在卡塔尔首都多哈举办的"发展筹资后续国际会议：《蒙特雷共识》实施情况评估"中通过《多哈宣言》。参见："Doha Declaration on Financing for Development" [PDF], United Nations, 2009, http://www.un.org/esa/ffd/doha/documents/Doha_Declaration_FFD.pdf, 登录时间：2017年4月8日。

⑤ "2016 ECOSOC Forum on Financing for Development: Follow-Up in the Asia-Pacific Region", United Nations ESCAP, 18 Apr., 2016, http://www.unescap.org/events/apffd-nyc, 登录时间：2017年4月8日。

⑥ "Addis Ababa Action Agenda of the Third International Conference on Financing for Development", United Nations, http://www.un.org/esa/ffd/publications/aaaa-outcome.html, 登录时间：2017年4月8日。

展目标注入新的资金，或提供改变国际金融体系的方法"①。

全球金融危机之后，国际金融体系创新成为当务之急。绿色金融理念受到的重视程度越来越高，发展绿色金融已成为国际金融体系转型的主要动力和未来方向。2016年9月，二十国集团（G20）领导人杭州峰会公报"首次将绿色金融作为支持全球可持续增长的有效手段"②。在杭州峰会期间，G20绿色金融研究组③公布了《（G20）绿色金融综合报告》。这份报告强调了绿色金融对可持续发展的重要意义，探讨了绿色金融面临的主要挑战，并且以动员私人资本开展绿色投资为目标提出了七条可选措施。④

目前，世界主要经济体都试图通过发展绿色金融来增强自身金融系统的创新能力。在这方面，中国和欧洲国家的政府举措较为得力。2015年10月，中国政府通过了包含明确推进绿色金融发展理念的"十三五"规划。中国人民银行研究局首席经济学家、中国金融学会绿色金融专业委员会主任马骏从推动绿色金融体系建设的宏观视角出发，指出"十三五"期间应在十大领域推进绿色金融，即"发展绿色产业基金；发展绿色贷款贴息；建立绿色担保机制；银行开展环境压力测试；建立绿色债券市场；发展绿色股票指数；在环境高风险领域建立强制性的绿色保险制

---

① Jan Servaes, *Sustainable Development Goals in the Asian Context*, Springer, 2016, p. 18.
② Shouqing Zhu, "China Champions Green Finance in the G20", World Resources Institute, September 20, 2016, http://www.wri.org/blog/2016/09/china-champions-green-finance-g20, 登录时间：2017年4月9日。
③ 2015年12月15日，在中国三亚举办的G20财政和央行副手会议正式批准了于2016年中国任G20轮值主席期间成立绿色金融研究组的提案。G20绿色金融研究组由中国和英国共同主持，联合国环境规划署作为秘书处支持。参见 "G20 Green Finance Study Group Document Repository", United Nations Environment Programme, http://unepinquiry.org/g20greenfinancerepositoryeng/, 登录时间：2017年4月10日。
④ 这七条措施是：（1）提供战略性政策信号与框架；（2）推广绿色金融自愿原则；（3）扩大能力建设学习网络；（4）支持本币绿色债券市场发展；（5）开展国际合作，推动跨境绿色债券投资；（6）推动环境与金融风险问题的交流；（7）完善对绿色金融活动及其影响的测度。参见G20绿色金融研究组《G20绿色金融综合报告》，2016年9月5日，第II—III页，http://unepinquiry.org/wp-content/uploads/2016/09/Synthesis_Report_Full_CH.pdf, 登录时间：2017年10月16日。

度;明确金融机构的环境法律责任;强制要求上市公司和发债企业披露环境信息;推行绿色金融领域的国际合作"[①]。欧盟将"可持续发展作为核心投资目标,并宣布计划制定一个全面的可持续发展欧洲战略"[②]。为了巩固伦敦乃至英国在国际金融体系创新中的领导地位,2016年1月伦敦金融城公司(City of London Corporation)"与政府合作发起绿色金融倡议"[③]。2016年11月,伦敦金融城公司发布报告《全球绿色金融:英国作为一个国际枢纽》,"强调英国如何以及为什么能引领绿色金融机构帮助全球向低碳转型,并为英国政府和企业提供若干发展建议"[④]。2017年G7轮值主席意大利"将绿色金融作为G7峰会的主题,研究金融中心对可持续发展的作用以及中小企业的需求"[⑤]。

为推动绿色金融发展,私人资本的重要性已受到国际社会的充分肯定。2017年7月26日,联合国环境规划署、美洲开发银行和中国人民银行在布宜诺斯艾利斯(Buenos Aires)召开的研讨会上所公布的研究结果表明,"公共部门或财政系统根本无法满足对绿色融资的巨大需求"[⑥]。因此,"私人部门,包括金融业,在争取更

[①] 马骏:《"十三五"时期绿色金融发展十大领域》,载《中国银行业》2016年第1期,第22—24页。

[②] YKC Admin, "Italy Lays out Roadmap for Increasing Flows of Sustainable Finance", YK Center, February 6, 2017, http://ykcenter.org/italy-lays-out-roadmap-for-increasing-flows-of-sustainable-finance/,登录时间:2017年4月10日。

[③] "Who we are", Green Finance Initiative, http://greenfinanceinitiative.org/about/who-we-are/,登录时间:2017年4月10日。

[④] "London Is A Global Hot Spot For Green Finance", Blue & Green Tomorrow, November 11, 2016, http://blueandgreentomorrow.com/news/london-global-hot-spot-green-finance/,登录时间:2017年4月10日。

[⑤] "Italy lays out roadmap for increasing flows of sustainable finance", UN Environment, February 6, 2017, http://web.unep.org/newscentre/italy-lays-out-roadmap-increasing-flows-sustainable-finance,登录时间:2017年4月10日。

[⑥] 2016年,德国、中国和印度三国政府在可再生能源领域的投资分别占三国GDP的0.7%、0.4%和0.1%。参见Daniel Gutman, "China Seeks to Export Its Green Finance Model to the World", Inter Press Service News Agency, July 26 2017, http://www.ipsnews.net/2017/07/china-seeks-export-green-finance-model-world/,登录时间:2017年8月31日。

环保的未来中扮演着重要角色"①。根据气候政策倡议（Climate Policy Initiative）公布的报告《全球气候融资2015》，"目前私人部门是气候融资的最大来源。2014年，私人部门在气候相关领域的投资达到2430亿美元，而公共部门的投资仅为1480亿美元"②。另外，据中国估计，未来"85%的绿色融资将不得不依靠私人部门"③。为实现可持续发展目标，《亚的斯亚贝巴行动议程》指出"私人企业活动、投资和创新是提高生产率、包容性经济增长和创造就业的主要动力。从小微企业到合作社再到跨国公司，这些充满多样性的私人部门具有重要作用"④。2016年，G20绿色金融研究组强调，"私人资本将来很可能成为绿色投资的主要来源"⑤，并决定将如何调动私人资本开展绿色投融资作为关注点。

总之，随着全球环境治理议程的深化，美国跨国银行不可避免地要受到绿色金融理念的积极影响。发展绿色金融的全球主流趋势对于美国跨国银行而言，既是难得的潜在的市场机遇，也是必须面对的压力和挑战。

三 清洁能源技术推动全球投资市场绿色发展

"在全球市场内清洁能源技术的成功发展，使金融投资部门对

---

① Dimitris Tsitsiragos, "Green Finance is Key to Resolving Climate Change", *Medium*, July 12, 2016, https://medium.com/@ IFC_org/green-finance-is-key-to-resolving-climate-change-79dc6cb39b18，登录时间：2017年4月12日。

② "Global Landscape of Climate Finance 2015" [PDF], Climate Policy Initiative, November 2015, p.1, http://climatepolicyinitiative.org/wp-content/uploads/2015/11/Global-Landscape-of-Climate-Finance-2015.pdf，登录时间：2017年4月12日。

③ "Green Finance-A Growing Imperative" [PDF], Paulson Institute-SIFMA-Green Finance Committee-UNEP Inquiry, p.1, http://unepinquiry.org/wp-content/uploads/2016/05/Green_Finance_A_Growing_Imperative.pdf，登录时间：2017年4月12日。

④ "Addis Ababa Action Agenda of the Third International Conference on Financing for Development" [PDF], United Nations, July 2015, p.17, http://www.un.org/esa/ffd/wp-content/uploads/2015/08/AAAA_Outcome.pdf，登录时间：2017年4月8日。

⑤ G20绿色金融研究组：《G20绿色金融综合报告》，2016年9月5日，第2页，http://unepinquiry.org/wp-content/uploads/2016/09/Synthesis_Report_Full_CH.pdf，登录时间：2017年4月11日。

清洁能源表现出越来越浓厚的兴趣。"① 美国跨国银行在清洁能源市场商机的吸引下积极参与全球环境治理。

2015 年，美国环保协会（Environmental Defense Fund）分析了未来全球清洁能源投资看好的五大原因：其一，清洁能源投资将继续保持增长；其二，风能和太阳能成本显著下降；其三，清洁能源投资在发展中国家呈爆炸性增长——且刚刚开始；其四，清洁能源发展受到政策支持；其五，世界各国已经注意到采用清洁能源的益处。② 全球清洁能源技术和市场的蓬勃发展具体表现出三大特点。

第一，近十余年来，全球清洁能源领域始终呈现出良好发展态势。

"自 2003 年以来，在全球范围内，太阳能、生物燃料、地热、潮汐及水能等清洁能源技术生产的电力已经超过核电站的总发电量。"③ 2016 年，"全球可再生能源发电量连续五年超过化石燃料发电量"④。另外，2016 年的"清洁能源投资额从 2015 年的历史记录 3485 亿美元下降到 2875 亿美元，下跌了 18%。虽然投资有所下降，但是清洁能源的新建项目却有所增加。造成这种情况的部分原因是太阳能和风能设备成本竞争力的提高，这意味着同等价格可安

---

① John O'Brien, *Opportunities Beyond Carbon: Looking Forward to a Sustainable World*, Melbourne Univ. Publishing, 2009, p. 275.

② Peter Sopher, "5 Reasons the Future of Clean Energy Investing Looks Stronger than Ever", Environmental Defense Fund, January 28, 2015, http://blogs.edf.org/energyexchange/2015/01/28/5-reasons-the-future-of-clean-energy-investing-looks-stronger-than-ever/, 登录时间：2017 年 4 月 16 日。

③ Cheryl Desha, Charlie Hargroves and Michael Harrison Smith, *Cents and Sustainability: Securing Our Common Future by Decoupling Economic Growth from Environmental Pressures*, Routledge, 2010, p. 76.

④ United Nations Environment Programme & Bloomberg New Energy Finance, "Global Trends In Renewable Energy Investment 2017"［PDF］, Frankfurt School-UNEP Centre/BNEF, p. 5, http://fs-unep-centre.org/sites/default/files/publications/globaltrendsinrenewableenergyinvestment2017.pdf, 登录时间：2017 年 5 月 11 日。

装更多设备"①。2016 年世界经济论坛（World Economic Forum）的报告指出，"在三十多个国家里，太阳能和风能发电的价格与任何一种化石燃料新增发电容量的价格相比，已经相同或者更加便宜"②，而且"在接下来的几年内，世界三分之二的国家应该能达到电网平价③（grid parity）"④。目前，"在世界范围内，可再生能源已经被确立为主流能源"⑤。

第二，发展中国家的清洁能源市场发展态势尤为迅猛。

2015 年，发展中国家可再生能源领域的新增投资首次超过发达国家，达到 1670 亿美元（参见图 2—1）。仅 2016 年上半年，在发展中国家的"76 个能源项目中就有 57 个依赖可再生能源技术，涵盖了风能、太阳能光伏和水力发电等领域。可再生能源投资总额为 93 亿美元，占电力项目总投资的 47%"⑥。中国和印度等发展中国家对清洁能源开发给予了高度重视。例如，根据中国电力企业联合会的数据，"2009 年，中国风能发电量就已高达 2760 亿千瓦，同比增长 111.14%。另外，国际能源署的数据（IEA）显示中国太阳能发电能

---

① Angus McCrone and Abraham Louw, "Clean Energy Investment By the Numbers – End of Year 2016", Bloomberg New Energy Finance, https：//www.bnef.com/dataview/clean-energy-investment/index.html, 登录时间：2017 年 3 月 17 日。

② Pranshu Rathi, "Electricity Through Solar Power Now Cheaper Than Fossil Fuels, WEF Says In New Report", *International Business Times*, 12/27/16, http：//www.ibtimes.com/electricity-through-solar-power-now-cheaper-fossil-fuels-wef-says-new-report-2465707, 登录时间：2017 年 8 月 29 日。

③ 电网平价指光伏电站每千瓦小时发电的成本与用户为每千瓦小时电量所支付的价格相等。达到电网平价意味着一个关键的节点，即光伏发电与现有电力成本相同或者更低。参见 Lewis M. Fraas & Larry D. Partain, *Solar Cells and Their Applications*, John Wiley & Sons, 2010, p.14; Penni McLean-Conner, *Energy Efficiency：Principles and Practices*, PennWell Books, 2009, p.119.

④ Katherine Bleich & Rafael Dantas Guimaraes, "Renewable Infrastructure Investment Handbook：A Guide for Institutional Investors"［PDF］, World Economic Forum, p.6, http：//www3.weforum.org/docs/WEF_Renewable_Infrastructure_Investment_Handbook.pdf, 登录时间：2017 年 8 月 29 日。

⑤ "Renewables 2016 Global Status Report"［PDF］, Ren 21 Steering Committee, p.17, http：//www.ren21.net/wp-content/uploads/2016/06/GSR_2016_Full_Report.pdf, 登录时间：2017 年 6 月 21 日。

⑥ Jenny Chao and Seong Ho Hong, "Private Participation in Infrastructure Database（PPIDB）-Half Year Update（January-June 2016）"［PDF］, World Bank, p.1, http：//ppi.worldbank.org/~/media/GIAWB/PPI/Documents/Global-Notes/H1-2016-Global-Update.pdf, 登录时间：2017 年 4 月 19 日。

力也增长迅速,从 2000 年的 93 万桶油当量①增加到 2006 年的 340 万桶油当量"②。到 2020 年,印度将"新增 20GW 太阳能装机容量"③。2015 年,"中国在可再生能源领域的投资额已经遥遥领先于世界其他国家,共支出 1030 亿美元,占全球投资的 36%"④。发展中国家朝清洁能源快速转型的"积极态势产生了深刻的全球影响。这些国家可再生和低碳能源份额的增长必将有助于减缓气候变化"⑤。

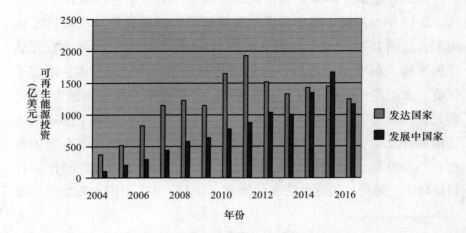

图 2—1　全球可再生能源投资增长对比⑥

---

①　桶油当量(barrel of oil equivalent or boe),即一桶原油所含有的能量。一桶油 = 42 美制加仑 = 159 公升 = 0.159 立方米。根据美国税务局(Inland Revenue Service of the USA)的定义,1 桶油当量(Boe)= 5800000 英热单位(Btu)。参见 "Volume conversion", Sub Surf Wiki, http://subsurfwiki.org/wiki/Volume_conversion, 登录时间:2017 年 6 月 21 日。

②　Yi-Ming Wei & Hua Liao, *Energy Economics: Energy Efficiency in China*, Springer, 2016, p.22.

③　Muyiwa Adaramola, *Solar Energy: Application, Economics, and Public Perception*, CRC Press, 2014, p.203.

④　Emma Rumney, "China is world's largest investor in renewable energy", Public Finance International, March 31, 2016, http://www.publicfinanceinternational.org/news/2016/03/china-worlds-largest-investor-renewable-energy, 登录时间:2017 年 6 月 21 日。

⑤　Frauke Urban, *Low Carbon Transitions for Developing Countries*, Routledge, 2014, p.162.

⑥　United Nations Environment Programme & Bloomberg New Energy Finance, "Global Trends In Renewable Energy Investment 2017" [PDF], Frankfurt School-UNEP Centre/BNEF, p.15, http://fs-unep-centre.org/sites/default/files/publications/globaltrendsinrenewableenergyinvestment2017.pdf, 登录时间:2017 年 5 月 11 日。

第三，清洁能源市场的潜在商机吸引银行业积极投资。

根据2016年国际能源署（IEA）的预测，"到2040年，可再生能源发电量将占全球总发电量的三分之一、热量需求的六分之一，以及所有运输燃料消耗的5%以上。……到2022年，美国要实现使用360亿加仑可再生燃料的目标"①。从全球发展态势来看，"在越来越多的国家，安装太阳能和风能发电设备，这些可再生能源发电已经比煤炭发电更加经济"②。因此，自21世纪初以来，"在主流投资圈中可再生能源已越来越被认为是一个重要的商业机会"③。据荷兰合作银行（Rabobank）美洲分行总经理、可再生能源金融主管托马斯·埃蒙斯（Thomas Emmons）称，在全球清洁能源领域，"2015年内有104家银行表现活跃，数量上比2014年增加了10%，较2013年提高了50%。然而，银行数量还并非最为重要的，更大的意义则是银行的贷款规模。2015年，有20家银行的贷款超过了10亿美元，而2014年时仅有12家。2015年，发放贷款最多的银行，贷款额近50亿美元。这些参与新能源领域投资的主流银行，其贷款规模正变得越来越大"④。《2016可再生能源全球趋势》报告指出，"去年（即2015年）商业银行已承担了欧洲、北美、中国和印度等成熟市场风力和太阳能电厂项目债务中的绝大部分"⑤。财务分析师和特许经营分析师（CFA）汤姆·康拉

---

① "15th International Energy Forum Ministerial Meeting Background Paper" [DOC], International Energy Agency, 26 - 28 September 2016, p. 6, https：//www. ief. org/_resources/files/events/ief15 - ministerial/iefbackgrounder - final. docx，登录时间：2017年3月22日。

② "Renewable Infrastructure Investment Handbook: A Guide for Institutional Investors" [PDF], World Economic Forum, December 2016, p. 6, http://www3. weforum. org/docs/WEF_Renewable_Infrastructure_Investment_Handbook. pdf，登录时间：2017年5月11日。

③ Eric Martinot, *Renewable* 2005 *Global Status Report*, DIANE Publishing, 2010, p. 14.

④ "Cost of Capital: 2016 Outlook" [PDF], Chadbourne, February 2016, p. 4, https://www. chadbourne. com/cost-capital - 2016 - outlook_Feb2016，登录时间：2017年3月20日。

⑤ United Nations Environment Programme & Bloomberg New Energy Finance, "Global Trends in Renewable Energy Investment 2016" [PDF], Frankfurt School-UNEP Centre/BNEF, p. 42, 2016, http://fs-unep-centre. org/sites/default/files/publications/globaltrendsinrenewableenergyinvestment2016lowres_0. pdf，登录时间：2017年3月22日。

德（Tom Konrad）强调，"全球能源转型正在进行，这种变化已引起主流投资者，特别是美国主流投资者的高度关注"①。

四 以环境非政府组织为代表的全球公民社会力量

以环境非政府组织为代表的全球公民社会力量，为成功推动美国跨国银行参与全球环境治理发挥了重要作用。"21世纪初，许多企业和金融机构都开始对气候变化问题作出公开表态，有的甚至承诺并采取实际行动减少温室气体排放。公众批评运动对这些公司的行为转变起到了很大的激励作用。其中的典型案例是由非政府组织雨林行动网络（Rainforest Action Network，RAN）发起的全球金融运动。"②

在美国跨国银行中，花旗集团曾经因为忽视环境责任，负面形象最为严重③，所以受到批评的时间最早而且程度也最强。"卡米塞阿天然气项目（Camisea Project）是当时公众批评的焦点。"④ 该项目使花旗集团成为被环境非政府组织攻击的导火索。

（一）卡米塞阿项目的环境危害

卡米塞阿项目位于"利马（Lima）以东430公里，库斯科

---

① Jennifer Runyon, "Renewable Energy Finance Outlook 2016: The Year of the Green Dollar", Renewable Energy World, February 10, 2016, http://www.renewableenergyworld.com/articles/2016/02/renewable-energy-finance-outlook-2016-the-year-of-the-green-dollar.html，登录时间：2017年3月20日。

② Mary E. Pettenger, *The Social Construction of Climate Change: Power, Knowledge, Norms, Discourses*, Routledge, 2016, p. 111.

③ 根据2001年彭博金融服务分析（Bloomberg Financial Services Analytic）提供的数据，花旗集团是石油钻探和新管道建设项目的最主要投资者，其业务占据全球市场份额的28%。花旗集团还是新煤矿开采项目的领先投资机构，占全球市场份额的51%。在林产品加工业和造纸业投资者排名中，花旗集团位列全球第三。花旗集团主导了造成全球变暖，以及破坏生态系统和加剧气候变化的项目融资。参见 Ilyse Hogue, "The Cost of Living Richly: Citigroup's global finance and threats to the environment (Citigroup: Bankrupting Democracy)", *The Multinational Monitor*, April 2002, Volume 23, Number 4, http://multinationalmonitor.org/mm2002/02april/april02corp1.html，登录日期：2017年1月31日。

④ Dorothy Grace Guerrero and Firoze Manji, *China's New Role in Africa and the South: A Search for a New Perspective*, Fahamu/Pambazuka, 2008, p. 38.

（Cusco）以北230公里"①。环境非政府组织亚马孙观察（Amazon Watch）曾批评卡米塞阿项目是"对亚马孙雨林最具破坏性的开发项目"②。

卡米塞阿项目"在30年内能为秘鲁政府从矿区使用费（royalties）和税收中创造50亿至60亿美元的收入"③。虽然该项目利润丰厚，但是对当地自然生态环境和土著居民社区的危害却极为严重。"乌鲁班巴河（Urubamba River）及其支流上频繁过往的船只以及上空的直升机，造成当地水陆生物数量的急剧下降。鱼群和野生动物因受噪音惊扰而逃散，妨碍了当地居民的渔猎生活"④。"自2004年以来，已经发生的至少五起重大燃气泄漏事故，造成土地与河渠被污染。当地居民反映这些污染事故严重损害了他们的健康。"⑤ 由于土著居民长期与世隔绝，卡米塞阿项目也给当地人带来了致命的外来病菌。例如，"20世纪80年代，当壳牌（Shell）公司在该区域开采石油和天然气时，有几乎50%的土著纳瓦人（Nahua）死于工人带来的疾病"⑥。

为了迫使卡米塞阿项目停止对当地自然和社会环境的破坏，环境非政府组织（参见表2—2）与该项目的投资方（参见表2—3）进行了激烈的斗争。21世纪初，花旗集团因参与了卡米塞阿燃气

---

① Norberto Benito, "Camisea Project: Project Description, Status and Perspectives" [PDF], Business Network Forum, 18th Meeting, Iquitos-Peru, 04 March 2008, p. 2, http://www.ewg.apec.org/documents/103_Camisea_Description_Norberto%20Benito.pdf, 登录时间：2017年3月3日。

② "Hunt Oil Gets Warning: Amazon Destruction Will Harm Your Project's Financing", Amazon Watch, December 5, 2005, http://amazonwatch.org/news/2005/1205-hunt-oil-gets-warning, 登录时间：2017年2月3日。

③ United Nations Cepal & Eclac, *Foreign Investment in Latin America and the Caribbean 2002*, United Nations Publications, 2002, p. 71.

④ Beatriz Huertas Castillo and International Work Group for Indigenous Affairs, *Indigenous Peoples in Isolation in the Peruvian Amazon: Their Struggle for Survival and Freedom*, IWGIA, 2004, p. 111.

⑤ "Camisea Gas Project", *Survival*, http://www.survivalinternational.org/about/Camisea, 登录时间：2017年2月3日。

⑥ Noel L. Griese, *Energy Pipeline News Year in Review 2003*, Anvil Publishers, Inc., 2004, p. 65.

田等多处严重破坏生态环境的国际项目融资①,而成为雨林行动网络等环境非政府组织的重点批评对象。

表 2—2　　参与卡米塞阿项目的非政府组织信息②

利益相关者名称	国家	参与者人数	资产近似值	创立年限（年）	介入（阶段）		
					1	2	3
雨林行动网络	美国	少于 10 人	低于 1000 万美元	21	否	是	是
亚马孙观察	美国	少于 10 人	低于 100 万美元	11	否	是	是
地下工程（Project Underground）	美国	少于 10 人	低于 100 万美元	10	否	是	是
亚马孙联盟（Amazon Alliance）	美国	少于 10 人	低于 100 万美元	16	否	是	是

---

① 2000 年 8 月,花旗集团领导多家银行,向开发卡米塞阿天然气项目的上游工程提供了为期 3 年、总计 1.2 亿美元的银团贷款。在该项目的燃气运输工程中,花旗集团还担任了秘鲁燃气运输公司(Transportadora de Gas del Perú)的财务顾问。参见 Jan Willem van Gelder, "The financing of the Camisea project—A research paper prepared for Focus on Finance" [PDF], *Profundo*, 18 February 2003, pp. 7 - 8, http: //www. profundo. nl/files/download/BankTrack0302b. pdf, 登录时间:2017 年 3 月 6 日;花旗集团所参与的严重破坏生态环境的项目融资还包括,厄瓜多尔 OCP 石油管道(Ecuador's OCP Pipeline)、巴布亚新几内亚戈贝油田(Papua New Guinea's Gobe Oil Fields),以及泰国叻丕府发电厂(Thailand's Ratchaburi Electricity Generating Company)等。参见 "Multinational Monitor says Citigroup finances projects that damage environment & communities", Business & Human Rights Resource Center, 1 April 2002, https: //business-humanrights. org/en/multinational-monitor-says-citigroup-finances-projects-that-damage-environment-communities, 登录时间:2017 年 3 月 6 日。

② 此表为笔者根据相关资料整理、统计。参见 Valeria Vences, "The Camisea Gas Project-A Multi-Stakeholder Perspective on Conflicts & Negotiation" [PDF], Collaboratory for Research on Global Projects, June 2006, p. 10, https: //gpc. stanford. edu/sites/default/files/wp027_0. pdf, 登录时间:2017 年 3 月 5 日。

续表

利益相关者名称	国家	参与者人数	资产近似值	创立年限（年）	介入（阶段） 1	2	3
出口信贷机构观察（ECA Watch）	国际	少于10人	低于100万美元	10	否	是	是
亚马孙研究发展中心（CEDIA）	秘鲁	少于10人	低于100万美元	26	是	是	是
Shinai Serjali	秘鲁	少于10人	低于100万美元	3	否	否	是
国际自然保护联盟（IUCN）	瑞士	少于10人	低于1亿美元	58	是	是	是

表2—3　　　　参与卡米塞阿项目的投资方信息①

利益相关者名称	国家	参与者人数	资产近似值（亿美元）	创立年限（年）	介入（阶段） 1	2	3
美洲开发银行（IADB）	美国	少于100人	低于1000	47	无	是	是
美国进出口银行	美国	少于10人	低于1000	72	无	否	是
花旗集团	美国	少于10人	高于1000	194	无	否	是
巴西发展银行（BNDES）	巴西	少于10人	低于1000	54	无	否	是
比利时出口信用保险公司（Ducroire, Belgian ECA）	比利时	少于10人	低于10	67	无	否	是
对外贸易与投资银行（BICE）	阿根廷	少于10人	低于10	14	无	否	是

① 此表为笔者根据相关资料整理、统计。参见 Valeria Vences, "The Camisea Gas Project A Multi-Stakeholder Perspective on Conflicts & Negotiation" [PDF], Collaboratory for Research on Global Projects, June 2006, p. 11, https://gpc.stanford.edu/sites/default/files/wp027_0.pdf, 登录时间：2017年3月6日。

续表

利益相关者名称	国家	参与者人数	资产近似值（亿美元）	创立年限（年）	介入（阶段）		
					1	2	3
安第斯开发公司（CAF）	拉美	少于10人	低于100	36	无	否	是
秘鲁投资者	秘鲁	少于100人			无	否	是

（二）雨林行动网络对花旗集团的批评运动

环境非政府组织雨林行动网络曾公开讽刺花旗集团为"世界上最具破坏性的银行"[①]。21世纪初，除了卡米塞阿项目之外，花旗集团还因为参与了"巴布亚新几内亚戈贝油田和厄瓜多尔OCP石油管道等破坏原始森林、导致当地社区居民和野生动物流离失所，以及加速全球变暖的项目融资，而被雨林行动网络锁定为打击目标"[②]。

雨林行动网络为迫使花旗集团停止对严重破坏环境的项目投资，主要采取了接触谈判和示威抵制两种手段相结合的斗争方式。一方面，雨林行动网络主动出击，迫使花旗集团接受谈判。"2000年4月初，雨林行动网络致信花旗集团，敦促其立即采取行动，停止为砍伐濒危原始森林和加速气候变化项目融资的活动。在此后不久召开的花旗集团年会上，雨林行动网络的维权人士当众质疑董事会和首席执行官桑迪·威尔（Sandy Weill）。"[③] 花旗集团面对来自环境非政

---

① Marianne Beishem, Oran R Young, Ernst Ulrich von Weizsacker & Matthias Finger, *Limits to Privatization: How to Avoid Too Much of a Good Thing-A Report to the Club of Rome*, Taylor & Francis, 2005, p. 61.

② Philip Mattera, "Citigroup: Corporate Rap Sheet", Corporate Research Project, February 4, 2017, http://www.corp-research.org/citigroup, 登录时间：2017年2月15日。

③ David Baron and Erin Yurday, "Anatomy of Corporate Campaign Rainforest Action Network and Citigroup (A)", Graduate School of Stanford Business, Case No. P42A, Political Economy, 2004, https://www.gsb.stanford.edu/faculty-research/case-studies/anatomy-corporate-campaign-rainforest-action-network-citigroup, 登录时间：2017年2月4日。

府组织的压力，不得不调整姿态，同意与雨林行动网络进行谈判。然而，"尽管在运动开始的最初两年内，雨林行动网络与花旗集团就相关问题进行了频繁磋商，但是却没有得到花旗集团的任何实质性答复"①。另一方面，雨林行动网络始终没有放弃通过抗议示威对花旗集团进行施压。"2000 年，雨林行动网络发起信用卡抵制运动，在美国高校组织了多次集会，受到学生的大力支持。"② 2002 年 11 月 6 日，"雨林行动网络与美国大学生、非政府组织自由星球（Free The Planet）和清洁能源组织电力转移（Power Shift!）联合开展了'行动日'（Day of Action）运动。这场遍布全美的'行动日'运动由大约 40 多场行动组成，包括在当地花旗银行分支机构外进行抗议以及向花旗管理层致信和打电话。纽约大学的学生们在花旗集团总部外公开示威，并要求纽约大学校长终止花旗集团在校园内的首选贷款人身份，直到花旗集团停止为破坏环境的项目投资为止"③。2003 年，雨林行动网络发起更强势的媒体战。"多名好莱坞明星在电视节目中剪断他们的花旗银行信用卡，并且还有数千名客户随之效仿。"④

最终，出于对卡米塞阿项目环境问题引发全球公民社会批评运动的忌惮，"美国海外私人投资公司（Overseas Private Investment Corporation）、美国进出口银行以及花旗集团拒绝了该项目的所有融资请求"⑤。由此可见，针对卡米塞阿项目开展的公民社会运动在全球

---

① David P. Baron, *Business and Its Environment*, Pearson, Seventh Edition, 2012, p. 99.
② David J. Hess, *Alternative Pathways in Science and Industry*, MIT Press, 2007, p. 116.
③ Rainforest Action Network, "Citigroup Under Fire for", Global Policy Forum, November 6, 2002, https：//www.globalpolicy.org/component/content/article/221/46795.html, 登录时间：2017 年 2 月 5 日。
④ Alan AtKisson, *The ISIS Agreement: How Sustainability Can Improve Organizational Performance and Transform the World*, Taylor & Francis, 2012, p. 208.
⑤ Marisa Handler, *Loyal to the Sky: Notes from an Activist*, Read HowYouWant.com, 2009, p. 302. 在拒绝为卡米塞阿项目融资的金融机构中，没有美洲开发银行。2003 年 9 月，美洲开发银行为卡米塞阿项目批准了 7500 万美元的直接贷款和 6000 万美元的银团贷款。参见 Marisa Handler, "Camisea in the Amazon", *Earth Island Journal*, Issues Winter 2005, World Reports, http://www.earthisland.org/journal/index.php/eij/article/camisea_in_the_amazon/, 登录时间：2017 年 2 月 8 日。

环境治理进程中具有重要意义。环境非政府组织成功迫使花旗集团等金融机构作出让步,是全球公民社会的一次重要胜利。

（三）美国跨国银行的相继妥协

在美国跨国银行中首先选择妥协的是花旗集团。由雨林行动网络发起的公众批评运动使花旗集团的企业形象和经营业绩遭受沉重打击,因此,"2003 年 4 月,花旗集团宣布同雨林行动网络'停火'。后者将暂停其媒体攻势,而条件则是花旗集团同意制定有利于低碳密集型能源的投资政策,并公开影响温室气体排放的电力项目投资报告"[1]。当时,荷兰银行、巴克莱银行、西德意志银行等欧洲领军跨国银行也因为"破坏环境的投资行为而被环境非政府组织作为批评运动的对象"[2]。于是,"在'停火'期间,花旗集团与三家欧洲银行[3],以及其他六家跟随参与银行,共同推出用于项目融资的'赤道原则'"[4]。"2003 年 6 月 2 日,花旗集团联合其他九家银行正式采用'赤道原则'。"[5] 2004 年 1 月 23 日,作为当时"世界上最大的私人金融机构,花旗集团正式签署了一项全面的环境政策,为那些可能影响生物多样性、原住民地区和气候变化有关的项目融资设立了新的行业标准"[6]。另外,"更为重要的是,花旗集团同意雨林行动网络监督其经营活动,并同意公布其投资组合中所有

---

[1] "NGO uses Citigroup as lever for change", *Ethical Performance*, June 2004, http：//www.ethicalperformance.com/news/article/2737, 登录时间：2017 年 2 月 9 日。

[2] Rainforest Action Network, "First-Ever Banking Principles Won't Protect Environment", Global Policy Forum, June 3, 2003, https：//archive.globalpolicy.org/component/content/article/213/45623.html, 登录时间：2017 年 2 月 16 日。

[3] 参见 Elaine Ang, "Importance of Equator Principles in banking", The Star Online, 1 May 2010, http：//www.thestar.com.my/business/business-news/2010/05/01/importance-of-equator-principles-in-banking/, 登录时间：2017 年 2 月 16 日。

[4] John M. de Figueiredo, Michael Lenox, Felix Oberholzer-Gee and Richard G. Vanden Bergh, *Strategy Beyond Markets*, Emerald Group Publishing, 2016, p.20.

[5] Ted Hart, James M. Greenfield and Michael Johnston, *Nonprofit Internet Strategies*：Best Practices for Marketing, Communications, and Fundraising Success, John Wiley & Sons, 2005, p.251.

[6] Glen Barry, "Citigroup Succumbs to 'Green' Campaign-Outlines New Environmental Policies", *EcoInternet*, January 23, 2004, http：//ecointernet.org/2004/01/23/citigroup_succumbs_to_green_ca/, 登录时间：2017 年 2 月 6 日。

项目的温室气体排放数据"①。

在花旗集团被迫颁布环境政策之后,雨林行动网络又将其他"10家对环境最具破坏力的美国投资银行视为'清算对象'(The Liquidators),要迫使它们'达到或超过'花旗集团的新环境政策标准"②。这些被列为"清算"目标的美国跨国银行包括摩根大通—第一银行(JPMorgan Chase-Bank One)③、美国银行、富利波士顿银行(Fleet Boston Financial)、富国银行、高盛集团、恒康金融集团(John Hancock)、美联银行(Wachovia)、美国合众银行(U. S. Bancorp)、太阳信托银行(SunTrust)④。于是,在花旗集团妥协之后,"雨林行动网络便立即致信美国的第二大银行美国银行,要求其管理层采用类似花旗集团的环境政策"⑤。鉴于之前针对花旗集团开展的公众批评运动所产生的震慑性效果,美国银行也选择了妥协。"2004年5月,美国银行正式实施类似于花旗集团所采取的具有环境意识的项目融资政策。"⑥ 此后,摩根大通、高盛、富国银行等其他美国跨国银行也都在雨林行动网络的压力下制定了类似的环境风险管理政策。这些新政策甚至在某些方面"超过了花旗集团设定的标准"⑦。

---

① Amanda Carey, "Green Bullies: How Environmental Groups Use the Tactics of Intimidation" [PDF], Green Watch, May 2011, p. 4, http://capitalresearch.org/app/uploads/2013/06/GW0511.pdf, 登录时间: 2017 年 2 月 15 日。

② Jim Lobe, "Citibank Agrees to New 'Green' Policies", *Mindtune Enlightening News*, Thursday, January 29, 2004, http://www.angelfire.com/ca3/mindtune/EnlighteningNews_Previous.html, 登录时间: 2017 年 2 月 7 日。

③ 在上述 10 家银行中,第一银行与摩根大通在 2004 年合并。参见 "History of Our Firm", JPMorgan Chase & Co., https://www.jpmorganchase.com/corporate/About-JPMC/jpmorgan-history.htm, 登录时间: 2017 年 2 月 8 日。

④ Jim Lobe, "Finance: Citigroup Succumbs to 'Green' Campaign", Inter Press Service News Agency, Jan. 22 2004, http://www.ipsnews.net/2004/01/finance-citigroup-succumbs-to-green-campaign/, 登录时间: 2017 年 2 月 7 日。

⑤ The Worldwatch Institute, *State of the World* 2006: *Special Focus: China and India*, Island Press, 2015, p. 182.

⑥ National Commercial Finance Association (U. S.), *The Secured Lender*, Volume 61, National Commercial Finance Association, 2005, p. 36.

⑦ Robert W. Kolb, *Corporate Retirement Security: Social and Ethical Issues*, John Wiley & Sons, 2009, p. 161.

例如，摩根大通于 2005 年 4 月制定的环境政策是"在金融领域首次将环境风险管理纳入私募股本部门的尽职调查过程"[①]。

美国跨国银行环境政策所产生的影响力和释放的积极信号不容低估。因为，仅从资本实力上讲，"摩根大通、花旗集团、美国银行和富国银行，作为四家最大商业银行拥有全美商业银行资产总额的 64%"[②]。因此，雨林行动网络等环境非政府组织通过发起公众批评运动成功迫使美国跨国银行改变以牺牲环境利益为代价的投资行为，必然有利于全球环境治理进程。

（四）环境非政府组织的力量

环境非政府组织在推动美国跨国银行参与全球环境治理方面所发挥的重要作用具有以下特点。

第一，环境非政府组织对美国跨国银行的监督和批评产生了全球性压力效果。

2001 年 4 月 11 日，雨林行动网络在"5 大洲 12 个国家发起 80 多场全球性的抗议示威，要求花旗集团停止破坏环境的投资活动以及为追求利润而毫无原则的经济行为"[③]。环境非政府组织的介入，尤其能够使那些危害环境的融资项目受到国际社会的高度重视。"在秘鲁，卡米塞阿天然气项目引发较多国际关注正是缘于国际非政府组织从早期就针对该项目展开的积极审查行动。"[④]

第二，环境非政府组织发起的批评运动危及美国跨国银行的核心利益。

[①] "JPMorgan Chase Announces Environmental Policy", JP Morgan Chase & Co., Apr 25, 2005, https://investor.shareholder.com/jpmorganchase/releasedetail.cfm? releaseid = 161100, 登录时间：2017 年 2 月 14 日。

[②] Jomo Kwame Sundaram, *Reforming the International Financial System for Development*, Columbia University Press, 2010, p. 287.

[③] Beka Economopoulos, "There is already a Campaign Agianst Citigroup", Archives of Global Protests, Sun, 20 May 2001, https://www.nadir.org/nadir/initiativ/agp/free/colombia/citygroup.htm#1, 登录时间：2017 年 2 月 8 日。

[④] Patricia I. Vasquez, *Oil Sparks in the Amazon: Local Conflicts, Indigenous Populations, and Natural Resources*, University of Georgia Press, 2014, p. 104.

在雨林行动网络针对花旗集团发起的批评运动中,抵制花旗信用卡成为迫使该银行领导者最终妥协的一个有力手段。信用卡是花旗集团的核心经营业务。"作为世界上最大的信用卡发行商之一,花旗集团拥有超过1.38亿个账户,年销售额为3639亿美元。"① 在环境非政府组织的宣传鼓动下,众多花旗集团的消费者集体拒绝使用花旗信用卡。不仅如此,"雨林行动网络还成功说服大量股东从花旗集团撤资"②。2003年,雨林行动网络对花旗集团发起的媒体批评攻势,造成"2万余名客户剪断花旗信用卡,并将塑料碎片寄回花旗集团总部。相继发生的还有花旗集团的一系列金融丑闻及股价暴跌"③。环境非政府组织领导的公众批评运动,已伤及美国跨国银行的根本利益。美国跨国银行"对遭受公开羞辱以及由此造成的利润和股票价值损失的恐惧,正是这些所谓'公众运动'能够获得如此成功的重要原因"④。

第三,环境非政府组织的严格要求是美国跨国银行提升环境标准的重要动力。

首先,尽管花旗集团等十家跨国银行推出"赤道原则"作为国际项目融资的环境标准,然而环境非政府组织对此却并未完全满意。2003年,雨林行动网络等环境非政府组织在一份背景声明中指出,"'赤道原则'还不够完善,因为其缺乏透明度,以及在保障

---

① "Consumer Businesses", CITI, http://www.citigroup.com/citi/about/consumer_businesses.html, 登录时间: 2017年2月21日。

② "Rainforest Action Network defends forests, climate against Citigroup, 2000 – 2004" [PDF], Global Nonviolent Action Database, p. 4, http://nvdatabase.swarthmore.edu/content/rainforest-action-network-defends-forests-climate-against-citigroup-2000-2004, 登录时间: 2017年2月22日。

③ Nicola Graydon, "Rainforest Action Network: The Inspiring Group Bringing Corporate America to Its Senses", The Ecologist, Volume 36, No. 1, February 2006, http://www.ran.org/rainforest-action-network-inspiring-group-bringing-corporate-america-its-senses#main-content, 登录时间: 2017年2月21日。

④ Erik Assadourian, "The Role of Stakeholders" [PDF], World Watch, Volume 18, Number 5, September/October 2005, p. 22, http://www.worldwatch.org/system/files/EP185C.pdf, 登录时间: 2017年9月18日。

人权或保护热带雨林等濒危生态系统方面的要求"①。于是，在环境非政府组织的不断施压下，花旗集团、美国银行等已经加入"赤道原则"的美国跨国银行，又制定了更高水平的环境标准。例如，2004年1月，"在经过雨林行动网络施加的公众压力之后，花旗集团同意进行额外评估以解决森林生物多样性和气候问题"②。花旗集团与雨林行动网络联合公布的"'花旗集团新环保计划'提高了金融部门在森林砍伐和土著权利、濒危生态系统和无人区、温室气体排放和气候不稳定，以及清洁能源和可持续发展等相关领域的标准"③。已加入"赤道原则"的美国银行④也不断受到环境非政府组织的压力。2004年5月底，"美国银行同雨林行动网络宣布了更加进步的环境政策和措施，从而提高了相关标准"⑤。

其次，环境非政府组织从未放松对美国跨国银行的监督。以煤炭行业融资为重点，雨林行动网络等环境非政府组织持续对花旗集团、美国银行和摩根士丹利等美国跨国银行开展公众批评运动。2007年10月2日，"雨林行动网络公布了关于花旗集团和美国银行在煤炭行业进行大量投资的研究结果，并且宣布要开展新的运动以促使金融部门将投资于污染能源的数十亿美元转向清洁能源解决方案。作家、活动家、受煤炭影响的社区领袖以及机构投资者也在电话会议

---

① Liisa North, Viviana Patroni and Timothy David Clark, *Community Rights and Corporate Responsibility: Canadian Mining and Oil Companies in Latin America*, Between The Lines, 2006, p. 133.

② Frederick R. Anderson, "Private Banks As Agent Of Environmental Protection: The Equator Principles"[PDF], The Metropolitan Corporate Counsel, May 2004, p. 13, http://www.metrocorp-counsel.com/pdf/2004/May/13.pdf, 登录时间: 2017年9月18日。

③ Rainforest Action Network, "*Citigroup Agrees to RAN Demands*", *Indybay*, Thursday Jan 22nd, 2004, https://www.indybay.org/newsitems/2004/01/22/16684701.php?show_comments=1, 登录时间: 2017年2月20日。

④ 2004年4月15日，美国银行宣布采用"赤道原则"，成为继花旗集团之后第二家美国赤道银行。参见"Bank of America Adopts the Equator Principles", Equator Principles, 15 April 2004, http://www.equator-principles.com/index.php/all-adoption/adoption-news-by-year/55-2004/152-bank-of-america-adopts-the-equator-principles, 登录时间: 2017年2月20日。

⑤ World Business Academy, "Bank of America Sets Standard on Environmental Practices in Banking Sector", *Continuum*, Volume 18, Issue 4, June 2, 2004, p. 2, http://worldbusiness.org/wp-content/uploads/2013/05/co060204.pdf, 登录时间: 2017年9月18日。

上表示支持雨林行动网络的倡议,并敦促银行成为该解决方案的重要组成部分"①。在环境非政府组织的领导下,全球公民社会的联合行动取得了积极成果。2014 年 10 月 27 日,花旗集团、摩根士丹利、摩根大通和高盛集团"联名致信雨林行动网络,承诺拒绝为有争议的阿博特波特(Abbot Point)煤炭出口码头融资"②。2015 年 5 月 6 日,美国银行"公布了一项新的全球煤炭开采政策,承诺将全面减少与煤炭开采行业的接触"③。2015 年 10 月 5 日,花旗集团"成为继美国银行之后决定减少对煤矿行业融资的第二家④主流银行"⑤。

第四,环境非政府组织所取得的成功代表着公民社会力量的重大胜利。

以雨林行动网络为代表的环境非政府组织,敢于以小搏大⑥,

---

① Sam Haswell, Brianna Cayo Cotter and Cameron Scott, "Rainforest Action Network Targets Citi and Bank of America as World's Top Financiers of Coal and Climate Change", *Organic Consumers Association*, October 2, 2007, https://www.organicconsumers.org/news/rainforest-action-network-targets-citi-and-bank-america-worlds-top-financiers-coal-and-climate, 登录时间:2017 年 3 月 10 日。

② Rainforest Action Network, "Four Wall Street Banks Rule Out Financing for Galilee Basin Coal Megaprojects" [PDF], Background Memo, October 27, 2014, http://galileebasin.org/wp-content/uploads/2013/12/COnsolidated-letters-from-International-banks.pdf, 登录时间:2017 年 3 月 13 日。

③ Claire Sandberg, "BREAKING:Bank of America dumps coal mining in sweeping new policy", Rainforest Action Network, May 6, 2015, https://www.ran.org/breaking_bank_of_america_dumps_coal_mining_in_sweeping_new_policy, 登录时间:2017 年 3 月 10 日。

④ 有评论观点认为,欧洲第三大银行法国农业信贷银行是第一家做出削减煤矿融资承诺的主流银行,美国银行为第二家,花旗集团为第三家。参见 Ben Collins, "Citigroup Takes a Step Away From Banking Coal", Rainforest Action Network, https://www.ran.org/citigroup_takes_a_step_away_from_banking_coal, 登录时间:2017 年 3 月 13 日;"Citigroup Becomes Third Major Bank to Cut Financing to Coal Industry", EcoWatch, Oct. 05, 2015, http://www.ecowatch.com/citigroup-becomes-third-major-bank-to-cut-financing-to-coal-industry-1882106526.html, 登录时间:2017 年 3 月 13 日。

⑤ Blair FitzGibbon, "Citigroup Announces Financing Cuts for Global Coal Industry", Rainforest Action Network, October 5, 2015, https://www.ran.org/citigroup_announces_financing_cuts_for_global_coal_industry, 登录时间:2017 年 3 月 10 日。

⑥ 雨林行动网络成立于 1985 年,会员 1 万人,2003 年度预算为 200 万美元。花旗集团已有 200 余年历史。2003 年,花旗集团拥有雇员 275000 人,资产 1.264 万亿美元。参见 David Baron and Erin Yurday, "Strategic Activism The Rainforest Action Network", Graduate School of Stanford Business, Case No. P44, Political Economy, 2004, https://www.gsb.stanford.edu/faculty-research/case-studies/strategic-activism-rainforest-action-network, 登录时间:2017 年 2 月 25 日;"Citigroup 2003 Annual Report"[PDF], CITI, http://www.citigroup.com/citi/fin/data/ar031c_en.pdf, 登录时间:2017 年 2 月 25 日。

对抗金融巨头花旗集团等美国跨国银行,这是全球环境治理进程中"草根"组织的一次重大胜利。雨林行动网络针对花旗集团开展的公众批评运动被形象地称为"帐内蚊子战略"(The Mosquito in the Tent Strategy)(参见表 2—4)。虽然,雨林行动网络是一个"仅有 240 万美元预算和 25 名雇员的小组织"①,但其背后却是一个坚定支持它的"绿色联盟",包括"其他环保组织,其中一些与企业有密切联系,通过股东决议施加压力的社会责任投资者,资助反公司运动的自由主义慈善家,甚至还包括推动他们公司变革的内部同情人士"②。由此可见,"全球公民社会的成长是环境非政府组织发展的重要保障"③。雨林行动网络的成功正是全球公民社会发挥支持作用的结果。

表 2—4　　　　　　　　　　帐内蚊子战略④

街头剧场	节日期间,雨林行动网络合唱队在花旗集团总部前用《铃儿响叮当》的曲调演唱歌曲"油井"
	通过获取进入美国家得宝公司(Home Depot)内部通话系统的访问代码,向购物顾客播放广播,提醒买家位于购物区 13 区的是从亚马孙盗伐来的木材
	让演员装扮成米老鼠,用写着"迪士尼正在毁坏印尼雨林"的横幅封锁迪士尼总部
名人代言	在花旗集团年度股东大会前夜,雨林行动网络播出好莱坞明星剪碎花旗银行信用卡的广告

---

① Archie Carroll, Jill Brown and Ann Buchholtz, *Business and Society*: *Ethics*, *Sustainability and Stakeholder Management*, Cengage Learning, 2017, p. 480.

② Marc Gunther, "The Mosquito In The Tent A Pesky Environmental Group Called The Rainforest Action Network Is Getting Under The Skin Of Corporate America", *Fortune Magazine*, May 31, 2004, http://archive.fortune.com/magazines/fortune/fortune_archive/2004/05/31/370717/index.htm,登录时间:2017 年 2 月 23 日。

③ 刘子平:《环境非政府组织在环境治理中的作用研究——基于全球公民社会的视角》,中国社会科学出版社 2016 年版,第 62 页。

④ Archie B. Carroll and Ann K. Buchholtz, *Business and Society*: *Ethics*, *Sustainability*, *and Stakeholder Management*, Cengage Learning, 2014, p. 451.

续表

联盟	雨林行动网络与其他环保组织、社会责任投资者、自由主义慈善家,甚至内部同情人士(例如,帮助他们获取美国家得宝公司访问代码的人)合作
互联网	雨林行动网络利用互联网发起倡议、支持其他环境非政府组织、敦促人们发起行动,并对响应其号召的人士表达感谢

第二节　从国家层次分析美国跨国银行参与全球环境治理的原因

本书认为,从国家层次来看,主要有以下原因促使美国跨国银行参与全球环境治理。

一　美国国内早期环境立法的严格管制

20世纪80年代,美国国内严格的环境立法迫使美国银行业不得不开始重视环境责任。① 美国跨国银行"第一次认识到环境问题对其经营的影响,是通过美国的拉夫运河事件和由此产生的超级基金法案"②。

(一)拉夫运河事件

拉夫运河事件(The Love Canal Tragedy)被时任美国环保署二区分局主管埃卡特·贝克(Eckardt C. Beck)称为"美国历史上最骇人听闻的环境悲剧之一"③。拉夫运河是位于纽约州"尼亚加拉

---

① 从全球范围来看,"北美银行最早受到立法和法院政策的影响"。参见 Sonia Labatt and Rodney R. White, *Environmental Finance: A Guide to Environmental Risk Assessment and Financial Products*, John Wiley & Sons, Inc., 2002, p.61.

② 蓝虹:《商业银行环境风险管理》,中国金融出版社2012年版,第4页。

③ Eckardt C. Beck, "The Love Canal Tragedy", *United States Environmental Protection Agency Journal*, January 1979, https://archive.epa.gov/epa/aboutepa/love-canal-tragedy.html,登录时间:2017年1月11日。

大瀑布（Niagara Falls）南部约四英里处尼亚加拉河（Niagara River）支流上一个废弃的运河工程"[1]，曾被长期作为化学废品垃圾场使用[2]。后来，拉夫运河被修建为民用社区[3]。20世纪70年代末，拉夫运河地下化学废品严重泄露事件震惊了全美。当时"污染液体溢上运河表面以及周围民宅的地下室，并通过社区下水道涌入附近的溪流"[4]。1978年9月，纽约州卫生部向州长和州议会提交的特别报告"确认拉夫运河填埋场地下含有82种化合物，其中1种是已知的人类致癌物质，11种被推定为动物致癌物"[5]。拉夫运河的"清理工作耗时21年，费用接近4亿美元"[6]。2004年9月30日，美国环保署"确认拉夫运河污染场地的所有清理工作已经完成"[7]。然而，2011年修复下水道时，当地居民又在地下室发现了"有刺

---

[1] "Love Canal-A Brief History", Geneseo, https://www.geneseo.edu/history/love_canal_history，登录时间：2017年1月14日。

[2] 1920年，拉夫运河被公开拍卖给尼亚加拉瀑布市作为丢弃化学废弃品的垃圾填埋地。随后，美军也将化学战实验废品埋在此地。参见 Juliana DeCarvalho Anderson, "Love Canal Disaster", Toxipedia, http://www.toxipedia.org/display/toxipedia/Love+Canal+Disaster, 登录时间：2017年1月14日。1942年至1950年，虎克（Hooker）化学公司在拉夫运河丢弃了超过21000吨化学物质，包括苯、农药林丹、多氯二恶英、多氯联苯、磷等烈性毒素。参见 Charles E. Harris, Jr., Michael S. Pritchard, Michael J. Rabins, Ray James and Elaine Englehardt, *Engineering Ethics: Concepts and Cases*, Cengage Learning, 2013, p. 237.

[3] 1953年，虎克化学公司以一美元象征性价格将拉夫运河区域转让给尼亚加拉市教育委员会，并附有关于被填埋化学品的免责声明。参见 Marcos Luna, *The Environment Since 1945*, Infobase Learning, 2012, p. 223.

[4] "Love Canal Record of Decision Signed", United States Environmental Protection Agency press release, October 26, 1987, https://archive.epa.gov/epa/aboutepa/love-canal-record-decision-signed.html，登录时间：2017年1月16日。

[5] Roger C. Herdman, "Love Canal-Public Health Time Bomb" [PDF], *New York State Department of Health*, September, 1978, p. 4, https://www.health.ny.gov/environmental/investigations/love_canal/lctimbmb.pdf，登录时间：2017年1月15日。

[6] Anthony Depalma, "Love Canal Declared Clean, Ending Toxic Horror", *The New York Times*, March 18, 2004, http://www.nytimes.com/2004/03/18/nyregion/love-canal-declared-clean-ending-toxic-horror.html?_r=0，登录时间：2017年1月15日。

[7] "EPA Removes Love Canal from Superfund List", United States Environmental Protection Agency, 09/30/2004, https://yosemite.epa.gov/opa/admpress.nsf/e34cbb5867df82a085257359003d480c/40a7e32b0bbe56018525712a006fca02!OpenDocument，登录时间：2017年1月15日。

激味的黑色残留物，经检验为危险化学品"①。2013年，一些新居民以自己"被上世纪70年代引发尼亚加拉瀑布地区环境灾难的相同化学废品填埋物致病"② 为由起诉相关责任人。

(二) 拉夫运河事件引发的环境立法

从拉夫运河的清理过程可知，危险废弃物的清理成本很高且难度极大。拉夫运河事件在美国引发了严重的环境污染恐慌症。美国工业建设早期曾过度追求经济利益而忽视环境问题，致使填埋在全美地下的化学废弃品随时可能成为引爆无数个类似拉夫运河事件的"定时炸弹"。根据1979年12月21日《棕榈滩邮报》公布的数据，"美国环保署确认危险废物场地共计3913处"③ 之多。

要清理数量如此之多的污染废品场地必须首先解决污染事故责任人问题，即应当由谁来承担如此高昂的治污费用。于是，曾丢弃这些危险废物的化工企业成为首先被追责的对象。1979年12月20日，"美国司法部 (Department of Justice) 代表环保署向拉夫运河事件的主要责任人虎克化学公司及其母公司西方石油公司 (Occidental Petroleum Corporation) 提起四份诉讼，要求该公司清理其在纽约尼亚加拉大瀑布区域四处严重危害居民安全的化学废物垃圾场，并支付总计1.1758亿美元的清理费用，以及700多万美元作为补偿联邦政府在采取紧急措施处理拉夫运河污染场地时所支付的费用和其他未特指的民事处罚费"④。在此后化学公司和政府之间长

---

① Associated Press, "'Love Canal' still oozing poison 35 years later", *New York Post*, November 2, 2013, http://nypost.com/2013/11/02/love-canal-still-oozing-poison-35-years-later/，登录时间：2017年1月15日。

② Carolyn Thompson, "Lawsuits: Love Canal still oozes 35 years later", *USA Today*, Nov. 2, 2013, http://www.usatoday.com/story/money/business/2013/11/02/suits-claim-love-canal-still-oozing-35-years-later/3384259/，登录时间：2017年1月15日。

③ "Chemical Firm Sued to Clean Up Dump", *The Palm Beach Post*, Friday, December 21, 1979, p. 8, https://www.newspapers.com/newspage/130015718/，登录时间：2017年1月16日。

④ "U. S. Sues Hooker Chemical at Niagara Falls, New York", United States Environmental Protection Agency Press Release, December 20, 1979, https://archive.epa.gov/epa/aboutepa/us-sues-hooker-chemical-niagara-falls-new-york.html，登录时间：2017年1月12日。

达十年的诉讼拉锯中,"纽约州政府和联邦政府共支付了1亿4000万美元用于处理拉夫运河污染事故"①。

"拉夫运河的重污染事故最终导致联邦政府采取立法手段管理危险废物的处置。这项立法被命名为《综合环境反应、补偿和责任法》(Comprehensive Environmental Response, Compensation and Liability Act, CERCLA)[也称为《超级基金法》(Superfund Law)]"②。《超级基金法》主要负责"清理(美国)国内被污染最严重的土地,并能应对环境突发事件、石油泄漏和自然灾害"③。在《超级基金法》的影响下,美国各州也开始制定本州的"超级基金"环境法。例如,"明尼苏达州议会通过了1983年《明尼苏达环境响应和责任法案》(Minnesota Environmental Response and Liability Act, MERLA)"④;纽约州"经过1984年和1985年两次对《环境保护法》27条13款(ECL Article 27, Title 13)的修订,并结合《公共卫生法》(Public Health Law)的相关规定"⑤,完善了本州的《闲置危险废物处置场地法》(Inactive Hazardous Waste Disposal Sites Law),这项法令被称为"纽约州超级基金计划"⑥。美国"其他许多州也

---

① "Occidental Chemical Signs Consent Order for Storage and Destruction of Love Canal Wastes", United States Environmental Protection Agency Press Release, June 1, 1989, https://archive.epa.gov/epa/aboutepa/occidental-chemical-signs-consent-order-storage-and-destruction-love-canal-wastes.html, 登录时间:2017年1月13日。

② "EPA Superfund Program: Love Canal, Niagara Falls, NY", United States Environmental Protection Agency, https://cumulis.epa.gov/supercpad/cursites/csitinfo.cfm?id=0201290,登录时间:2017年1月13日。

③ "Superfund", United States Environmental Protection Agency, https://www.epa.gov/superfund,登录时间:2017年1月19日。

④ "Minnesota's Superfund Program"[PDF], Minnesota Pollution Control Agency, September 2001, p.1, https://www.pca.state.mn.us/sites/default/files/c-s1-00.pdf,登录时间:2017年1月19日。

⑤ Frank L. Amoroso, Allan E. Floro, Ruth E. Leistensnider & Jean McCreary, *New York Environmental Law Handbook*, Government Institutes, 2006, p.293.

⑥ "NY Superfund Program", *Schnapf LLC*, http://www.environmental-law.net/key-practice-areas/ny-superfund-program/,登录时间:2017年1月20日。

制定了类似的法令"①。于是，在美国联邦和州的环境立法压力下，作为债权人原本可以免受追责的银行，再也无法躲在幕后而继续无视环境责任了。

（三）美国银行业受到的环境立法压力

1980年制定的"《超级基金法》授权联邦政府清理危险废物场地的权力，以及设立16亿美元的信托基金用于支付政府的清理费用，并要求相关责任人承担清理责任"②。为了保障清理工作能及时进行，清理费用先从"超级基金"中预支，然后再由"潜在责任方"偿还。《超级基金法》的主要特点是，授权环保署等危险废物场地的清理方起诉"潜在责任方"以索取清理费用。

《超级基金法》关于"潜在责任方"的宽泛定义③，以及承担清理责任"连带和多方"且"可永久追溯"的"严格"规定④，给美国银行业造成了沉重压力。

第一，银行容易被法院判定为危险废物处置场地的"潜在责任方"。

---

① Alan J. Knauf, Esq., "Reasons for Due Diligence: Liabilities for Contaminated Properties in New York" [PDF], *Knauf Shaw LLP*, p. 11, http://www.nysba.org/Sections/Environmental/Events/Reasons_for_Due_Diligence_A_Knauf.html, 登录时间：2017年1月20日。

② United States Environmental Protection Agency, *RCRA orientation manual*, DIANE Publishing, 2003, p. 11.

③ 《超级基金法》中所定义的"潜在责任方"范围较宽，大致包括以下四类：（1）容器或设施的当前所有人及经营人；（2）处置有害物质时，所使用设施的所有人和经营人；（3）生产者以及对危险物质的处置和运输作出安排的人；（4）危险物质的运输者。参见 "42 U.S.C. §9607（a）", Comprehensive Environmental Response, Compensation and Liability Act [PDF], pp. 321-322, https://elr.info/sites/default/files/docs/statutes/full/cercla.pdf, 登录时间：2017年1月20日。

④ 《超级基金法》规定"任何责任方的责任都是严格（Strict）、连带和多方（Joint and Several）的，而且更是可永久追溯（Retroactive）的"。参见 Albert R. Wilson, *Environmental Risk: Identification and Management*, CRC Press, 1991, p. 31. 追溯责任的支持者们强调，责任追究必须是严格、连带且多方的。参见 Mary Clifford, *Environmental Crime: Enforcement, Policy, and Social Responsibility*, Aspen Publishers, Inc., 1998, p. 384. 具体来讲，责任的连带和多方是指，当由多方责任人造成的伤害无法被分割时，任何一个潜在责任方都可能要为整个场地清理工作承担全部责任。参见 "Superfund Liability", United States Environmental Protection Agency, https://www.epa.gov/enforcement/superfund-liability, 登录时间：2017年1月21日。

首先，银行会因为向造成污染事故的企业提供贷款并参与企业的日常经营和管理，而被法院判定承担清理责任。1985 年的"米拉彼勒案（United States v. Mirabile）是贷款人被判定承担（支付清理费用）责任第一案"①。同时，米拉彼勒案也被认为"是第一个解决了如何界定贷款人因参与企业生产管理而丧失其对担保贷款利益的豁免权的案例"②。米拉彼勒案中的"污染场地图尔科（Turco）位于宾夕法尼亚州的菲尼克斯维尔（Phoenixville, Pennsylvania）"③。造成污染事故的直接责任人"图尔科涂料有限公司（Turco Coatings, Inc.）在此场地经营过涂料制造业务"④。当时，"图尔科公司曾以库存和资产为担保，向梅隆银行（Mellon Bank）的前身吉拉德银行（Girard Bank）⑤ 申请抵押贷款。因此，当图尔科公司破产时，吉拉德银行便将其库存没收"⑥。更为严重的是，为了确保信贷资金的安全，吉拉德银行甚至曾直接介入图尔科公司的日常经营业务。吉拉德银行"委派本行的一名信贷专员进入图尔科公司顾问委员会，并直接参与企业生产的运营决策"⑦。法院认为，只要危

---

① Michael K. Prescott and Douglas S. Brossman, *The Environmental Handbook for Property Transfer and Financing*, Lewis Publishers, Inc., 1990, p. 18.

② Joel R. Burcat, Linda J. Shorey, Ronald W. Chadwell and David R. O'Connell, "The Law of Environmental Lender Liability", *Environmental Law Reporter*, 1991, https://elr.info/sites/default/files/articles/21.10464.htm#op_1_txt_34，登录时间：2017 年 1 月 22 日。

③ Frona M. Powell, "Limiting Lender Liability Under CERCLA by Administrative Rule", *Marquette Law Review*, Volume 75, Issue 1, Fall 1991, p. 146.

④ Steven B. Bass, "The Impact of the 1986 Superfund Amendments and Reauthorization Act on the Commercial Lending Industry", *University of Miami Law Review*, Vol. 41：879, 3-1-1987, p. 899, http://repository.law.miami.edu/cgi/viewcontent.cgi?article=2112&context=umlr，登录时间：2017 年 9 月 18 日。

⑤ 1982 年，梅隆银行与吉拉德银行合并成当时全美第二十大商业银行。参见 Robert J. Cole, "Mellon and Girard Banks Plan to Merge", *The New York Times*, August 3, 1982, http://www.nytimes.com/1982/08/03/business/mellon-and-girard-banks-plan-to-merge.html，登录时间：2017 年 1 月 23 日。

⑥ Joel S. Moskowitz, *Environmental Liability and Real Property Transactions: Law and Practice*, Aspen Law & Business, 1995, p. 85.

⑦ W. Wade Berryhill, Joel B. Eisen & Michael Herbert, *Structuring Commercial Real Estate Workouts: Alternatives to Bankruptcy and Foreclosure*, Wolters Kluwer, 1999, pp. 10-21.

险废物场地所有者的担保债权人"对污染场地的具体经营细节行使了控制权,那么按照《超级基金法》第107条的规定,就可能要承担支付清理费用的责任"①。因此,基于上述原因,梅隆银行被剥夺了"按照《超级基金法》规定,贷款银行本应享有的对担保贷款利益的豁免权"②,而必须承担责任。

其次,贷款银行因取得企业所质押的污染土地所有权,而被判罚支付清理费用。为了获得银行的贷款或投资,企业通常将土地等固定资产抵押给银行。但是,当企业因经营不善而无力偿还贷款时,银行将行使所谓"止赎权"③,从而成为污染土地的所有者。那么按照《超级基金法》,银行则可能被判定承担支付污染土地清理费用的责任。1986年的马里兰信托银行(Maryland Bank and Trust)案就是因银行行使了"止赎权",而被法院判定"贷款人承担清理责任第一案"。④ 该案中的污染场地是"位于马里兰州圣玛丽斯县加利福尼亚镇(the town of California, Maryland in St. Mary's County)的一处117英亩的农场。这块农场被各方戏称为马里兰州加利福尼亚垃圾桶(CDM)"⑤。从20世纪70年代起,马里兰信托银行就为CDM场地所有者"赫谢尔·麦克劳德(Hershel McLeod Sr.)在此117英亩农场上经营的两家垃圾和废品企业提供贷款"⑥。由于麦克劳德家族经营

---

① "United States v. Mirabile, No. 84 – 2280, (E. D. Pa., 09/04/1985), 15 ELR 20994", *Environmental Law Reporter*, https://elr.info/litigation/%5Bfield_article_volume-raw%5D/20994/united-states-v-mirabile, 登录时间: 2017年1月24日。

② John Darabaris, *Corporate Environmental Management*, CRC Press, 2007, p. 148.

③ "止赎权"是指贷款人通过法院指令(止赎权令)取消(止赎)借款人对抵押财产的赎回权的法律过程。参见"foreclosure", *Business Dictionary*, http://www.businessdictionary.com/definition/foreclosure.html, 登录日期: 2017年1月21日。

④ Sonia Labatt and Rodney R. White, *Environmental Finance: A Guide to Environmental Risk Assessment and Financial Products*, John Wiley & Sons, Inc., 2002, p. 54.

⑤ "United States v. Maryland Bank & Trust Co., No. N – 84 – 4026 (D. Md. April 9, 1986), 16 ELR 20557", *Environmental Law Reporter*, https://elr.info/sites/default/files/litigation/16.20557.htm, 登录日期: 2017年1月24日。

⑥ "Fear of Foreclosure: United States v. Maryland Bank & Trust Co., 16 ELR 10165", *Environmental Law Reporter*, 1986, https://elr.info/sites/default/files/articles/16.10165.htm#op_1_fn_26, 登录时间: 2017年1月24日。

不善,"马里兰信托银行为了保护贷款利益,在 1981 年行使了针对 CDM 场地的'止赎权',并且最终在 1982 年 5 月以 38.15 万美元的价格在'止赎销售'中购得该块土地的所有权"[①]。"1983 年,环保署采取紧急清理行动,处理了现场的垃圾桶和污染土地。"1986 年,法院判定,"根据《超级基金法》,马里兰信托银行作为抵押财产(CDM 场地)四年的所有者,对场地清理负有责任"[②]。

第二,"连带和多方责任"容易导致银行最终承担全部清理费用。

不可否认,法庭在判决中应用"连带和多方"责任的规定,有利于实现对清理费用的追索,从而"最好地完成《超级基金法》所设立的目标"[③]。但是,"受到起诉的污染企业在巨额清理成本的压力下,倾向于寻找其他的潜在责任方以共同分担费用,例如银行"[④]。而且,实际情况下"并不是所有的潜在责任方都会支付清理费用。一些连带责任方可能已经破产而严重丧失偿付能力。另外一些连带责任方可能已经很难找到。从而造成由某一潜在责任方承担所有清理费用重担的结果。……特别地,'严格、连带和多方'的责任定性标准又可能会导致'吃大户'问题的出现。那些财力雄厚的潜在责任方可能要为本不应该属于自己负担的清理费用份额买单"[⑤]。因此,银行在涉及清理费用的法庭判决中成为最大输家的可能性极大。例如,"蒙大拿州(Montana)一家银行要为 27500 美元的贷款承担 500 万美元的土地清理费用。另外一家银行作为土地受托人收取了 80 美元的年费,却被法院起诉支付 8000 万美元的清理费用"[⑥]。

---

① George W. Jarecke and Nancy K. Plant, *Confounded Expectations: The Law's Struggle with Personal Responsibility*, SIU Press, 2000, p. 25.

② John Darabaris, *Corporate Environmental Management*, CRC Press, 2007, p. 148.

③ Robert M. Harkins, Jr., "Environmental Protection Agency v. Sequa and the Erosion of Joint and Several Liability under Superfund", *Environs*, Vol. 17, No. 1, December 1993, p. 30.

④ Stephan Schmidheiny and Federico Zorraquín, *Financing Changing: The Financial Community, Eco-efficiency, and Sustainable Development*, The MIT Press, 1998, p. 102.

⑤ James Salzman and Barton H. Thompson, Jr., *Environmental Law and Policy*, Fourth Edition, LEG, Inc. d/b/a West Academic, 2014, p. 255.

⑥ Alan N. Peachey, *Great Financial Disasters of Our Time*, BWV Verlag, 2006, pp. 282–283.

第三,《超级基金法》判决标准的不确定性使银行面临的环境风险增大。

马里兰信托银行被判定须支付清理费用的重要原因是其行使了"止赎权"且拥有污染企业的抵押财产——CDM 场地达四年之久。但是,对于在"米拉彼勒案"中同样行使了"止赎权"的美国信托银行(American Bank and Trust Company),法院则判定"因持有者在四个月内即行使'止赎权'处理了企业的抵押财产,所以享有清理责任的豁免权"[①]。"然而,法院始终未能提供一个明确的时间范围,作为以后司法判决时可供参照的准则。"[②] 这种裁定标准的模糊性更严重地体现在"弗利特案"(United States v. Fleet Factors Corporation)中。法院认为"尽管弗里特伐柯特斯银行没有实际参与企业处理污染物质的决策,但是其有能力间接影响企业"[③],所以须承担清理责任。由于法院扩大了对潜在责任方的定义范围,所以,"弗利特案的判罚结果立即引发了极大的负面效应"[④]。"银行业受到的影响最为严重。弗利特案使银行,特别是那些有严重资金困难的银行,不愿再为污染企业提供贷款。"[⑤] 例如,"根据美国银行家协会(American Bankers Association, ABA)1991 年公布的调查结果,62.5% 的受访银行会因为考虑到可能发生的环境责任而拒绝贷款申请;还有 45.8% 的受访银行已经终止向'脆弱行业'发放

---

① Michael B. Gerrard & Joel M. Gross, *Amending CERCLA*: *The Post-SARA Amendments to the Comprehensive Environmental Response, Compensation, And Liability Act*, American Bar Association, 2006, p. 258.

② Sean Sweeney, "Lender Liability and CERCLA", *ABA Journal*, February 1993, p. 69, http://heinonline.org/HOL/LandingPage? handle = hein. journals/abaj79&div = 39&id = &page = , 登录时间: 2017 年 9 月 18 日。

③ John D. Cromie and Adam W. Walsh, "Secured Credit Exemption Upheld", *New Jersey Law Journal*, http://www.connellfoley.com/content/page/secured-credit-exemption-upheld, 登录时间: 2017 年 1 月 25 日。

④ Sean P. Madden, "Will the CERCLA Be Unbroken? Repairing the Damage After Fleet Factors", *Fordham Law Review*, Volume 59, Issue 1, 1990, p. 148.

⑤ Nicholas M. Kublicki, "Shockwave: Lender Liability Under CERCLA After United States v. Fleet Factors Corporation", *Pepperdine Law Review*, Volume 18, Issue 13, 4 – 15 – 1991, p. 515.

贷款，例如加油站、化工企业、干洗店及农业综合企业"①。

总之，20世纪80—90年代，《超级基金法》造成美国银行业对信贷资金环境风险的警惕。一方面，美国银行业被迫开始重视国内申请贷款企业和项目的环境责任以规避风险；另一方面，因为"银行是小企业的主要资金来源"②，所以银行紧缩信贷资金使主要以土地作为抵押品申请贷款的小企业面临资金短缺的困境。由于缺乏银行信贷资金的支持，美国城市污染"棕地"（brownfield）③的再开发利用受到不利影响。根据2005年美国国会公布的数据估测，"全美有污染棕地达50万至100万处之多，几乎占据20万英亩"④。开发"棕地"对于"基础设置的再利用、抑制城市过度扩张以及创造新的经济增长机会"⑤等具有重要意义。因此，为了平衡环境保护和经济发展两者之间的矛盾，美国政府对《超级基金法》关于贷款人责任的规定作了多次修正⑥。但是，美国银行业依然对环境

---

① Eddie Cade, *Managing Banking Risks: Reducing Uncertainty to Improve Bank Performance*, Routledge, 2013, p. 98.

② Alex Coad, *The Growth of Firms: A Survey of Theories and Empirical Evidence*, Edward Elgar Publishing, 2009, p. 132.

③ "棕地"是指存在危险物质、工业废物或致污物质的地产。参见"Brownfields", United States Environmental Protection Agency, https://www.epa.gov/brownfields, 登录时间：2017年1月27日。

④ United States of America, *Congressional Record Vol. 151 – Part 11: Proceedings and Debates of the 109th Congress: First Session*, United States Government Printing Office, 2005, p. 14822.

⑤ C. A. Brebbia and Tae Soo Chon, *Environmental Impact*, WIT Press, 2012, p. 392.

⑥ 《超级基金法》的主要修正：1986年《超级基金修正案和重新授权法》（The Superfund Amendments and Reauthorization Act, SARA）；1996年《资产保护、债权人责任和存款保险保护法》（Asset Conversation, Lender Liability, and Deposit Insurance Protection Act）；1997年《超级基金法有关贷款人及政府强制收购规定的政策解读》（Policy on Interpreting CERCLA Provisions Addressing Lenders and Involuntary Acquisitions by Government Entities）；2002年《小企业责任免除和棕地恢复法》（The Small Business Liability Relief and Brownfield Revitalization Act）。参见"Summary of the Comprehensive Environmental Response, Compensation, and Liability Act（Superfund）42 U.S.C § 9601 et seq.（1980）", United States Environmental Protection Agency, https://www.epa.gov/laws-regulations/summary-comprehensive-environmental-response-compensation-and-liability-act, 登录时间：2017年1月27日；"Policy on Interpreting CERCLA Provisions Addressing Lenders and Involuntary Acquisitions by Government Entities" [PDF], United States Environmental Protection Agency, July 2007, https://www.epa.gov/sites/production/files/documents/lender-liab-07-fs.pdf, 登录时间：2017年1月27日；"Brownfields Laws and Regulations", United States Environmental Protection Agency, https://www.epa.gov/brownfields/brownfields-laws-and-regulations, 登录时间：2017年1月27日。

风险的沉重代价表现得顾虑重重。2006年4月，美国"东北—中西部研究所"（Northeast-Midwest Institute）的报告指出，"在多数情况下，危险废物场地的清理和再开发活动根本看不到私人资金的参与。尽管贷款人责任已经被明确，但是金融机构依然担心污染对抵押品价值的影响以及借款人的偿付能力。环境责任风险造成的恐慌使它们不愿再为危险废物场地的再利用提供资金"①。《超级基金法》产生如此巨大的压力足以说明美国国内早期环境立法对美国银行业的影响之强。

二 美国国内州和城市发挥的重要作用

美国国内一些州和城市对推动美国跨国银行参与全球环境治理起到了重要作用。②

（一）支持全球环境治理的州和城市

由于美国联邦政府在应对全球气候变化方面的表现欠佳，所以"美国许多州政府（如加利福尼亚州和东北部的一些州）以及城市正努力成为应对全球气候变化的直接参与者"③。美国国内一些州和城市在支持全球环境治理方面表现出以下特点。

第一，制订了强有力的温室气体减排目标。

圣何塞州立大学（San Jose State University）教授塞雷娜·亚历山大（Serena Alexander）对州级气候行动计划有效性的研究成果显示，"事实上，早在联邦政府着手应对气候变化之前，州乃至城市

---

① Charles Bartsch, "Getting Started with Brownfields-Key Issues and Opportunities: What Communities Need to Know" [PDF], Northeast-Midwest Institute, April 2006, p. 4, http://www.nemw.org/wp-content/uploads/2015/06/2006-Getting-Started-with-Brownfields.pdf, 登录日期：2017年1月27日。

② 美国州以下的地方政府主要包括三种类型，即县政府、市政府和市镇乡村政府。市政府的地位和作用相比之下更加重要，其他两类政府则较弱。因此，本书在此处选取美国国内州和城市作为研究对象。参见［美］文森特·奥斯特罗姆、罗伯特·比什、埃莉诺·奥斯特罗姆《美国地方政府》，井敏、陈幽泓译，北京大学出版社2004年版，第18—34页。

③ Sheldon Kamieniecki & Michael Kraft, *The Oxford Handbook of U. S. Environmental Policy*, OUP USA, 2013, p. 243.

就已经开始制定用于缓解气候变化的战略"①。据统计,"截至 2006 年 6 月,已有 28 个州制订了气候行动计划。其中有 9 个州在计划中确定了减排目标"②。加利福尼亚州在制订温室气体减排目标方面一直走在各州前列。2006 年,"AB32 号法案,即《加利福尼亚州全球变暖解决方案法》被州立法机关通过,并由施瓦辛格(Schwarzenegger) 州长签署生效"③。AB32 号法案"是美国第一部采用全面、长期措施应对气候变化的方案。其目标是在改善环境和自然资源的同时维持经济增长"④。按照 AB32 号法案要求,加州"到 2020 年要将温室气体排放量减少到 1990 年的水平,即在经济正常发展情形下减排 15%"⑤。

第二,直接参与全球环境治理合作。

美国国内一些州和城市在参与全球环境治理合作方面的行动已领先于联邦政府。例如,东北部新英格兰六州与加拿大东部五省之间开展的环境治理国际合作时间较早。⑥ 2001 年制定的《新英格兰

---

① Chelsea Harvey, "These Are the States Fighting to Save the Earth", Mother Jones, April 10, 2017, http://www.motherjones.com/environment/2017/04/trumps-domestic-war-climate-action-has-propelled-states-battle/, 登录时间: 2018 年 1 月 20 日。

② Michael Gerrard, *Global Climate Change and U. S. Law*, American Bar Association, 2017, p. 351.

③ "AB 32: California Global Warming Solutions Act of 2006" [PDF], Union of Concerned Scientists, June 2009, p. 1, https://www.ucsusa.org/sites/default/files/legacy/assets/documents/global_warming/ab-32-as-signed-fact-sheet-1.pdf, 登录时间: 2018 年 1 月 20 日。

④ "Assembly Bill 32 Overview", CA. GOV, https://www.arb.ca.gov/cc/ab32/ab32.htm, 登录时间: 2018 年 1 月 20 日。

⑤ William Shurtleff & Akiko Aoyagi, *History of Industrial Users of Soybeans (Nonfood, Nonfeed) (660 CE-2017): Extensively Annotated Bibliography and Sourcebook*, Soyinfo Center, 2017, p. 1931.

⑥ 新英格兰六州: 康涅狄格州 (Connecticut)、缅因州 (Maine)、马萨诸塞州 (Massachusetts)、新罕布什尔州 (New Hampshire)、罗得岛州 (Rhode Island)、佛蒙特州 (Vermont)。加拿大东部五省: 新布伦瑞克 (New Brunswick)、纽芬兰与拉布拉多 (Newfoundland and Labrador)、新斯科舍 (Nova Scotia)、爱德华王子岛 (Prince Edward Island)、魁北克 (Quebec)。参见 "New England Governors and Eastern Canadian Premier's Annual Conference (NEG/ECP)", 2015 Council of Atlantic Premiers, https://www.cap-cpma.ca/about/new-england-governors-and-eastern-canadian-premiers-annual-conference-negecp/, 登录时间: 2018 年 1 月 20 日。

州长/东加拿大省长区域气候变化行动计划》（简称《区域气候行动计划》）所规定的温室气体减排目标"与《京都议定书》（*Kyoto Protocols*）中的要求相比减排幅度更加显著"①。美国城市参与的最重要全球环境治理合作框架是地方政府可持续发展理事会（ICLEI-Local Governments for Sustainability）。目前已有227个美国市级政府加入了该理事会。②

第三，积极开展州以及城市之间的环境治理合作。

美国国内一些州和城市为有效开展环境治理而结成区域伙伴。在州级环境治理合作框架中，《区域温室气体倡议》（Regional Greenhouse Gas Initiative）最具有代表性。该协议于2005年由康涅狄格州、特拉华州（Delaware）、缅因州、马里兰州、马萨诸塞州、新罕布什尔州、纽约州、罗得岛州和佛蒙特州共同发起，是美国国内限制电力行业二氧化碳排放的首个强制性限额交易计划。③在城市之间的环境治理合作倡议中，比较重要的是《美国市长气候保护协议》（U. S. Mayors' Climate Protection Agreement）。该协议于2005年2月16日，即《京都议定书》生效日，由西雅图（Seattle）市长格雷斯·尼克斯（Greg Nickels）联合141个美国城市的市长发起。目前加入该协议的美国市长已达1060人。④

---

① "New England Governors/Eastern Canadian Premiers Climate Change Action Plan", Tufts University, http://sustainability.tufts.edu/new-england-governors-eastern-canadian-premiers-climate-change-action-plan/，登录时间：2018年1月20日。《区域气候行动计划》规定的减排目标是，短期目标：到2010年，将区域温室气体排放量减少到1990年的水平；中期目标：到2020年，将区域温室气体排放量在1990年水平上至少降低10%，并于2005年开始五年规划以适时调整目标；长期目标：充分减少区域温室气体排放以消除对大气的危害；按照科学要求，在目前水平上减排75%—85%。参见"New England Governors/Eastern Canadian Premiers Regional Climate Change Action Plan", *State of New Hampshire*, https://www.des.nh.gov/organization/divisions/air/tsb/tps/climate/neg_ecp_plan.htm，登录时间：2018年1月20日。

② 此数字由笔者根据相关资料统计得出。参见"ICLEI Members in the USA", ICLEI, http://www.iclei.org/pt/membros/ratesfees11.html，登录时间：2018年1月21日。

③ "Regional Greenhouse Gas Initiative (RGGI)", Center for Climate and Energy Solutions, https://www.c2es.org/content/regional-greenhouse-gas-initiative-rggi/，登录时间：2018年1月21日。

④ "Mayors Climate Protection Center", The United States Conference of Mayors, https://www.usmayors.org/mayors-climate-protection-center/，登录时间：2018年1月21日。

第四，支持全球环境治理的态度坚定。

尽管特朗普政府在环境问题上的立场十分消极，但是美国国内有许多州和城市依然坚定支持全球环境治理。2017年1月20日，在特朗普（Donald Trump）上任当天，加州更新了减排目标。加州的新方案被称为"北美地区最宏大减排计划，即到2030年在1990年的水平上将温室气体排放量减少40%"①。2017年8月28日，新英格兰州长和东加拿大省长会议决定更新减排目标，计划"到2030年，将区域温室气体排放量减少到1990年水平以下至少35%—45%"②。在特朗普宣布美国退出《巴黎气候变化协定》之后，支持该协定的州组建了美国气候联盟（U.S. Climate Alliance），决定继续按照《巴黎气候变化协定》已指明的环境治理目标前进。

（二）对美国跨国银行参与全球环境治理的有益推动

美国国内州和城市支持全球环境治理的积极态度对推动美国跨国银行参与全球环境治理具有重要意义。

第一，美国国内州和城市的积极环境政策为吸引美国跨国银行在本土投资创造了良好条件。

为鼓励私人资本参与清洁能源投资，"德克萨斯州州长曾于2006年10月2日宣布一份旨在通过公私合作倡议为风电项目投资100亿美元的《主要能源多元计划》（Major Energy Diversification Plan）"③。在州政府的支持下，德州以风电为主的清洁能源市场发展得十分繁荣。加利福尼亚州大力发展清洁能源的政策调动了美国银行业的投资热情。2011年，花旗集团与谷歌（Google）向位于加

---

① "The 2017 Climate Change Scoping Plan Update" [PDF], California Air Resources Board, January 20, 2017, https://www.arb.ca.gov/cc/scopingplan/2030sp_pp_final.pdf, 登录时间：2018年1月20日。

② "2017 Update of the Regional Climate Change Action Plan-Building on Solid Foundation" [PDF], Coalition of Northeastern Governors, August 28, 2017, p.1, http://www.coneg.org/Data/Sites/1/media/documents/reports/2017-rccap-final.pdf, 登录时间：2018年1月20日。

③ United States, Dept. of Energy, *FutureGen Project: Environmental Impact Statement*, 2007, p.S-99.

州的美国最大也是世界第二大的风电项目"阿尔塔风能中心"（Alta Wind Energy Center）投资2.04亿美元。① 2015年，"花旗集团为太阳能源公司（SunPower）在加州的27.4亿美元项目太阳之星（Solar Star）融资"②。太阳之星"是世界最大规模公用太阳能项目"③。其他美国跨国银行，如高盛集团和摩根士丹利等也对加州清洁能源市场给予高度重视。④ 美国州和城市政府积极开发清洁能源的政策，有助于美国清洁能源市场的快速发展。美国本土是美国跨国银行全球投资最重要的市场。因此，美国国内州和城市大力发展清洁能源，能够有效推动美国跨国银行参与全球环境治理，使它们放弃不利于环境和可持续发展的投资选择。

第二，美国国内州和城市的积极环境政策有利于坚定美国跨国银行参与全球环境治理的信心。

特朗普政府退出《巴黎气候变化协定》之后，美国国内很多州和城市依然大力支持全球环境治理的态度和举措，有助于向美国跨国银行释放正确信号，使它们避免在联邦政府消极环境政策的干扰下作出误判。以加利福尼亚州为例，截至2017年3月，加州政府

---

① Toby Lewis, "Google, Citi breath ＄204m into Alta Wind", *Global Corporate Venturing*, 27 June 2011, http：//www.globalcorporateventuring.com/article.php/1905/google-citi-breathe-204m-into-alta-wind，登录时间：2018年1月21日。Tom Wadlow, "Top 10 onshore wind farms", Eergy Digital, Jan 05, 2017, http：//www.energydigital.com/top-10/top-10-onshore-wind-farms，登录时间：2018年1月21日。

② Maria Gallucci, "Citigroup Inc Unveils ＄100 Billion Climate Change Fund To Back Clean Energy And Resiliency Projects", *International Business Times*, Feb 18, 2015, http：//www.ibtimes.com/citigroup-inc-unveils-100-billion-climate-change-fund-back-clean-energy-resiliency-1820444，登录时间：2018年1月21日。

③ "Solar Star Projects", California Energy Commission, http：//www.energy.ca.gov/tour/solarstar/，登录时间：2018年1月21日。

④ 高盛集团拥有于2002年投产的加州风电项目"卡巴松风力伙伴"（Cabazon Wind Partners）50%的股份。参见"Cabazon Wind Partner", http：//www.energyjustice.net/map/displayfacility-69399.htm，登录时间：2018年1月21日。摩根士丹利曾于2014年预测，到2020年加州将完全实现"离网太阳能发电系统"，电价将降低至每小时10—12美分。参见Todd Olinsky-Paul, "Solar/Storage Threatens Utility Model, Says Morgan Stanley", Clean Energy Group, April 23, 2014, https：//www.cleanegroup.org/solar-storage-threatens-utility-model-says-morgan-stanley/，登录时间：2018年1月23日。

"已为实施温室气体减排计划和项目拨款近34亿美元"①。然而，"为实现减排计划设定的2030年目标，加州还决定继续增加对清洁能源的拨款"②。另外一个有利于坚定美国跨国银行参与全球环境治理信心的重要信号是，截至2017年9月20日，"美国气候联盟成员数目突破15。这些成员代表了美国总人口的36%，GDP总量的41%（7.6万亿美元）。其实力足以成为世界第三大经济体"③。尽管由于联邦政府的决定使美国作为一个整体退出了《巴黎气候变化协定》，但是美国国内州和城市拥护全球环境治理的积极态度，有利于引导美国跨国银行参与全球环境治理。

总之，美国国内州和城市支持全球环境治理的积极态度对美国跨国银行而言是重要的市场信号。从近期美国跨国银行在清洁能源市场投资的情况来看，其参与全球环境治理的势头并未消减。高盛集团于2017年6月13日与NextEra能源公司签署协议"在宾夕法尼亚州（Pennsylvania）投资和开发一处68兆瓦风力发电项目。该项目每年可减少20万吨以上温室气体排放"④；2017年7月底，摩根大通宣布了一份全球金融机构最大清洁能源融资计划，即"在

---

① "2017 California Climate Investments Annual Report"［PDF］, Air Resources Board, p. i, https: //www. arb. ca. gov/cc/capandtrade/auctionproceeds/cci_annual_report_2017. pdf, 登录时间: 2018年1月21日。

② Stanley Young & Dave Clegern, "California issues proposed plan to achieve groundbreaking 2030 climate goals", California Air Resources Board, https: //www. arb. ca. gov/newsrel/newsrelease. php?id=891, 登录时间: 2018年1月21日。

③ "Governor Cuomo and U. S. Climate Alliance Announce States are on Track to Meet or Exceed Targets of Paris Climate Agreement", New York State Energy Research and Development Authority, September 20, 2017, https: //www. nyserda. ny. gov/About/Newsroom/2017 - Announcements/2017 - 09 - 20 - Climate - Alliance - States - on - Track - to - Meet - or - Exceed - Paris - Climate - Agreement, 登录时间: 2018年1月21日。

④ "Goldman Sachs to Power Up With 100% Renewables", Environment News Service, June 13, 2017, http: //ens-newswire. com/2017/06/13/goldman-sachs-to-power-up-with-100-renewables/, 登录时间: 2018年1月21日。

2025 年之前为清洁能源融资 2000 亿美元"①。美国国内州和城市支持全球环境治理,有利于确保美国在退出《巴黎气候变化协定》之后不会过度偏离全球环境治理共识,从而也对美国跨国银行参与全球环境治理产生积极影响。

三 美国国内清洁能源技术和市场的良好发展态势

美国在清洁能源技术研发和应用方面始终处于世界领先地位。自 21 世纪初以来,美国国内清洁能源投资市场一直保持着健康发展的良好态势。美国国内清洁能源技术和市场的繁荣有利于推动美国跨国银行参与全球环境治理。

(一)美国国内清洁能源技术和市场优势

第一,美国是清洁能源技术创新强国。

首先,美国长期保持在清洁能源技术研发领域的世界领先地位。以太阳能技术为例,历史上许多具有里程碑意义的太阳能技术重大突破都发生在美国。例如,1954 年,光伏发电技术诞生于美国。达理·乔宾(Daryl Chapin)等美国科学家在贝尔实验室(Bell Labs)生产出第一块可用于电器日常使用的太阳能电池。1973 年,美国特拉华大学(University of Delaware)建成世界第一个光伏发电住宅——"太阳一号"(Solar One)。1976 年,美国 RCA 实验室科学家制造出世界第一块非晶硅光伏电池。1982 年,在美国加州建成的世界首个"兆瓦级"光伏电站正式并网发电。2001 年,位于美国夏威夷的全球最大混合电力系统并网投运。②

其次,美国清洁能源技术进步的速度异常迅猛。以美国民用太阳能装置安装速度的变化情况为例,2013 年,在美国每四分钟可安

---

① John Manning, "Banking and Clean Energy: A Blossoming Friendship", International Banker, October 11, 2017, https://internationalbanker.com/banking/banking-clean-energy-blossoming-friendship/,登录时间:2018 年 1 月 21 日。

② "The History of Solar", U. S. Department of Energy, https://www1.eere.energy.gov/solar/pdfs/solar_timeline.pdf,登录时间:2018 年 1 月 22 日。

装一个太阳能装置。然而，根据绿色技术媒体研究所（GTM Research）的数据，2014年美国太阳能行业平均2.5分钟就能完成一个太阳能装置的安装。这一安装速度比2001年（578分钟）提高了231.2倍。①

第二，美国国内清洁能源技术的进步一方面得益于有充足的资金作为保障，另一方面也促进了美国国内清洁能源市场投资的繁荣。

自2004年以来，美国国内清洁能源市场投资呈现出总体上升的良好发展态势（参见图2—2）。2016年第四季度，美国国内清洁能源领域的投资额达到118亿美元，比2004年同期高出6倍多。

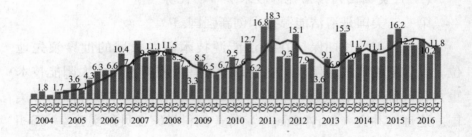

图2—2　美国清洁能源市场投资发展态势（十亿美元）②

（二）促进美国跨国银行积极参与清洁能源投资

美国清洁能源技术在全球范围内所具有的领先优势，为美国跨国银行积极参与清洁能源市场投资创造了有利条件。

---

① Stephen Lacey, "A Solar System Is Installed in America Every 2.5 Minutes", Greentech Media, January 25, 2015, https://www.greentechmedia.com/articles/read/a-solar-system-is-installed-in-america-every-2-5-minutes#gs.3OFGhog, 登录时间：2018年1月22日。

② "Global trends in clean energy investment" [PDF], Bloomberg New Energy Finance, 12 January, 2017, p. 17, https://data.bloomberglp.com/bnef/sites/14/2017/01/BNEF-Clean-energy-investment-Q4-2016-factpack.pdf?elqTrackId=58d5a60c90ec43d0a57a88a12bcde9cc&elq=ded66877926c48248bbb3981e5e42aa0&elqaid=6150&elqat=1&elqCampaignId=，登录时间：2017年3月20日。

第一，美国国内清洁能源市场可充分吸收美国跨国银行投资。

从清洁能源领域最为重要的风能和太阳能发展情况来看，美国的地位在全球举足轻重，并且未来美国清洁能源市场走势看好。风能方面，"世界上十个最大的风电场中有八个在美国运营，而且其中五个位于美国德克萨斯州"①。太阳能方面，根据2017年第四季度的《美国太阳能市场洞察》报告数据，"预计未来五年美国光伏发电总装机容量将增加一倍以上。到2022年，每年将新增15吉瓦光伏发电容量"②。因此，美国国内清洁能源市场的雄厚实力以及良好的预期发展态势，有利于推动美国跨国银行积极投资本土市场。例如，美国德克萨斯州凭借其全球领先地位的风电场项目吸引了美国跨国银行积极参与投资。其中比较典型的投资案例包括：2017年2月，摩根大通与通用电气能源金融服务公司（GE Energy Financial Services）向位于美国德州的世界第五大风电场"摩羯座山脊"投资2.25亿美元；③ 2017年5月，花旗集团与伯克希尔·哈撒韦能源公司（Berkshire Hathaway Energy）向总成本2.5亿美元的德州"响尾蛇风电项目"（Rattlesnake Wind Project）提供融资。④

第二，美国清洁能源技术优势为美国跨国银行的全球投资创造

---

① Praveen Duddu, "Top 10 biggest wind farms", Power Technology, 29 September, 2013, http://www.power-technology.com/features/feature-biggest-wind-farms-in-the-world-texas/，登录时间：2018年1月22日。位于德克萨斯州的五个重要风电场包括：世界第三大的罗斯科风电场（Roscoe Wind Farm）、世界第四大的马谷风电中心（Horse Hollow Wind Energy Center）、世界第五大的摩羯座山脊风电场（Capricorn Ridge Wind Farm）、世界第九大的甜水风电场（Sweetwater Wind Farm）、世界第十大的布法罗家普风电场（Buffalo Gap Wind Farm）。

② "U. S. Solar Market Insight: Executive Summary" [PDF], GTM Research, Q4 2017, p. 5, http://storage.pardot.com/264512/43462/US_Solar_Market_Insight_ _ _Q4_2017_ _ _ES.pdf，登录时间：2018年1月22日。

③ Kari Williamson, "GE and JP Morgan invest US $ 225m in Texas wind farm", renewable energy foucus. com, 28 February, 2012, http://www.renewableenergyfocus.com/view/24158/ge-and-jp-morgan-invest-us-225m-in-texas-wind-farm/，登录时间：2018年1月23日。

④ Michelle Froese, "Goldwind secures financing for 160-MW Rattlesnake wind project in Texas", Windpower Engineering & Development, May 2, 2017, https://www.windpowerengineering.com/business-news-projects/goldwind-secures-financing-160-mw-rattlesnake-wind-project-texas/，登录时间：2018年1月23日。

了有利条件。

在地热、风能、太阳能、水电等清洁能源领域，美国均具有重要出口优势。美国的可再生能源发电能力总体水平位居世界第二，水力和风能发电工业体系已发展成熟，水电装机容量居世界第三，地热发电能力远远领先世界其他国家。美国清洁能源技术出口的主要市场包括拉丁美洲、北美、西欧、日本、中国、印度等国家和地区。[1] 美国跨国银行是美国清洁能源技术出口的重要投资方。例如，美国跨国银行积极响应"电力非洲计划"（Power Africa）[2]，参与美国清洁能源技术和市场的海外投资。2014年8月，花旗集团承诺为"电力非洲计划"提供25亿美元增量资本；并且，花旗还将利用在可再生能源领域的融资专长，帮助市场采用和实施配套技术。[3] 高盛集团表示，"将致力于为电力非洲计划提供战略建议。凭借其在投融资领域的专业知识，高盛集团将协助美国政府和其他伙伴制定和实施创新性的方案，以解决制约该地区电力项目融资的关键因素"[4]。摩根大通等其他美国跨国银行也将"撒哈拉以南非洲视为一个发展中的市场，认为那里是金融界中最前沿和最复杂的市场之

---

[1] "U. S. Renewable Energy Exports", Mylo Trade, 18 April 2016, http://www.mylotrade.com/u-s-renewable-energy-exports.html, 登录时间：2018年1月23日。美国地热技术出口市场主要为拉丁美洲，如墨西哥。美国水电技术出口市场主要为加拿大和印度。美国太阳能技术出口市场主要为日本以及加拿大、智利、墨西哥、萨尔瓦多和厄瓜多尔等西半球国家。美国风力发电技术出口市场主要为加拿大、墨西哥、巴西、乌拉圭和中国。

[2] "电力非洲计划"由美国时任总统奥巴马于2013年6月30日提出。该倡议最初目标是使撒哈拉以南非洲用电人数增加一倍。为实施"电力非洲计划"，美国政府鼓励私人资本部门承诺初始投资90亿美元。参见"Fact Sheet: Power Africa", the White House, June 30, 2013, https://obamawhitehouse.archives.gov/the-press-office/2013/06/30/fact-sheet-power-africa, 登录时间：2017年8月23日。2015年7月25日，在参观于内罗毕举办的电力非洲创新博览会期间，奥巴马总统指出，"非洲国家有机会摆脱对化石燃料和其他类型污染能源的依赖，而直接进入清洁和可再生能源时代"。参见Chisanga Puta-Chekwe, *Cobra In The Boat*, Adonis & Abbey Publishers Ltd, 2017, pp. 79 – 80.

[3] "CITI to Source \$2.5 Billion to 'Power Africa'", CITI, August 5, 2014, http://www.citigroup.com/citi/news/2014/140805b.htm, 登录时间：2017年8月25日。

[4] "Private Sector Partners", USAID, https://www.usaid.gov/powerafrica/privatesector, 登录时间：2017年8月23日。

一,有着显著的增长机会"①。

总之,美国国内清洁能源技术和市场的良好发展态势对推动美国跨国银行参与全球环境治理起到了重要作用。美国清洁能源技术的领先优势,带动了美国本土清洁能源市场投资的发展,也促进了美国跨国银行的海外投资,从而,为美国跨国银行参与全球环境治理创造了重要市场商机。

四 美国国内公民社会的强大影响力

美国国内公民社会力量对促进美国跨国银行参与全球环境治理有重要作用。

第一,美国国内社会主流民意承认有关全球环境问题的科学结论,拥护全球环境治理政治共识,并且支持开发可再生能源。

首先,对于全球变暖及其是由人类活动所引起的科学论断,多数美国人持认同态度。2016年,美国耶鲁大学气候变化交流项目通过研发耶鲁气候观点地图(Yale Climate Opinion Maps)对大选之后的全美代表性调查结果进行分析发现,71%的美国人相信科学家关于全球变暖的论断,持强烈或略有怀疑态度的仅占26%;不仅在民主党的传统阵地,如加利福尼亚(75%)、纽约(77%)或华盛顿(73%)等州多数民众坚信气候变化的真实性,而且忠于共和党的各州情况也大致相同,如德克萨斯(69%)或佛罗里达(70%)。总体看来,美国各州中否定气候变化的人数连40%都不到。进一步调查的数据还显示,53%的美国人认为全球变暖是由人类活动引起的,仅有32%的人认为是自然变化。更为重要的调查结果是,美国民众中支持开发可再生能源的占82%,赞同对二氧化碳污染物排放进行管制的占75%,主张严格限制燃煤电厂二氧化碳排放的

---

① "Life in Johannesburg", JP Morgan Chase & Co., https://careers.jpmorgan.com/careers/locations/johannesburg, 登录时间:2017年8月27日。

占 69%。①

其次，支持《巴黎气候变化协定》的民意在美国占主流。耶鲁大学的调查结果发现，"十名登记选民中就有七人（69%）认为美国应该参与《巴黎气候变化协定》，而认为美国不应该参与的只有 13%。大多数民主党人（86%）和独立派人士（61%），以及过半数的共和党人（51%）也认为美国应该参与（其中包括 73% 的温和派/自由派共和党人）。保守派共和党人出现分裂，赞成美国应该参与的人数（40%）比不赞成的人数稍多（34%）。支持特朗普的选民中近半数（47%）认为美国应该参与《巴黎气候变化协定》，而认为美国不应该参与的只有 28%"②。

再次，美国国内社会绝大多数民众支持开发可再生能源。根据 2016 年 9 月由美国乔治·梅森大学（George Mason University）与耶鲁大学公布的调查报告《政治与全球变暖》（Political & Global Warming），有 83% 的已登记美国选民支持将美国的公共土地用于可再生能源发电（风能和太阳能），其中包括民主党人（87%）、共和党人（79%）和独立派人士（76%）。相反，支持在美国公共土地上勘探和开采化石燃料（煤、石油和天然气）的登记选民仅占 47%。除了保守派共和党中支持两种政策的人各占一半外，所有政治小群体都支持利用公共土地开发可再生能源，而非开采化石燃料。③

---

① Anusuya Datta, "Maps show 70% of Americans support US as part of Paris Climate Deal", Geospatial World, June 1, 2017, https://www.geospatialworld.net/blogs/maps-show-70-of-americans-support-us-as-part-of-paris-climate-deal/，登录时间：2017 年 8 月 7 日。

② Jennifer Marlon, Eric Fine & Anthony Leiserowitz, "Majorities of Americans in Every State Support Participation in the Paris Agreement", Climate Change Communication, May 8, 2017, http://climatecommunication.yale.edu/publications/paris_agreement_by_state/，登录时间：2017 年 8 月 7 日。

③ Anthony Leiserowitz, Edward Maibach, Connie Roser-Renouf, Seth Rosenthal & Matthew Cutler, "Politics & Global Warming" [PDF], Yale Program on Climate Change Communication & George Mason University Center for Climate Change Communication, November 2016, p. 15, http://climatechangecommunication.org/wp-content/uploads/2016/12/Global-Warming-Policy-Politics-November-2016.pdf，登录时间：2017 年 8 月 8 日。

最后，美国国内社会多数民众已经充分认识到全球环境治理的重要意义。特别值得注意的是，尽管特朗普政府拒绝承认有关气候变化的科学结论并使美国退出了具有历史意义的《巴黎气候变化协定》，但是大多数美国民众却支持这份全球性政治议程。在反对特朗普消极环境政策的阵营中自然不乏那些具有进步意识的美国政界人士和华尔街精英。美国国内公民社会普遍支持全球环境治理的主流民意是美国跨国银行所无法忽视的重要市场信号。

第二，美国国内环境非政府组织具有强大影响力，并且在环境保护运动中富有斗争精神。

首先，美国国内环境非政府组织的作用值得充分肯定。根据美国政府于2017年的最新统计结果，"在美国大约有150万个非政府组织"[1]。这些非政府组织不仅在美国国内发挥影响，而且有的还成长为在全球具有重要影响力的国际非政府组织[2]。自20世纪60年代以来，环境非政府组织在美国国内环境保护运动中发挥了关键性作用。有学者指出，"美国环境保护成功的重要经验就是两条：一是以非政府组织为核心的公众参与，二是法制"[3]。美国国内环境非政府组织在推动美国跨国银行参与全球环境治理方面所起的作用十分重要。例如，在环境非政府组织发起公众批评运动的秘鲁卡米塞阿项目融资案例中，雨林行动网络等美国环境非政府组织成功迫使花旗集团等金融机构停止为该项目投资。美国国内环境非政府组织的施压和监督，是美国跨国银行加入"赤道原则"并且不断提升环境风险管理标准的重要原因。

---

[1] "Non-Government Organizations (NGOs) in the United States", Bureau of Democracy, Human Rights, and Labor, January 20, 2017, https://www.state.gov/j/drl/rls/fs/2017/266904.htm, 登录时间：2018年1月24日。

[2] 以美国为母国的国际非政府组织增长迅速。在美国国际开发署注册的美国国际非政府组织数量从1961年的57个增长到2004年的531个，年均增长率为7%。参见 Eric Werker & Faisal Z. Ahmed, "What do Nongovernment Organizations Do?" *Journal of Economic Perspectives*, Volume 22, Number 2, Spring 2008, p. 82.

[3] 郑杭生：《中国人民大学中国社会发展研究报告——走向更讲治理的社会：社会建设与社会管理》，中国人民大学出版社2006年版，第230页。

其次，美国国内环境非政府组织在环境保护运动中富有斗争精神。值得肯定的是，美国国内环境非政府组织对美国跨国银行的施压和监督始终没有间断，而且从未因挫折而妥协。例如，在达科他输油管道①（Dakota Access Pipeline）项目案例中，美国国内环境非政府组织同为该项目融资的美国跨国银行进行了长期斗争。2016年，环境非政府组织发起一万多人参与的营地运动，成功迫使奥巴马政府停止该输油管道建设。②特朗普就任总统后重启了达科他输油管道项目。花旗集团等13家美国跨国银行参与了该项目融资。③由于"花旗银行在达科他输油管道项目融资中占有最大份额（9.4%）"④，所以花旗集团受到的批评最为严重。2016年12月15日，印第安土著领袖、艺术家、音乐家、娱乐界名流和环保分子等反对达科他输油管道的公民社会团体在花旗集团纽约总部举行集会抗议。⑤环境非政府

---

① 达科他输油管道从巴肯页岩盆地出发，横贯南达科他州、北达科他州、爱荷华州和伊利诺斯州，全长1170多英里，价值约38亿美元，预计每日可运输原油450000桶。但由于该管道途经印地安人保留地并穿过密苏里河，所以环境危害严重。参见 Kevin Sullivan, "Voices from Standing Rock", *The Washington Post*, December 2, 2016, http：//www.washingtonpost.com/sf/national/2016/12/02/voices-from-standing-rock/? utm_term = .2e0c50a545b5，登录时间：2017年7月19日。Zoltn Grossman, *Unlikely Alliances*：*Native Nations and White Communities Join to Defend Rural Lands*, University of Washington Press, 2017, p. 188.

② Fred Magdoff & Chris Williams, *Creating an Ecological Society*：*Toward a Revolutionary Transformation*, NYU Press, 2017, p. 314.

③ 花旗集团在为达科他输油管道项目融资的35家跨国银行中出资最多，约5.22亿美元。13家美国跨国银行的融资总额约为37.4亿美元，约占达科他输油管道项目融资总额的36.45%。参见 Jo Miles & Hugh MacMillan, "Who's Banking on the Dakota Access Pipeline?", *Food & Water Watch*, 9 June, 2016, https：//www.foodandwaterwatch.org/news/who%27s-banking-dakota-access-pipeline，登录时间：2017年7月25日。

④ Perry Wheeler, "Activists Worldwide Close Accounts, Demand Citibank Halt and Rescind Dakota Access Pipeline Loans", Greenpeace, http：//www.greenpeace.org/usa/news/activists-worldwide-close-accounts-demand-citibank-halt-and-rescind-dakota-access-pipeline-loans/，登录时间：2017年7月25日。

⑤ Yuka Yoneda, "Dakota Access Pipeline protesters to rally at CitiGroup headquarters in NYC today", Inhabitat, 12/15/2016, http：//inhabit.com/nyc/dakota-access-pipeline-protesters-to-rally-at-citigroup-headquarters-in-nyc-today/，登录时间：2017年7月26日。

组织雨林行动网络批评"花旗集团在引领该项目融资方面的作用,直接违背了它曾对土著权利、人权和气候变化作出的承诺"①;并且"这项数十亿美元的新输油管道交易与《巴黎气候变化协定》直接对立"②。虽然花旗集团拒绝了公民社会提出的有关停止投资达科他输油管道项目的要求③,但是环境非政府组织却始终未放弃斗争。截至 2017 年 4 月,已有六家跨国银行在环境非政府组织的压力下决定退出达科他输油管道项目融资。④ 2017 年 6 月 13 日,雨林行动网络执行主任林赛·艾伦(Lindsey Allen)在《金融时报》上刊文再次强烈谴责为达科他输油管道等污染环境的石油项目融资的银行。⑤美国国内环境非政府组织坚持对美国跨国银行施加环境责任压力,对推动美国跨国银行参与全球环境治理起到了重要作用。

---

① Christopher J. Herrera & Amanda Starbuck, "RAN Statement on Citigroup's Leading Role in Financing Dakota Access Pipeline" [PDF], Rainforest Action Network, November 7, 2016, p. 1, https://d3n8a8pro7vhmx.cloudfront.net/rainforestactionnetwork/pages/17071/attachments/original/1478543033/11.07.16-RANStatementonCitiRoleinDAPL.pdf?1478543033, 登录时间: 2017 年 7 月 27 日。

② Blair FitzGibbon, "RAN Statement on Citigroup's Leading Role in Financing Dakota Access Pipeline", Common Dreams, November 7, 2016, https://www.commondreams.org/newswire/2016/11/07/ran-statement-citigroups-leading-role-financing-dakota-access-pipeline, 登录时间: 2017 年 7 月 27 日。

③ 花旗集团的理由是"已经签订了贷款合同,无法单方面终止"。Citigroup, "Letter to our Stakeholders Regarding the Dakota Access Pipeline", CITI, January 30, 2017, https://blog.citigroup.com/2017/01/letter-to-our-stakeholders-regarding-the-dakota-access-pipeline/, 登录时间: 2017 年 7 月 26 日。

④ 决定退出的六家跨国银行:荷兰银行、荷兰国际集团、巴伐利亚银行、北欧银行、挪威银行、法国巴黎银行。Johan Frijns, "Dakota Access Pipeline United States" [PDF], Bank Track, Nov 21, 2017, p. 2, https://www.banktrack.org/project/dakota_access_pipeline/pdf, 登录时间: 2018 年 1 月 24 日。

⑤ Lindsey Allen, "Banks must stop funding dirty oil", *Financial Times*, June 13, 2017, https://www.ft.com/content/9948b070-4f7e-11e7-a1f2-db19572361bb, 登录时间: 2018 年 1 月 24 日。

第三节　从公司层次分析美国跨国银行参与全球环境治理的原因

本书认为，从公司层次来看，主要有以下原因促使美国跨国银行参与全球环境治理。

一　美国跨国银行应对环境风险与市场机遇的内在要求

美国跨国银行已经清楚认识到全球环境问题对于影响其可持续经营发展的重要意义。在众多环境问题中，气候变化的严峻性表现得格外突出。尤其是"最近几年，国际社会对全球气候变化议题的重视程度已经远远超出其他全球环境问题。相比之下，气候变化不仅更多地吸引了科学家和媒体的关注，造成了激烈的政策争论，还调动了公众积极参与的热情"[1]。气候变化等全球环境问题已经成为现阶段美国跨国银行无法忽视的重要问题。鉴于气候变化的重要性，本节以美国跨国银行应对气候变化问题所引发的环境风险与市场机遇作为研究重点。

在金融领域，"气候变化带来与监管挑战、市场动态变化、天气模式改变以及声誉管理等相关的风险和机遇"[2]。当前，"全球银行业正处于由于气候变化需要作出艰难抉择的十字路口。例如，2016年11月生效的《巴黎气候变化协定》加剧了诸如'搁浅资产'（stranded assets）等风险的严峻性，提供了朝低碳经济转型而融资的市场机遇。银行业的短期和长期发展都将受到气候变化的影响"[3]。因此，从公司层次来看，试图规避气候变化等环境风险并积

---

[1] Frances Harris, *Global Environmental Issues*, John Wiley & Sons, Jan 30, 2012, p. 65.
[2] Iveta Cherneva, *The Business Case for Sustainable Finance*, Routledge, 2012, p. 140.
[3] "On Borrowed Time: Banks & Climate Finance" [PDF], Boston Common Asset Management, Update Report 2017, p. 1, http://news.bostoncommonasset.com/wp-content/uploads/2017/01/Update-Report-On-Borrowed-Time-Banks-Climate-Change.pdf, 登录时间：2017年4月27日。

极寻找全球环境治理所带来的潜在市场机遇必然成为美国跨国银行的合理选择。2017年6月，金融稳定委员会①下属机构"气候相关财务披露专门工作组"②将金融机构所面临的与气候变化相关的环境风险与市场机遇进行了详细分类（参见表2—5）。

表2—5　　　　　　与气候变化相关的环境风险与市场机遇③

	风险	机遇
	政策与法律	资源效率
转型风险	增加温室气体排放定价 增强排放报告义务 对现有产品和服务的授权和管制 诉讼	使用更高效的运输方式 使用更高效的生产和分配程序 循环利用 向更高效建筑转型

---

①　金融稳定委员会（Financial Stability Board）成立于2009年4月，其前身是由七国集团财长和中央银行行长于1999年成立的金融稳定论坛（Financial Stability Forum）。2009年9月25日，二十国集团国家元首和政府首脑签署了金融稳定委员会的原始章程。金融稳定委员会担负着促进国际金融监管改革的重任。参见"Our History", Financial Stability Board, http：//www.fsb.org/about/history/，登录时间：2017年8月8日。

②　2015年12月4日，为响应二十国集团财长和中央银行行长提出的关于"召集公共和私人部门评估金融机构如何应对气候相关问题"的要求，金融稳定委员会成立了"气候相关财务披露专门工作组"（TCFD）。该工作组由迈克尔·布隆伯格（Michael R. Bloomberg）主持，旨在对公司披露提出建议，从而帮助金融市场参与者了解与气候变化相关的风险和市场机遇。参见Joe Perry, "FSB to establish Task Force on Climate-related Financial Disclosures"［PDF］, *Financial Stability Board*, 4 December 2015, pp.1-2, http：//www.fsb.org/wp-content/uploads/Climate-change-task-force-press-release.pdf, 登录时间：2017年8月8日。

③　此表为笔者根据相关资料整理、统计。参见"Final TCFD Recommendations Report Summary Presentation, June 2017"［PDF］, Task Force On Climate-Related Financial Disclosures, June 2017, p.16, https://www.fsb-tcfd.org/wp-content/uploads/2017/06/TCFD-Recommendations-Overview-062717.pdf, 登录时间：2017年8月6日。

续表

风险		机遇	
转型风险	技术	能源	
	现有产品和服务的低排放替代品 新技术投资失败 低排放技术转型成本	使用低排放能源 使用新技术 参与碳交易市场 向分布式能源发电转型	
	市场	产品和服务	
	改变客户行为 市场信号的不确定性 原材料成本增加	开发和扩大低排放商品和服务 开发气候适应与保险解决方案 创新和研发新产品或服务	
	声誉	市场	
	消费者偏好变化 部门污名化 利益相关者担忧或负反馈增加	进入新市场 使用公共部门激励机制 保险责任覆盖的新资产和市场	
自然风险	急性	恢复力	
	飓风和洪水等极端天气事件	参与可再生能源项目 采用能源效率措施 资源替代品/多元化	
	长期		
	降水模式变化和天气模式极端变异		

（一）风险

马克·卡尼①在 2015 年 9 月的重要演讲《打破地平线的悲剧——气候变化与金融稳定》中指出，"金融机构将越来越多地面

---

① 马克·卡尼（Mark Carney），经济学家，现任英格兰银行行长、金融稳定委员会（FSB）主席、欧洲系统风险理事会（European Systemic Risk Board）第一副主席等。参见 "Mark Carney-Governor, Bank of England", Bank of England, http://www.bankofengland.co.uk/about/Pages/people/biographies/carney.aspx，登录时间：2017 年 8 月 9 日。

对与气候变化相关的风险,即与气候相关的自然、转型和诉讼风险"①。这些风险主要表现出以下特点。

第一,对于美国跨国银行而言,气候变化风险可能造成的损失是极其严重的。其中比较典型的例子是"搁浅资产"和"碳泡沫"。

首先,以"搁浅资产"为例,气候变化主要从三个方面导致银行的严重损失:"(1)政府出台的有关限制化石燃料使用的新规定(例如,碳排放定价);(2)可再生能源市场的蓬勃发展(例如,消费者需求增加和能源成本降低等原因所致);(3)法律诉讼。"②根据科学期刊《自然》公布的对气候变化研究的最新成果,"为了达到《巴黎气候变化协定》设定的2℃目标,在2010—2050年,全球石油储量的三分之一、天然气储量的一半,以及现阶段煤炭储量的80%以上都将成为无法使用的'搁浅资产'"③。

其次,气候变化可能造成银行严重的投资资产估值损失,即"碳泡沫"(Carbon Bubble)。"碳泡沫"是指"与化石燃料能源生产有关的公司存在的估值泡沫,主要是将造成全球变暖的二氧化碳排放成本排除在公司的股市估值之外所引起的"④。传统能源部门利润回报丰厚,因此吸引了银行将其作为主要投资对象。但是,如果全球切实履行巴黎气候变化大会设定的控制升温目标,那么传统能

---

① Morgane Nicol & Ian Cochran, "How could financial institutions manage their exposure to climate risks?"[PDF], Institute For Climate Economics, April 2017, p. 2, https://www.i4ce.org/wp-core/wp-content/uploads/2017/04/17-04-I4CE-Climate-Brief-45-%E2%80%93-Manage-exposure-to-climate-risks.pdf,登录时间:2017年8月9日。

② Sini Matikainen, "How could assets become stranded?", The London School of Economics and Political Science & Grantham Research Institute on Climate Change and the Environment, 23 August, 2016, http://www.lse.ac.uk/GranthamInstitute/faqs/what-are-stranded-assets/,登录时间:2017年4月30日。

③ Christophe McGlade & Paul Ekins, "The geographical distribution of fossil fuels unused when limiting global warming to 2℃", Nature, Volume 517, Issue 7533, 08 January 2015, pp. 187–190, http://www.nature.com/nature/journal/v517/n7533/full/nature14016.html#access,登录时间:2017年4月30日。

④ Fredrick Kennard & Addison Hanne, Boom & Bust: A Look at Economic Bubbles, Lulu.com, 2015, p. 208.

源部门则必然要作出"牺牲",而银行在化石燃料领域的巨额投资也将变为高风险的"碳泡沫"。例如,弗兰西斯·魏兹格(Francis Weyzig)等学者在分析了欧洲 20 家顶级银行的基础上,认为"2012 年底,欧盟银行业拥有的高碳资产值为 4600 亿欧元至 4800 亿欧元"①。在全球化石燃料领域拥有大量投资利益的美国跨国银行自然也难逃"碳泡沫"风险的威胁。例如,发生在 2010 年的英国石油公司(BP)溢油事件导致美国投资者在该公司 38% 的股份面临"碳泡沫"风险。②

第二,在与气候变化相关的转型风险中,气候政策风险尤为引起美国跨国银行的高度警觉。

首先,气候政策风险主要是由气候政策变化的不确定性所引起的。"围绕气候变化的政策行动一直在持续发展。它们的目标一般分为两类,即试图限制给气候变化带来不良影响的政策行动或促进适应气候变化的政策行动。一些例子包括,实施碳定价机制减少温室气体排放、向使用低排放能源过渡、采用节能方案、鼓励提高用水效率的措施,以及促进更可持续的土地使用方法"③ 等。"由于气候政策是一个主要的经济驱动因素,所以气候政策风险对投资而言显得至关重要"④。

其次,从气候政策风险的角度可以理解包括美国跨国银行在内

---

① Francis Weyzig, Barbara Kuepper, Jan Willem van Gelder and Rens van Tilburg, "The Price of Doing Too Little Too Late: The Impact of the carbon bubble on the EU financial system" [PDF], Green European Foundation asbl and the Greens/EFA Group in the European Parliament, February 2014, p. 42, http://reinhardbuetikofer.eu/wp-content/uploads/2014/03/GND-Carbon-Bubble-web1.pdf, 登录时间:2017 年 4 月 30 日。

② Ben Caldecott & James Leaton, "Carbon bubble: Bank of England's opportunity to tackle market failure", The Guardian, 6 Feb. 2012, https://www.theguardian.com/environment/2012/feb/06/bank-of-england-market-carbon-bubble, 登录时间:2018 年 1 月 25 日。

③ Mark Carney, "Final TCFD Recommendations Report, June 2017" [PDF], Task Force On Climate-Related Financial Disclosures, June 15, 2017, p. 5, https://www.fsb-tcfd.org/wp-content/uploads/2017/06/FINAL-TCFD-Report-062817.pdf, 登录时间:2017 年 8 月 6 日。

④ William Blyth, Ming Yang, Richard Bradley & International Energy Agency, Climate Policy Uncertainty and Investment Risk, International Energy Agency, 2007, p. 16.

的众多美国大公司为何不希望特朗普退出《巴黎气候变化协定》。因为相对稳定的气候政策对投资有利，反之气候政策的不确定性越高则对投资越有害。

2008年，由于奥巴马政府"计划将可再生能源和能源效率作为政治优先事项，以及随后在美国长达数月的监管不确定性（特别是可能引入碳税①），一批燃煤发电厂项目被搁置。于是，金融部门在政治态度上也紧跟着作出重大转变。花旗集团、摩根大通、摩根士丹利共同制定了'碳原则'，用于指导它们如何向美国的主要电力公司提供贷款和建议"②。2016年，美国能源部成立了清洁能源投资中心，旨在"为私人部门构建桥梁以促进公私伙伴关系的发展，从而有利于推动（美国）国内创新并且维持美国在当今世界迅猛发展的全球能源技术竞争和市场中的领导地位"③。

然而，特朗普上台后改变了奥巴马（Barack Obama）的环境政策并退出《巴黎气候变化协定》。这些政策变化遭到美国大型石油公司的强烈反对。其中主要原因是"这些传统能源公司在《巴黎气候变化协定》中享有巨额经济利益。因为《巴黎气候变化协定》打击碳排放，支持比煤炭排放污染少得多的天然气。虽然埃克森美孚（Exxon）、英国石油公司和壳牌公司（Shell）被定性为石油企业，但实际上它们是大量依赖天然气赚钱的业务多元化的能源公司"④。特朗普退出《巴黎气候变化协定》，"将在美国引发更多原

---

① 碳税（carbon tax），是指化石燃料使用者为二氧化碳排放到大气中造成气候变化所支付的费用。"What's a carbon tax？", *Carbon Tax Center*, https：//www.carbontax.org/blog/archive-of-news-items/，登录时间：2017年3月29日。

② Rohan Boyle, *Global Trends in Sustainable Energy Investment 2008：Analysis of Trends and Issues in the Financing of Renewable Energy and Energy Efficiency*, UNEP/Earthprint, 2008, p. 8.

③ "U. S. Department of Energy's Clean Energy Investment Center", *Energy. Gov*, https：//energy.gov/technologytransitions/us-department-energys-clean-energy-investment-center，登录时间：2017年3月29日。

④ Matt Egan, "Why Big Oil wants Trump to stay in Paris climate deal", Cable News Network, April 18, 2017, http：//money.cnn.com/2017/04/18/investing/big-oil-paris-deal-trump/index.html，登录时间：2017年8月9日。

油钻探，并加剧全球能源供应过剩"①。在这种情况下，"石油和天然气生产商必然成为潜在输家。包括依欧格资源公司（EOG Resources INC.）、大陆能源公司（Continental Resources, Inc.）和先锋自然资源公司（Pioneer Natural Resources）在内的美国页岩气生产商，将受到由于特朗普政策所引发产量增加而造成油价长期走低的伤害"②。

特朗普在气候政策方面造成的不确定性会从根本上伤害美国跨国银行的利益。因为"银行通常处于一种尴尬境地。作为贷方，银行希望公司支付利息并能返还成本。为了实现这一目的，银行就不得不持续放贷以维持油井运作。但是，如果信贷限额是按照地下储备量来设定的，那么一旦能源价格崩溃，银行就会陷入危机"③。因此，2017年5月10日，美国银行、高盛集团、摩根大通和摩根士丹利等美国跨国银行高管在致特朗普的信中着重强调，"一个稳定和务实的框架最有助于我们的商业利益，从而为促进减少温室气体排放作出有效和平衡的反应。《巴黎气候变化协定》为我们安排了管理气候变化的灵活框架，而且为商业活动提供了一个平稳过渡"④。

（二）机遇

应对气候变化等全球环境问题对于美国跨国银行而言意味着潜在的市场投资利润回报，因为全球环境治理可以带动一批绿色产业

---

① Tom DiChristopher, "Oil drops on fears of more US drilling after climate deal withdrawal", Consumer News and Business Channel, 2 Jun 2017, https：//www.cnbc.com/2017/06/01/oil-prices-slide-nearly-1-percent-on-persistent-glut-concerns.html, 登录时间：2017年8月9日。

② Jason Hall, "Potential Winners and Losers From Trump's Paris Climate Accord Exit", The Motley Fool, May 31, 2017, https：//www.fool.com/investing/2017/05/31/potential-winners-and-losers-from-trumps-paris-cli.aspx, 登录时间：2017年8月9日。

③ Ben McLannahan & Alistair Gray, "Big US banks reveal oil price damage", *FinanciaIL Times*, January 16, 2016, https：//www.ft.com/content/bc7dca78-bb9e-11e5-a7cc-280dfe875e28, 登录时间：2017年8月9日。

④ "CEO open letter on Paris Agreement" [PDF], Cargill, May 10, 2017, https：//www.cargill.com/doc/1432087840652/ceo-open-letter-on-paris-agreement.pdf, 登录时间：2017年8月7日。

的发展。例如,"涉及可再生能源、能源效率和其他环境产品的'朝阳产业'将减缓气候变化视为一种商业机遇"①。根据剑桥可持续发展领导研究所于 2016 年公布的报告,"《巴黎气候变化协定》所产生的强大影响力将确保可再生能源等低碳项目的融资机会,并且从中长期来看,智能电网和储能技术将迅猛发展。过去十年内,在可再生能源领域的投资已经增长了 6 倍,从每年 450 亿美元到 2700 亿美元。例如,2014 年可再生能源发电容量的增加值占电力部门总容量增长的 48%。然而,为了达到升温幅度控制在 2℃ 以内的目标,美国银行—美林证券预测,到 2030 年可再生能源的投资额须增加到每年 9000 亿美元"②。

21 世纪初,美国出现新一轮能源投资热潮。③ 在美国跨国银行中,高盛集团和摩根士丹利是能源领域中的两家资深投资银行。④ 对于全球环境治理所带来的清洁能源市场机遇,这两家美国跨国银行都给予了高度重视。例如,"2005 年 11 月,高盛集团制定了环境政策框架"⑤。随后,高盛集团在清洁能源领域的投资显著增加。仅 2006 年高盛集团"在可再生能源领域的投资就达到 15 亿美元,

---

① Farhana Yamin & Joanna Depledge, *The International Climate Change Regime: A Guide to Rules, Institutions and Procedures*, Cambridge University Press, 2004, p. 52.

② Andrew Voysey, Eliot Whittington, Thomas Verhagen, James Stacey & Charles Allison, "The Paris Climate Agreement: Implications for international banks, institutional investors, private equity and insurers"[PDF], *University of Cambridge Institute For Sustanablity Leadership*, February 2016, p. 3, http://www.cisl.cam.ac.uk/publications/publication-pdfs/paris-climate-agreement-implications-for-international-banks.pdf, 登录时间:2017 年 8 月 6 日。

③ 2001 年,由于美国能源巨头安然公司(Enron)宣告破产以及加州电力危机,造成了投资者的巨额损失。在此数月之后,新的投资银行开始大量涌入能源领域,以填补真空。Simon Romero, "There Is Life After Enron: New Money Flows Into the Energy Trading Business", *The New York Times*, July 12, 2003, http://www.nytimes.com/2003/07/12/business/there-is-life-after-enron-new-money-flows-into-the-energy-trading-business.html, 登录时间:2017 年 3 月 24 日。

④ 21 世纪初,"几乎各种规模的投资银行都争先涌入能源行业,但是其中仅有高盛集团和摩根士丹利在该领域的存在时间超过二十年"。Peter C. Fusaro and Gary M. Vasey, *Energy and Environmental Hedge Funds: The New Investment Paradigm*, John Wiley & Sons, 2011, p. 2.

⑤ "Goldman Sachs Environmental Policy Framework", Goldman Sachs, http://www.goldmansachs.com/s/environmental-policy-framework/, 登录时间:2017 年 3 月 25 日。

超过了其最初承诺的 50%"①。在 2005—2015 的十年之内，高盛集团完成了"650 亿美元的清洁能源融资和投资"②。2015 年，高盛集团又推出了新的环境政策框架，宣布"计划投资 1500 亿美元用于清洁能源项目和技术，如太阳能和风力发电场、建筑以及电网基础设施的节能升级"③。自 2006 年至 2015 年，摩根士丹利"对清洁技术和可再生能源业务的投资超过了 610 亿美元"④。摩根士丹利预测，"到 2020 年，每年全球在清洁能源领域的收入可达到 5000 亿美元，到 2030 年将增至每年 1 万亿美元"⑤。摩根士丹利"尤其看好太阳能发电。预计太阳能在电力领域的市场份额可能从 2005 年的极低水平增长到 2030 年的 11.2%；而风电将从 0.9% 提升到 2030 年的 9.6%"⑥。其他美国跨国银行，如花旗集团参与清洁能源领域投资也大致始于 21 世纪早期。目前清洁能源已成为花旗集团可持续发展战略的核心。⑦ 2007 年 5 月 8 日，花旗集团宣布"为应对气候变化，将在未来 10 年内通过投资、融资和相关活动投资 500 亿美元，以支持替代能源和清洁技术在其服务的市场客户及自身业

---

① The Worldwatch Institute, *State of the World* 2008: *Innovations for a Sustainable Economy*, Island Press, 2015, p. XX.

② Hannah Furlong, "Goldman Sachs to Invest ＄150B in Clean Energy by 2025", Sustainable Brands, November 4, 2015, http://www.sustainablebrands.com/news_and_views/cleantech/hannah_furlong/goldman_sachs_invest_150b_clean_energy_2025, 登录时间: 2017 年 3 月 25 日。

③ Katie Fehrenbacher, "Goldman Sachs to invest ＄150 billion in clean energy", *Fortune*, Nov 02, 2015, http://fortune.com/2015/11/02/goldman-sachs-clean-energy/, 登录时间: 2017 年 3 月 24 日。

④ "Morgan Stanley Extends Commitment to Sustainable Investing with Its Inaugural Green Bond", Morgan Stanley, June 9, 2015, http://www.morganstanley.com/press-releases/0e12646f-4334-4152-a308-2ef86a3affe3, 2017 年 3 月 28 日。

⑤ David Bach and Hillary Rosner, *Go Green, Live Rich*: 50 *Simple Ways to Save the Earth and Get Rich Trying*, Crown Publishing Group, 2008, p. 138.

⑥ Jose Manuel Ribeiro, "＄1 trillion green market seen by 2030", Reuters, Oct 18, 2007, http://www.reuters.com/article/environment-energy-alternatives-morgan-d-idUSN1844905920071018, 登录时间: 2017 年 3 月 27 日。

⑦ "Sustainable Progress Citi's Five-Year Sustainability Strategy" [PDF], CITI, February 2015, p. 2, http://www.citigroup.com/citi/environment/data/Corporate_Sustainability_Strategy.pdf, 登录时间: 2017 年 3 月 23 日。

务运营中的商业化与增长"①。2013年底,花旗集团"提前三年超额完成目标,共投入538.5亿美元"②。2015年2月18日,花旗集团宣布了新一轮为期十年的1000亿美元倡议。"凭借这笔1000亿美元倡议,花旗集团将在可再生能源和能源效率融资领域取得领先地位。"③

总之,美国跨国银行参与全球环境治理与其充分认识并试图应对全球环境问题所引发的市场风险和机遇有重要关系。一方面,为了规避气候变化等环境风险,美国跨国银行不得不重视环境风险管理并调整投资方向;另一方面,美国跨国银行已经清楚认识到全球环境治理所带来的重要市场商机,因此积极参与清洁能源领域投融资。

二 企业社会责任理念的约束力

美国跨国银行之所以能够参与全球环境治理,某种程度上与企业社会责任理念的作用有重要关系。

第一,企业社会责任理念在美国的传统影响力不容低估。

首先,企业社会责任研究发端于美国。在世界上,美国企业界和学术界于19世纪末至20世纪初最早提出了有关企业社会责任的主张。④ 现代企业社会责任概念源于美国经济学家霍华德·鲍恩

---

① "Citi Targets $50 Billion Over 10 Years to Address Global Climate Change", CITI, May 08, 2007, http://www.citigroup.com/citi/news/2007/070508a.htm, 登录时间: 2017年3月23日。

② Bruce Schlein, "$50 Billion Climate Change Investment Initiative", CITI BLOG, April 23, 2014, https://blog.citigroup.com/2014/04/50-billion-climate-change-investment-initiative, 登录时间: 2017年3月23日。

③ "Citi Announces $100 Billion, 10-Year Commitment to Finance Sustainable Growth", CITI, February 18, 2015, http://www.citigroup.com/citi/news/2015/150218a.htm, 登录时间: 2017年3月23日。

④ 早期提出企业社会责任主张的代表性人物及著述包括:美国钢铁大王安德鲁·卡内基(Andrew Carnegie)写于1889年的文章《财富的福音》(The Gospel of Wealth);美国经济学家约翰·莫里斯·克拉克(John Maurice Clark)在1916年发表的论文《改变中的经济责任基础》中首次提出经济责任和负责任经济行为的观点。参见 J. Maurice Clark, "The Chaning Basis of Economic Responsibility", *Journal of Political Economy*, Vol. 24, No. 3, March 1916, pp. 209–229.

（Howard R. Bowen）在1953年出版的专著《企业家的社会责任》。①在该书中鲍恩提出了影响企业社会责任研究领域半个多世纪的著名问题，即企业家应该合理地承担哪些社会责任？② 1971年，美国经济发展委员会提出了解释企业社会责任的三个同心圆理论。③ 20世纪80年代以来，企业社会责任逐渐成为学术界的热点研究问题。主要代表人物有爱德华·弗里曼④和阿奇·卡罗尔⑤等美国学者。

其次，企业社会责任理念在美国具有重要影响力。众多美国企业家与学者为企业社会责任理念的推广作出了重要贡献。经过近一个多世纪的发展，企业社会责任的重要性已在美国公司层次乃至整个美国社会获得了广泛认可。在这种背景下，美国跨国银行必然要受到企业社会责任理念的舆论影响和道德制约。尤其在2008年经济危机之后，金融机构履行企业社会责任的重要性更加被突显出来。

第二，环境责任是企业社会责任的重要组成部分。

首先，环境责任在企业社会责任定义中具有重要地位。对企业社会责任的定义，比较有代表性的是约翰·埃尔金顿（John Elking-

---

① 阿奇·B. 卡罗尔（Archie B. Carroll）称赞鲍恩为"企业社会责任学科之父"。鲍恩的《企业家的社会责任》被视为现代企业社会责任概念发展史中的一个里程碑。参见 Archie B. Carroll, "A Three-Dimensional Conceptual Model of Corporate Performance", *The Academy of Management Review*, Vol. 4, No. 4, October 1979, pp. 497 – 505.

② Howard R. Bowen, *Social Responsibilities of the Businessman*, University of Iowa Press, 2013.

③ 三个同心圆理论：内圈包含企业的基本经济职能，如促进经济增长、为社会提供产品和工作岗位；中圈强调企业执行经济职能时必须密切关注社会价值和偏好的变化；外圈是指企业应更加积极地参与改善社会环境。参见 Zeinab Karake-Shalhoub, *Orgnizational Downsizing, Discrimination and Corporate Social Responsibility*, Greenwood Publishing, 1999, p. 15.

④ 爱德华·弗里曼（R. Edward Freeman）的代表性专著是于1984年出版的《战略管理：一种权益研究方法》。参见 R. Edward Freeman, *Strategic Management: A Stakeholder Approach*, Pitman Publishing, 1984.

⑤ 卡罗尔于1991年提出了企业社会责任金字塔模型，认为企业社会责任从低到高可分为四层，即经济责任、法律责任、伦理道德责任和慈善责任。参见 Archie B. Carroll, "The Pyramid of Corporate Social Responsibility: Toward the Moral Management of Organizational Stakeholders", *Business Horizons*, Vol. 34, Iss. 4, July-August 1991, pp. 39 – 48.

ton）提出的三重底线理论。① 埃尔金顿将"三重底线"解释为经济繁荣、环境质量和社会正义。② 为了实现可持续发展，企业不能仅单一地追求财务目标，而是要兼顾以上这三重底线。值得注意的是，在三重底线理论中环境责任已经被作为企业社会责任的重要内容明确提出。③ 埃尔金顿认为，与社会问题相比，企业对环境问题的关注其实要晚很多，但是，自20世纪70年代以来，企业对环境责任的兴趣已经远远超过社会问题。这种情况甚至影响到了企业对可持续发展议程的理解。④ 埃尔金顿的三重底线理论为企业如何履行社会责任指明了正确方向。"三重底线理论提出之后，逐渐成为理解企业社会责任概念的共同基础。即从企业与社会的关系出发，企业要承担最基本的经济责任、社会责任和环境责任。企业不仅要对股东负责，追求利润目标，而且要对社会负责，追求经济、社会和环境的综合价值。"⑤

其次，环境公民概念被深入探讨。2000年之后，随着环境问题严重性加剧，以及全球环境治理进程深入，环境责任在企业社会责任中的重要性更加突出。美国学者丹迪斯·罗迪内利和迈克尔·贝瑞等人顺应时势要求探讨了"企业环境公民"概念。⑥ 安德鲁·道

---

① 约翰·埃尔金顿被誉为企业责任和可持续发展领域的世界级权威。2004年，美国《商业周刊》杂志盛赞埃尔金顿为近三十年来企业责任运动的领袖。参见"John Elkington", Sustainability, http://sustainability.com/who-we-are/our-people/john-elkington/，登录时间：2018年1月27日。

② John Elkington, *Cannibals with Forks: The Triple Bottom Line of 21st Century Business*, Capstone, 1997, p. VII.

③ 埃尔金顿回忆说，正是环境议程不可阻挡的态势促使他在1994年试图使用新的术语来解释企业社会责任。Adrian Henriques & Julie Richardson, *The Triple Bottom Line: Does It All Add Up*, Earthsacan, 2004, p. 1.

④ John Elkington, *Cannibals with Forks: The Triple Bottom Line of 21st Century Business*, Capstone, 1997, p. 79.

⑤ 范红，《企业社会责任：理论与实践》，清华大学出版社2010年版，第5页。

⑥ Dennis A. Rondinelli & Michael A. Berry, "Evironmental Citizenship in Multinational Corporations: Social Responsibility and Sustainable Development", *European Management Journal*, Vol. 18, Iss. 1, 2000, pp. 70–84.

布森（Andrew Dobson）进一步指出，踏上环境公民之路是企业为实现可持续发展在经营理念上作出的改变。态度的变化根源于对正义与非正义问题的思考。因此，这要比通过财政刺激等手段改变企业行为所产生的效果更加可靠和持久。①

第三，美国跨国银行充分认同企业社会责任理念的重要性。

首先，美国跨国银行积极响应联合国有关企业社会责任的重要倡议。联合国发起的企业社会责任倡议中最重要的是《全球契约》。《全球契约》对跨国公司应履行的企业社会责任作出了明确规定，起到了推动跨国公司企业社会责任治理软法工具的作用。②《全球契约》于1999年1月由"联合国秘书长安南在瑞士达沃斯世界经济论坛上提出"③。《全球契约》涵盖了人权、劳工、环境和反贪污四个领域的十项原则。在《全球契约》的十项原则中，原则1和原则2为人权问题，原则3至原则6为劳工问题，原则7至原则9为环境问题，原则10为反贪污问题。④从环境原则所占数量可见联合国《全球契约》对企业环境责任的重视程度。在企业社会责任理念的发展进程中，《全球契约》具有里程碑意义。此后，联合国又进一步提出了"环境、社会和治理标准"、"负责任投资原则"等多项涉及环境治理的重要企业社会责任倡议。美国跨国银行充分认同《全球契约》等联合国发起的倡议原则，必然有利于提高自身企业

---

① Andrew Dobson, "Environmental Citizenship: Towards Sustainable Development", *Sustainable Development*, Vol. 15, Iss. 15, SEP 2007, pp. 276–285.

② 《全球契约》是当前针对跨国公司的最主要软法工具之一。"软法的特点在于，没有法律约束力，没有执行机制，但致力于建立规则和标准。"参见李东燕《全球治理——行为体、机制与议题》，当代中国出版社2015版，第157页。笔者认为关于软法的特点还可补充一条，即有助于发挥社会舆论和道德约束力的作用。目前，美国跨国银行已经清楚企业社会责任所代表的正义性，即违反企业社会责任要受到舆论和道德的谴责，将会有损企业形象。

③ 杜晓郁：《全球化背景下的国际劳工标准》，中国社会科学出版社2007年版，第145页。

④ 《全球契约》环境领域原则7：企业应支持采用预防性措施来应对环境保护的挑战。原则8：采取主动行动，在环境保护方面采取更负责任的做法。原则9：鼓励开发和推广对环境有利的技术。参见王志乐《2006跨国公司中国报告》，中国经济出版社2006版，第6页。

环境责任意识。①

其次，美国跨国银行清楚认识到企业社会责任对树立品牌形象的重要意义。目前，公布年度《企业公民报告》已经成为美国跨国银行进行对外宣传的重要手段和途径。造成这种变化的关键原因是，当前包括消费者、利益相关者、环境非政府组织和媒体在内的公民社会力量已将是否履行企业社会责任作为评判美国跨国银行的一条重要标准。瑞士圣加仑大学（University of St. Gallen）商业伦理学教授彼得·乌尔里奇（Peter Ulrich）提出了"公司的双重性质"理论，即公司兼具经济组织和社会机构的双重属性，因此任何企业所面临的基本困境都是，它们必须同时解决经济导向和社会责任两个问题（参见图 2—3）。美国跨国银行为树立品牌形象投入了大量资金。例如，美国银行从 2000 年秋季开始推出为期一年的广告活动，耗资高达一亿美元。② 2001 年，花旗银行为'富裕地生活'品牌重塑广告，投入一亿美元预算。③但是，由于忽视环境责任，美国一些跨国银行的社会形象受损，并严重危及银行的盈利。④

总之，企业社会责任理念有利于影响美国跨国银行参与全球环境治理。环境责任是企业社会责任的重要组成部分。目前，美国跨国银行已经认识到企业社会责任对于维护品牌形象乃至市场利润的重要意义。不仅如此，企业社会责任更代表着未来市场的发展方向，因为企业可以从公民社会所急需解决问题的诉求中准确把握市

---

① 例如，高盛集团和摩根士丹利于 2004 年签署了《全球契约》报告《谁在乎赢》。该报告提出了在金融市场中应用"环境、社会和治理标准"的重要理念。参见"Investment houses endorse Global Compact report", United Nations, https：//business. un. org/en/documents/3752，登录时间：2018 年 1 月 27 日。

② Thomas Riggs, *Encyclopedia of Major Marketing Campaigns Volume* 2, Gale Group, 2006, p. 331.

③ Abey Francis, "Citibank's 'Live Richly' Ad Campaign Case Study", *Business Case Study*, April 25, 2015, http：//www. scoop. it/t/business-case-studies，登录时间：2017 年 3 月 7 日。

④ 参见本书第二章第一节中关于环境非政府组织对美国跨国银行开展的公众批评运动。

场需求的动态和走势。① 当然，在强调企业社会责任重要性的同时，现阶段也不能过分夸大其对于美国跨国银行的影响力。

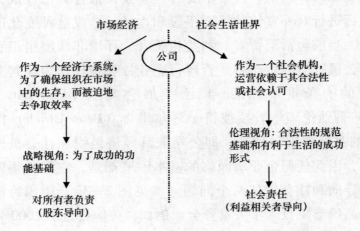

图 2—3 公司的双重属性②

三 美国跨国银行首席执行官的积极态度

分析美国跨国银行参与全球环境治理的原因，不能忽视美国跨国银行首席执行官的态度。首席执行官的偏好对美国跨国银行的经营战略具有重要影响。从首席执行官的角度分析，主要有以下原因促使美国跨国银行参与全球环境治理。

第一，美国商界精英以实现自我社会价值作为衡量成功与否的最高标准。

首先，实现自我社会价值是成功者的最高追求。美国社会心理

---

① 参见马云《阿里巴巴的职责是帮助有理想的人实现梦想》，国家互联网信息办公室，2014年11月20日，http://www.cac.gov.cn/2014-11/20/c_1114022801.htm，登录时间：2018年2月4日。

② Heiko Spitzeck, "Innovation and Learning by Public Discourse: Citigroup and the Rainforest Action Network" [PDF], Centre for Responsible Business UC Berkeley, 06-25-2007, p.3, http://escholarship.org/uc/item/6z99m2zr.pdf，登录时间：2016年3月6日。

学家马斯洛（Abraham Harold Maslow）的需求层次理论认为，"人的需要按照发生的顺序，由低级到高级成梯状分为5个层次，即生理需要——安全需要——社交需要——尊重需要——自我实现需要"①。自我实现是人的需求的最高层次。美国的商业精英在获取物质财富成功之后往往积极投身于公益活动，以实现自我在社会中的价值和成就感。

其次，宗教在美国社会中发挥的重要影响力不容忽视。有学者强调，"实际上美国人有普遍的宗教情结，甚至说美国是以清教立国，也不为过"②。美国早期企业家在新教伦理指引下努力为"上帝之国"积累资本财富的同时③，也在宗教信仰的感召下追求精神道德层面"非物质享乐"的"真正的幸福"。④ 美国成功企业家一直以来有回馈社会的良好传统。《华尔街日报》的调查结果表明，"即使美国取消遗产税，仍有50%的美国有钱人打算把自己至少一半的财产捐给社会"⑤。当前，环境责任已经被视为企业社会责任的重要组成部分。"可持续发展环境伦理观扩大了人类道德责任的范围"⑥。如果企业忽视或逃避环境责任，那么企业的首席执行官也要受到社会舆论和道德良知的谴责。环境责任在某种程度上已经代表了社会公平与正义。因此，美国跨国银行的首席执行官对参与全球环境治理的公开表态大多是正面的和积极的。

第二，美国跨国银行首席执行官是支持《巴黎气候变化协定》的重要力量。

在特朗普宣布美国退出《巴黎气候变化协定》之前，美国跨国

---

① 许琳主编：《社会保障学》，清华大学出版社2005年版，第50页。
② 和平：《全球化与国际政治》，中央编译出版社2008年版，第97页。
③ 新教主张适应了美国现代资本主义发展的要求。参见［德］马克斯·韦伯《新教伦理与资本主义精神》，马奇炎、陈婧译，北京大学出版社2012年版，第39—71页。
④ 参见［法］托克维尔《论美国的民主》，董果良译，商务印书馆2015年版，第734—739页。
⑤ 丁栋虹：《企业家精神》，清华大学出版社2017年版，第229页。
⑥ 曾思育：《环境管理与环境社会科学研究方法》，清华大学出版社2004年版，第75页。

银行的首席执行官为阻止特朗普政府的决定付出了很多努力。2017年 5 月 10 日，美国银行、花旗集团、高盛集团、摩根大通和摩根士丹利等美国跨国银行的首席执行官在《华尔街日报》上刊登致特朗普的公开信，表达希望美国留在《巴黎气候变化协定》的强烈愿望。① 美国政府宣布退出《巴黎气候变化协定》之后，美国跨国银行的首席执行官们纷纷对特朗普的错误决定表示不满。其中以高盛集团和花旗集团两家跨国银行高管对特朗普政府的批评最为激烈。高盛集团首席执行官劳埃德·布兰克费恩（Lloyd Blankfein）指责特朗普的决定，"对环境以及美国在世界的领导地位而言无疑是一次严重的倒退"②。花旗集团全球公共事务执行副总裁埃德·斯凯勒（Ed Skyler）表示，"我们直言不讳地支持美国留在《巴黎气候变化协定》中，并且为特朗普总统选择离开该协定而深感失望"③。摩根大通首席执行官杰米·戴蒙（Jamie Dimon）称，"在这个问题上，我完全不同意政府的决定"④。

第三，美国跨国银行首席执行官对参与全球环境治理的重要性有深刻认识。

首先，全球环境治理关系到美国跨国银行以及美国的重要利益。作为企业的最高领导者，首席执行官所思考的最关键问题必然

---

① 这四家美国跨国银行是笔者从 2017 年 5 月 10 日致特朗普公开信的 30 家美国大公司名单中查出的。参见 Andrew Winston, "U. S. Business Leaders Want to Stay in the Paris Climate Accord", *Harvard Business Review*, MAY 31, 2017, https：//hbr. org/2017/05/u-s-business-leaders-want-to-stay-in-the-paris-climate-accord, 登录时间：2017 年 8 月 3 日。

② 引自布兰克费恩于 2017 年 6 月 1 日发布的推文。这是布兰克费恩第一次在推特上发布信息。参见 https：//twitter. com/lloydblankfein/status/870389673193082880, 登录时间：2017 年 8 月 3 日。

③ Ed Skyler, "Citi Disappointed by Decision to Withdraw from Paris Agreement", *citi*, JUNE 02, 2017, https：//blog. citigroup. com/citi-expresses-support-for-the-paris-climate-agreement, 登录时间：2017 年 8 月 4 日。

④ Saheli Roy Choudhury, "JPMorgan's Dimon says disagrees with Trump decision to quit climate deal, but'we have a responsibility to engage our elected officials'", *Consumer News and Business Channel*, 2 Jun 2017, https：//www. cnbc. com/2017/06/02/jpmorgan-ceo-dimon-disagrees-with-trumps-decision-to-withdraw-from-climate-deal. html, 登录时间：2017 年 8 月 4 日。

是企业的生存和发展。美国跨国银行的首席执行官已经认识到参与全球环境治理以及《巴黎气候变化协定》对于美国跨国银行的长远经济利益乃至美国的国际领导地位都有重要影响。2017年3月，原高盛集团总经理兼合伙人马克·特瑟克（Mark Tercek）指出，"理论上讲，美国可以从全球经济向清洁能源经济转型中获得最大的经济利益。依托强劲的市场力量和国家政策扶持，可再生能源和新技术的发展有效降低了页岩气的生产成本，致使美国二氧化碳排放量现阶段正处于1994年以来的最低水平。如果我们能够引领世界走向低排放经济，那么新的就业机会就将属于我们。《巴黎气候变化协定》创造了新机遇并有利于美国公司拓展海外市场。我们不应该将这个空间让位于像中国那样大量投资于可再生能源技术的国家"①。

其次，美国跨国银行首席执行官多次劝告特朗普总统重视长远利益。美国跨国银行从美国政府能够主导全球环境治理话语权进而引领新一轮技术革命的愿望出发一再"敦促特朗普总统为了维护美国经济利益，让美国留在《巴黎气候变化协定》之内"②。美国跨国银行首席执行官致特朗普的多封公开信都明确提及美国经济利益和美国领导地位。例如，2017年5月10日的信写道："我们致力于同您（特朗普）一道创造就业和提升美国竞争力，并且我们确信留在《巴黎气候变化协定》中能最好地实现这一目标。让我们共同努力保持美国作为世界最大经济体和创新领袖的地位。"③ 2017年5月—6月的联名信也写明："随着其他国家在先进技术方面投资并

---

① Mark Tercek, "Why the Paris Agreement is in the U. S. 's Best Interest", The Nature Conservancy, March 2017, https://global.nature.org/content/why-the-paris-agreement-is-in-the-us-best-interest, 登录时间：2017年8月10日。

② "Businesses urge president to remain in Paris Agreement", Center For Climate And Energy Solutions, https://www.c2es.org/international/business-support-paris-agreement, 登录时间：2017年8月7日。

③ "CEO open letter on Paris Agreement" [PDF], CITI, May 10, 2017, http://citigroup.com/citi/environment/data/ceo-open-letter-on-paris-agreement.pdf, 登录时间：2017年8月7日。

响应《巴黎气候变化协定》，我们相信通过积极参与这项至关重要的全球合作，美国一定能最好地发挥领导作用并且增进美国利益。"①

总之，首席执行官的积极态度对美国跨国银行参与全球环境治理有重要影响。清洁能源技术将引发全球经济和政治变革的明确趋势使美国跨国银行首席执行官更加坚信参与全球环境治理和支持《巴黎气候变化协定》的重要意义。

小　结

从全球层次来看，全球政治议程中绿色金融理念的兴起、全球清洁能源技术和市场的发展，以及全球公民社会力量的崛起，是推动美国跨国银行参与全球环境治理的重要因素。从美国国家层次来看，美国早期环境立法的严格管制、美国州和城市支持全球环境治理的积极政策、美国清洁能源技术和市场拥有的领先优势，以及美国公民社会的强大影响力，对促使美国跨国银行参与全球环境治理产生了重要作用。从公司层次来看，应对环境风险与市场机遇的内在要求、企业社会责任理念的软法约束力量，以及首席执行官的积极态度，是有利于美国跨国银行参与全球环境治理的重要原因。

---

① "Businesses urge president to remain in Paris Agreement", *The New York Times*, May 8, 9, 16, 18, and June 1, https://www.c2es.org/nyt，登录时间：2017年8月7日。

第三章

影响美国跨国银行参与全球环境治理的根本原因

在采用国际关系层次分析法探讨了美国跨国银行参与全球环境治理的具体原因之后,本章试图进一步思考以下问题:哪些原因是影响美国跨国银行参与全球环境治理的根本性因素?为回答以上问题,本章首先研究了美国跨国银行忽视环境责任的"症状"表现,然后在此基础上深入剖析影响美国跨国银行参与全球环境治理的根本原因。

第一节 污染能源市场对美国跨国银行的重要意义

美国跨国银行是以追逐利润为根本目标的私人资本部门。污染能源市场是美国跨国银行难以割舍的利益来源。

一 美国跨国银行与污染能源市场的密切联系

美国跨国银行与污染能源市场的密切联系主要体现在3个方面。

第一,美国跨国银行同时兼具"清洁银行"和"气候杀手银行"的双重身份。

2014年,美国《彭博市场》(Bloomberg Markets)杂志根据银

行在清洁能源投资和减少环境污染影响两个方面的表现,评选出了全球前二十家最"清洁银行"。美国跨国银行中有三家入选,分别是高盛集团、摩根大通和美国银行(参见表3—1)。而且,在清洁能源投资领域,高盛集团的分值排名位列全球第一,其他两家美国跨国银行也有不俗表现。从"清洁银行"的评比情况来看,美国跨国银行积极参与全球环境治理所取得的成绩值得肯定。然而,须格外注意的一个矛盾现象是,"除了可再生能源以外,这些金融机构中有很多还在污染能源项目中投资"[①]。荷兰经济研究咨询公司Profundo根据2005—2010年全球银行业为煤炭部门的融资情况,评选出了排名靠前的二十家银行,并谴责它们是全球"气候杀手"(参见表3—2)。结果,在全球清洁能源投资领域表现积极的很多大银行,居然也出现在这份"气候杀手"银行榜单中。高盛集团、摩根大通和美国银行成为既是重视清洁能源投资的"清洁银行",也是主导全球煤炭行业融资的"气候杀手"银行。从全球范围来看,美国跨国银行参与污染能源投资的情况较为严重。在为煤炭部门提供资金最多的全球二十家"气候杀手"银行中,美国跨国银行就有六家,分别是摩根大通、花旗集团、美国银行、摩根士丹利、高盛集团和富国银行。而且,摩根大通、花旗集团、美国银行以及摩根士丹利还占据了"气候杀手"银行全球排名的前四位。其中,摩根大通更以165.4亿欧元融资额的不良记录被列为全球"气候杀手"银行之首。

第二,相比清洁能源,目前美国跨国银行在污染能源市场中的利益更大。

长期以来污染能源而非清洁能源是吸引资金的主要领域。"在过去二十年内,绝大多数资本都被注入房地产、化石燃料,以及金融市场产品包括其衍生品等领域。然而相比之下,在可再生能源、

---

① Josh Marks, "Here's every bank funding the Dakota Access Pipeline, and how to swtich", Inhabitat, 12/06/2016, http://inhabitat.com/heres-every-bank-funding-the-dakota-access-pipeline-and-how-to-switch/,登录时间:2017年6月8日。

能源效率、公共交通、可持续农业与生态系统保护、生物多样性和水资源等方面的投资却很少。"① 尽管现阶段美国跨国银行在清洁能源领域表现出积极参与的良好态势，但不可忽视的重要事实是它们在污染能源领域有着更多的利益存在。例如，2007 年，花旗集团"承诺在十年内投资 500 亿美元用于清洁能源以及公司内部减排"②，然而，"这个数额仅仅是花旗集团 1.86 万亿美元资产的 2.5%。2006 年，花旗集团为污染能源的融资金额是清洁能源的 200 倍，其中包括遍布全美的煤炭项目。美国银行表示要削减与温室气体排放有关贷款组合中的 7%，但是 2006 年该行在污染能源领域的投资是清洁能源的 100 倍"③。又如，虽然花旗集团在 2015 年宣布"将于未来十年投资 1000 亿美元，重点用于减缓气候变化和其他可持续发展解决方案的信贷、投资和促进等活动"④，但是这些举措仍然无法掩盖以下事实："按照收入情况，2014 年，花旗集团是全球石油和天然气领域投资规模最大的银行。根据彭博社报道，花旗在 2013 年为全球煤炭部门提供的资金超过 17 亿美元。"⑤ 这些充满矛盾的数据深刻揭示了美国跨国银行在投资决策时严重的利润导向问题。很明显，目前传统污染能源比清洁能源更能满足美国跨国银行的营利需求。

---

① Peter Newell & J. Timmons Roberts, *The Globalization and Environment Reader*, John Wiley & Sons, 2016, p. 407.

② Michael Brune, *Coming Clean: Breaking America's Addiction to Oil and Coal*, Sierra Club Books, 2008, p. 76.

③ Guy Dauncey, *The Climate Challenge: 101 Solutions to Global Warming*, New Society Publishers, 2009, p. 142.

④ Mark Mykleby, Patrick Doherty & Joel Makower, *The New Grand Strategy: Restoring America's Prosperity, Security, and Sustainability in the 21st Century*, Macmillan, 2016, p. 152.

⑤ Cory Firestone Weiss, "Putting Citi's $100 Billion Environmental Finance Initiative in Context", World Resources Institute, February 23, 2015, http://www.wri.org/blog/2015/02/putting-citi%E2%80%99s-100-billion-environmental-finance-initiative-context, 登录时间：2017 年 6 月 11 日。

表 3—1 2014 年全球前二十家最清洁银行①

排名	银行	国别	清洁能源投资	减少环境影响	总分
1	桑坦德集团（Banco Santander）	西班牙	95.8	76.7	85.1
2	法国巴黎银行（BNP PARIBAS）	法国	95.6	76.4	82.3
3	裕信银行（UNICREDIT）	意大利	94.3	69.4	81.8
4	加拿大皇家银行	加拿大	95.0	58.2	81.5
5	高盛集团	美国	98.1	74.7	81.1
6	瑞穗金融集团（MHFG）	日本	83.1	77.2	78.8
7	汇丰银行	英国	97.7	59.2	78.7
8	三菱日联金融集团（MUFG）	日本	95.0	56.0	78.3
9	北欧斯安银行（SEB）	瑞典	79.6	71.0	77.0
10	瑞士信贷集团	瑞士	97.3	54.3	76.9
11	摩根大通	美国	91.6	75.9	76.9
12	德意志银行	德国	90.4	76.6	76.3
13	美国银行	美国	93.3	68.7	75.9
14	加拿大商业帝国银行（CIBC）	加拿大	88.2	43.9	74.9
15	联合圣保罗银行（Intesa Sanpaolo）	意大利	74.0	77.1	74.9
16	麦格理银行（Macquarie Group）	澳大利亚	92.7	46.7	73.9
17	布拉德斯科银行（Bradesco）	巴西	78.3	62.4	73.5
18	加拿大国家银行	加拿大	79.6	58.2	73.2
19	标准银行（STANDARD BANK）	南非	76.8	62.3	72.5
20	加拿大丰业银行（Scotiabank）	加拿大	87.3	44.8	72.1

① 此表为笔者根据相关资料整理、统计。参见"The World's Greenest Banks"[PDF], Bloomberg Markets, https://cdn-actus.bnpparibas.com/files/upload/2014/10/10/docs/rv1h9yy0bvoo_0.pdf, 登录时间: 2017 年 6 月 8 日。

表3—2　　　2005—2010年全球前二十家"气候杀手"银行①

排名	银行	国别	投资额（亿欧元）
1	摩根大通	美国	165.4
2	花旗集团	美国	137.51
3	美国银行	美国	125.9
4	摩根士丹利	美国	121.17
5	巴克莱银行	英国	115.14
6	德意志银行	德国	114.77
7	苏格兰皇家银行（RBS）	英国	109.46
8	法国巴黎银行	法国	106.94
9	瑞士信贷银行	瑞士	94.95
10	瑞士联合银行集团（UBS）	瑞士	82.17
11	高盛集团	美国	67.70
12	中国银行	中国	63.23
13	中国工商银行	中国	61.82
14	法国农业信贷银行/东方汇理银行（Crédit Agricole/Calyon）	法国	56.37
15	裕信银行/德国联合抵押银行（HVB）	意大利	52.31
16	中国建设银行	中国	51.10
17	三菱日联金融集团	日本	49.8
18	法国兴业银行（Société Générale）	法国	47.42
19	富国银行	美国	45.23
20	汇丰银行	英国	44.32

第三，传统污染能源是美国跨国银行获取利润的主要来源。

首先，能源部门是美国跨国银行的重点投资领域。由于能源部门具有丰厚的利润回报，所以美国跨国银行在该领域投入了大量资金。这也成为美国跨国银行无法完全切断与污染能源项目利益瓜葛的重要原因。2016年加拿大皇家银行资本市场公司（RBC Capital

---

① 此表为笔者根据相关资料整理、统计。参见 Urgewald, Earthlife, Bank Track and Ground Work, "Bankrolling Climate Change", Banktrach, Nov 30, 2011, http://www.banktrack.org/show/news/bankrolling_climate_change，登录时间：2017年3月12日。

Markets)、詹尼蒙哥马利斯科特金融服务公司（Janney Montgomery Scott）以及海纳国际集团（Susquehanna International Group）等三家机构的研究显示，"美国的主要银行在能源领域的总投资已经高达1230亿美元"[①]。如表3—3所示，从美国跨国银行的能源贷款金额以及能源贷款占银行总资产的比重可知，目前能源领域已经深切关系到美国跨国银行的重要投资利益。美国银行的能源贷款最多，约为215亿美元，占其资产总额的3.8%。花旗集团紧随其后，其能源贷款占银行总资产的3.3%，贷款额也超过了200亿美元大关，达到205亿美元。在排名最前的六家美国跨国银行中，摩根大通在能源领域的贷款额占总资产的比重最高，达6%。

表3—3　　　　　　美国主要跨国银行的能源贷款[②]

排名	银行名称	贷款额估值（亿美元）	占总资产比例（%）
1	美国银行	215	3.8
2	花旗集团	205	3.3
3	富国银行	175	1.9
4	摩根士丹利	170	不详
5	摩根大通	139	6
6	高盛集团	105	不详
7	纽约梅隆银行（BNY Mellon）	55	1.2
8	地区银行（Regions）	31	3.9
9	第一资本金融公司（Captial One）	30	5
10	太阳信托银行	29	2.2
11	匹兹堡金融服务集团（PNC Bank）	25	1.3

---

① Tony Daltorio, "Big Bank Stocks on a Slippery Slope", Wyatt Investment Research, March 03, 2016, http://www.wyattresearch.com/article/big-bank-stocks-slippery-slope/，登录时间：2017年6月9日。

② 此表为笔者根据相关资料整理、统计。参见 Lisa Abramowicz & Rani Molla, "A \$123 Billion Chunk of Energy Debt", Bloomberg Gadfly, https://www.bloomberg.com/gadfly/articles/2016-02-23/big-u-s-banks-are-exposed-to-123-billion-in-energy-debt，登录时间：2017年6月9日。

续表

排名	银行名称	贷款额估值（亿美元）	占总资产比例（%）
12	五三银行（Fifth Third）	18	2
13	BB&T 银行	15	1

其次，美国跨国银行在传统污染能源领域的投资比重很大。以石油部门的情况为例，足以说明美国跨国银行与传统化石燃料污染能源之间的密切利益联系。根据2016年1月高集团盛发布的分析报告，目前美国各大银行在石油部门的投资已达到相当高的程度（参见表3—4）。美国银行和花旗集团向石油和天然气部门提供的贷款均已超过了200亿美元。而且在美国银行全部贷款总额中石油部门的未偿债务已占到2.4%。因此，美国跨国银行安排了巨额准备金，用于防范石油部门的贷款演变成债务风险。其中，富国银行在石油部门的准备金占到其银行全部准备金的7.1%。2016年2月，由于石油价格持续下跌，美国各大银行市值严重缩水，甚至引起了股票市场的极度恐慌。摩根大通曾经表示，"如果石油价格在18个月内跌落到每桶25美元，该行将需要增加约15亿美元的储备金"[1] 以应对这场危机。当时，其他美国跨国银行也都纷纷考虑采取应急措施。例如，"花旗集团提高能源贷款损失准备金2.5亿美元；美国银行增加商业（主要是能源）贷款损失准备金20亿美元；高盛集团表示该行未收回的能源贷款为103亿美元；摩根士丹利称其在石油公司有风险的资金高达159亿美元"[2]。由此可见，传统化石燃料污染能源对于美国跨国银行投资利益的重要程度。

---

[1] Emily Glazer, "DJ-J. P. Morgan Sounds Fresh Warning on Energy-Loan Losses—4th Update", International Foreign Exchange, 24th February, 2016, https：//www.internationalfx.com/uk/news/2016022317235/j-p-morgan-sounds-fresh-warning-on-energy-loan-losses-4th-update，登录时间：2017年6月10日。

[2] "Big Bank Stocks on A Slippery Slope", ETF Daily News, https：//etfdailynews.com/2016/03/14/big-bank-stocks-on-a-slippery-slope/2/，登录时间：2017年6月10日。

表 3—4　　美国主要跨国银行在石油部门的投资①

序号	银行	贷款额（亿美元）	占银行全部贷款的比例（%）	石油部门准备金占全部准备金的比例（%）
1	美国银行	213	2.4	2.3
2	花旗集团	205	3.3	3
3	富国银行	170	1.9	7.1
4	摩根大通	138	1.6	4
5	摩根士丹利	48	5	3
6	匹兹堡金融服务集团	26	1.3	3
7	美国银行集团（US Bancorp）	31	1.2	5.4

最后，美国跨国银行从传统污染能源投资中获利颇丰。美国跨国银行是全球石油和天气领域的最主要投资银行（参见表3—5）。2014年，从石油和天然气部门获得最高收入的全球十家投资银行中美国跨国银行占半数，分别是花旗集团、摩根大通、美国银行—美林、高盛集团，以及富国银行证券。而且，收入最高的前五家投资银行中有四家是美国跨国银行。花旗集团、摩根大通和美国银行—美林还稳居此排行榜前三名。花旗集团以4.92亿美元遥遥领先。从石油和天然气领域获得的利润占花旗集团全部投资收入的11.8%。虽然富国银行证券在石油和天气部门的投资收入在五家美国跨国银行中居末位，仅为2.86亿美元，但是从石油和天然气领域获得的投资收入在富国银行证券全部投资收入中所占比例却高达14.9%。其他三家美国跨国银行在石油和天然气部门的收入以及占其全部投资收入的比重分别是，摩根大通4.35亿美元，占6.6%；

---

① 此表为笔者根据相关资料整理、统计。参见 Jake Novak, "Just how much oil pain is coming for the banks?" Consumer News and Business Channel, 20 Jan., 2016, http://www.cnbc.com/2016/01/20/which-banks-have-the-most-oil-exposure.html，登录时间：2017年6月10日。

美国银行—美林 3.93 亿美元,占 7.4%;高盛集团 3.81 亿美元,占 7.1%。

表 3—5　从石油和天然气领域获利最多的全球十大投资银行①

排名	银行名称	投资收入（亿美元）	占银行总投资收入比例（%）
1	花旗集团	4.92	11.8
2	摩根大通	4.35	6.6
3	美国银行—美林	3.93	7.4
4	巴克莱银行（英国）	3.82	10.7
5	高盛集团	3.81	7.1
6	加拿大皇家银行资本市场	3.76	20.2
7	瑞士信贷	3.12	8.1
8	富国银行证券	2.86	14.9
9	丰业银行（加拿大）	2.42	34.6
10	德意志银行	2.21	5.1

总之,根据以上分析可知,美国跨国银行与传统污染能源市场已经牢牢捆绑在一起。这些传统能源项目虽然具有较高的利润回报,但是对环境的危害却极其严重。例如,"煤炭能源的主要问题是具有相当程度的污染性,特别是其产生的二氧化硫会造成严重的空气污染"②。在美国,"每年二氧化硫排放量中有 67% 来自燃煤电厂,其他中等发达国家的排放量也基本类似"③。

---

① Michael Corkery & Peter Eavis, "As Oil Prices Fall, Banks Serving the Energy Industry Brace for a Jolt", *The New York Times*, January 11, 2015, https://dealbook.nytimes.com/2015/01/11/as-oil-prices-fall-banks-serving-the-energy-industry-brace-for-a-jolt/?_r=2, 登录时间:2017 年 6 月 12 日。

② Ronald W. Maris, *Social Problems*, Wadsworth Publishing, 1988, p.551.

③ Stephen E. Kesler & Adam C. Simon, *Mineral Resources, Economics and the Environment*, Cambridge University Press, 2015, p.131.

二 美国跨国银行难以割舍的煤电市场

在美国跨国银行参与的污染能源投资中，燃煤电厂所造成的环境破坏相当严重，美国跨国银行为此受到的批评十分强烈。因此，选取美国跨国银行在燃煤电厂的投资情况进行研究具有重要意义。

（一）美国燃煤电厂的污染情况

美国燃煤电厂的污染情况较为严重，主要表现在三个方面。

第一，煤电在美国能源领域占有重要地位。

首先，煤是美国最重要的化石燃料，且储量极其丰富。在美国，"煤炭约占其全部化石能源储备的95%"[1]。而且，"美国拥有全世界已探明煤炭储量的30%，约2250亿公吨（2500亿美吨）。即使在增加消费比率的情况下，该储量也可维持美国使用100—200年"[2]。

其次，燃煤发电厂是煤炭的最主要消耗部门。全球"约67%的煤被用于发电，30%用于工业部门（钢、水泥厂等），其余的3%则用于民居和商业领域"[3]。在美国，燃煤用于发电的比例则更高。全美"煤炭产量中的93%都被用于发电"[4]。2005年，"全美正在运营的燃煤电厂约有1400座。其中约50%为1970年以前投产，因此使用年限至少为35年"[5]。尽管由于受到"执行《汞及有害气体排放标准》、天然气价格下降以及来自可再生能源竞争等因素的影响，2014—2016年31GW燃煤发电预期退役和4GW燃煤发

---

[1] Michael F. Hordeski, *Megatrends for Energy Efficiency and Renewable Energy*, The Fairmont Press, Inc., 2011, p. 61.

[2] Daniel D. Chiras, *Environmental Science: Creating a Sustainable Future*, Jones & Bartlett Learning, 2004, p. 317.

[3] Ratan Raj Tatiya, *Elements of Industrial Hazards: Health, Safety, Environment and Loss Prevention*, CRC Press, 2010, p. 45.

[4] Alice J. Friedemann, *When Trucks Stop Running: Energy and the Future of Transportation*, Springer, 2015, p. 56.

[5] Bruce Schlink, *Americans Held Hostage by the Environmentalist Movement*, Dorrance Publishing, 2012, p. 277.

电被天然气取代,但是,美国电力部门的煤炭消费却依然得到剩余燃煤电厂产能增加的有力支撑"①。燃煤发电厂一直是美国电力领域中的最重要部门。"世界煤炭协会(World Coal Association)的数据显示,美国电力中的45%是由燃煤电厂生产的"②。其他能源在美国电力生产中所占比例依次为:天然气24%、核能20%、可再生能源10%,以及石油1%。③

第二,燃煤电厂造成严重的环境污染。

首先,燃煤电厂产生了大量有害物质。"燃煤是空气污染的一个主要原因,会产生酸雨以及导致严重温室效应的二氧化碳。美国全国二氧化碳排放量中的大约27%来自燃煤电厂。生产煤电因此成为温室气体排放的一个主要来源"④。而且,"燃煤电厂除了产生温室气体之外,还会产生包含大量有害空气污染物的粉煤灰"⑤。这些废物又因得不到较安全的处置而容易发生污染泄漏。例如,2008年12月22日,发生于田纳西河流域管理局的金士顿化石燃料发电厂(TVA Kingston Fossil Plant)粉煤灰浆泄漏事故,被称为"美国有史以来最严重的粉煤灰浆泄漏事故"⑥。

其次,燃煤电厂造成的污染问题还具有全球性危害的特点。例如,燃煤发电厂产生严重危害人类健康的汞。汞是一种能"伤害胎

---

① Energy Information Administration & Energy Department, *Annual Energy Outlook with Projections: 2015 with Projections to 2040*, Government Printing Office, 2015, p. 23.

② Paul Breeze, *Power Generation Technologies*, Newnes, 2014, p. 29.

③ 美国能源管理局(U.S. Energy Administration)2010年初的数据。参见 https://www.epa.gov/mats/basic-information-about-mercury-and-air-toxics-standards,登录时间:2017年6月4日。

④ 美国环境保护署(USEPA)2012年数据。参见 Tanya Wyatt, *Hazardous Waste and Pollution: Detecting and Preventing Green Crimes*, Springer, 2015, p. 84.

⑤ Michael H. Fox, *Why We Need Nuclear Power: The Environmental Case*, Oxford University Press, 2014, p. 57. 美国燃煤电厂每年能产生1.3亿(美)吨含有铬、砷和镍等有毒物质的粉煤灰和污泥。William N. Rom, *Environmental Policy and Public Health: Air Pollution, Global Climate Change, and Wilderness*, John Wiley & Sons, 2011, p. 220.

⑥ John R. Burch Jr., *Water Rights and the Environment in the United States: A Documentary and Reference Guide*, ABC-CLIO, 2015, p. 374.

儿和幼童健康的有毒物质"①。据统计,"进入美国环境中的汞40%来自于燃煤发电厂"②。而且"汞和其他重金属从电厂的烟囱释放到空气中,然后被气流带到世界各地。雨水又将汞从空气里带进湖泊、河流和海洋。在那里,它们经过细菌的作用转变成有害的甲基汞"③。相关研究表明,"金枪鱼等鱼类食物中含有的甲基汞会对孕妇和幼童造成严重危害"④。

第三,燃煤电厂已成为遭到公民社会严厉抵制的重污染项目。

首先,燃煤电厂对公众健康的危害非常严重。根据美国肺脏协会(American Lung Association)的调查数据,"燃煤电厂的污染,造成美国每年有24000人过早死、550000人患哮喘、38000人患心脏病,以及12000人患病入院"⑤。近些年,燃煤电厂由于对自然环境和人类健康造成了严重危害,因而遭到环境非政府组织等全球公民社会力量的强烈抵制。环保组织"清洁空气任务小组"(Clean Air Task Force)提供的数据指出,"叫停一个污染性燃煤发电厂,每年将可防止至少29人过早死亡、47人心脏病发作、491人罹患哮喘,以及22人犯急性哮喘病"⑥。

其次,公民社会组织对美国跨国银行投资煤电表示强烈不满。目前,遍布美国的燃煤电厂以及为它们提供资金的各大美国跨国银行已经成为备受公民社会批评的对象。尽管美国跨国银行曾作出增加为可再生能源融资的承诺,但是它们却始终无法完全切割与污染

---

① Lewis B. Smith, *The 3Rs of George W. Bush: Reasons for Rejecting the Re-election of President George W. Bush*, Trafford Publishing, 2004, p. 11.
② Q. Ashton Acton, *Halogens—Advances in Research and Application: 2013 Edition*, Scholarly-Editions, 2013, p. 346.
③ Gordon Edlin & Eric Golanty, *Health and Wellness*, Jones & Bartlett Publishers, 2015, p. 538.
④ Andrew F. Smith, *Food in America: The Past, Present, and Future of Food, Farming, and the Family Meal [3 volumes]*, ABC-CLIO, 2017, p. 151.
⑤ Stephen Feinstein, *Solving the Air Pollution Problem: What You Can Do*, Enslow Publishers, Inc., 2010 p. 31.
⑥ "How Many Dirty Coal-Burning Plants Have We Retired Since 2010?" Sierra Club, http://content.sierraclub.org/coal/victories, 登录时间:2017年6月19日。

能源行业的利益瓜葛。雨林行动网络的能源与金融项目主任阿嫚达·斯塔巴克（Amanda Starbuck）就曾严厉批评美国银行"对可再生能源的融资承诺是朝正确方向前进了一步，然而这家银行继续对煤炭行业融资却是同时后退了两步"①。

（二）燃煤电厂投资环境标准暴露出的问题

迫于压力，美国跨国银行制定了"碳原则"，作为投资煤电项目的环境风险管理标准。然而，"碳原则"的缺陷也清楚地暴露出美国跨国银行存在的根本性问题。

第一，从产生原因看，"碳原则"的制定具有较强的被动性和妥协性。

首先，当时在国际社会以及美国国内关于应对气候变化、发展清洁能源和降低碳排放的呼声高涨。国际形势以及美国政府的政策走向都对燃煤电厂投资十分不利。在国际方面，2008年6月召开的联合国"全球私人投资和气候变化特别会议"指出，"全球可再生能源市场在过去四年中翻了两番，在2007年达到了1500亿美元"②。在美国政府方面，"存在很多强有力的声音敦促总统征收碳税。这种想法主要是通过对燃煤、燃油或燃气发电厂排放的二氧化碳征税，以推动电力企业减少碳排放并且进而减缓全球变暖趋势"③。例如，2007年11月2日，美国碳税倡导者纽约时任市长迈克尔·布隆伯格（Michael R. Bloomberg）正式"宣布支持征收国家碳税"④。"一些美国电力公司急于抢在美国国会可能征收碳税或

---

① "Bank of America Announces $50 Billion Environment Goal", Environmental News Services, June 11, 2012, http://ens-newswire.com/2012/06/11/bank-of-america-announces-50-billion-environmental-goal/，登录时间：2017年6月28日。

② Commonwealth Secretariat, *Commonwealth Finance Ministers Reference Report*, Henley Media Group, 2008, p. 161.

③ Andre DuPont, *An American Solution for Reducing Carbon Emissions, Averting Global Warming, Creating Green Energy and Sustainable Employment*, Andre DuPont, 2009, p. 95.

④ Charles Komanoff, "Bloomberg to Urge U.S. Carbon Tax", Carbon Tax Center, November 2, 2007, https://www.carbontax.org/blog/2007/11/02/bloomberg-to-urge-carbon-tax/，登录时间：2017年6月15日。

实施更严格的二氧化碳排放监管政策之前，大量新建常规燃煤电厂。"① 煤电市场所面临的严峻危机必然加剧美国跨国银行对投资燃煤电厂风险的忧虑。

其次，美国跨国银行因为大量涉足燃煤电厂投资而受到环境非政府组织等公民社会力量的强烈批评和抵制。环境非政府组织试图通过"向资本市场释放燃煤电厂风险性较高的信号，从而发挥杠杆作用来影响更大规模的投资系统"②。由于花旗集团和美国银行为燃煤电厂投入了大量资金，并且还"在煤矿开采融资方面起了带头作用"③，所以成为环境非政府组织的首选攻击目标。2007年，"雨林行动网络针对花旗集团和美国银行参与燃煤发电企业和项目融资的行为，发起了新一轮抵制运动"④。当时，"发生抗议活动的城市包括旧金山、华盛顿特区、洛杉矶、纽约、拉斯维加斯、夏洛特、波特兰、圣路易斯、丹佛、芝加哥、波士顿和休斯敦"⑤ 等美国主要大都市。此外，环境非政府组织发起的公众抵制运动也并不限于美国本土，还具有全球性的特点。例如，"世界其他地方的环境组织也在花旗银行办事处外集结抗议"⑥。最终，在公民社会的压力之下，许多美国新建燃煤电厂项目被叫停。例如，"2007年初，美国能源部曾宣布计划建设150多座燃煤电厂，然而仅在当年，就有59

---

① G. Miller & Scott Spoolman, *Environmental Science: Problems, Connections and Solutions*, Cengage Learning, 2007, p. 289.

② Robert Cox, *Environmental Communication and the Public Sphere*, SAGE, 2010, p. 240.

③ Abid Aslam, "Energy: Citigroup, Bank of America Raked Over Coal", Inter Press Service News Agency, Oct 02, 2007, http://www.ipsnews.net/2007/10/energy-citigroup-bank-of-america-raked-over-coal/, 登录时间：2017年6月27日。

④ Environmental Law Institute, American Law Institute, American Bar Association & Amercian Law Institute-American Bar Association Committee on Continuing Professional Education, *Global warming: climate change and the law: course of study materials*, American Law Institute-American Bar Association, 2008, p. 978.

⑤ Rainforest Action Network, "Thousands Take to the Streets to Protest Citi and Bank of America's Coal Investments", November 16, 2007, http://archive.li/01snG#selection-427.0-427.17, 登录时间：2017年6月20日。

⑥ Joyce M. Barry, *Standing Our Ground: Women, Environmental Justice, and the Fight to End Mountaintop Removal*, Ohio University Press, 2012, p. 148.

座拟建燃煤电厂被各州政府拒绝发放许可证，或者被悄悄放弃"①。

最后，"碳原则"是美国跨国银行和电力行业垄断巨头经过协商之后集体妥协的产物。例如，"花旗集团、摩根大通和摩根士丹利在合作开发'碳原则'的过程中，还与美国电力（American Electric Power）、CMS 能源公司（CMS Energy）、底特律能源公司（DTE Energy）、NRG 能源公司（NRG Energy）、公共服务企业集团（PSEG）、桑普拉能源公司（Sempra），以及南方电力公司（Southern Company）等美国电力行业的领军企业进行了磋商"②。因而，"碳原则"被认为是"在风险驱动作用下，电力行业、独立生产者、监管机构、贷款机构以及投资者为应对区域和国家气候政策的不确定性而产生的某种需要"③。值得注意的是，与花旗集团等"碳原则"发起银行进行协商的以上七家电力公司，"需要为美国全部二氧化碳排放量中的 10% 负责。仅 2006 年，它们的二氧化碳排放总量就高达 4.96 亿吨。如果把此七家电力公司视为一个国家，那相当于世界第十大温室气体排放国。在七家公司的全部发电量中有 85% 来自燃煤"④。以上情况充分说明，美国跨国银行与作为污染源头的电力垄断企业之间在利益上的高度相关性。

综上分析，燃煤电厂面临的政策风险以及环境非政府组织的不断施压，最终使美国跨国银行在对煤电投资问题上作出一定让步。而"碳原则"正是这种妥协的产物。正如雨林行动网络所强调的那样，"所谓'碳原则'反映了金融业成员在煤炭和温室气体密集型

---

① Robert Cox, *Environmental Communication and the Public Sphere*, SAGE, 2012, p. 222.

② "Emerging Technology Update" [PDF], *U. S. Chamber of Commerce*, Volume 2, Issue 3, 2008, p. 1, https：//www.uschamber.com/sites/default/files/legacy/issues/environment/files/013009wsetuvol23pdf.pdf, 登录时间：2017 年 6 月 22 日。

③ "Leading Wall Street Banks Establish The Carbon Principles", CITI, February 4, 2008, http：//www.citigroup.com/citi/news/2008/080204a.htm, 登录时间：2017 年 6 月 22 日。

④ Rainforest Action Network, "The Principle Matter：Banks, Climate & the Carbon Principles" [PDF], Bank Track, p. 6, https：//www.banktrack.org/download/the_principle_matter_banks_climate_and_the_carbon_principles/ran_the_principle_matter_carbonprinciplereport.pdf, 登录时间：2017 年 6 月 24 日。

产业投资方面所承受的巨大压力"①。

第二，从影响范围看，"碳原则"是一个不够完善的煤电投资环境标准。

首先，"碳原则"没能覆盖燃煤电厂污染的全部主要问题，并且与公民社会的期盼相距甚远。"2008年2月，花旗集团、摩根大通和摩根士丹利三家主流银行共同宣布'碳原则'，用于评估在电厂，尤其是燃煤电厂投资中与温室气体排放相关的风险。"② 然而，燃煤电厂所产生的环境危害却不仅仅限于碳排放。雨林行动网络等公民社会组织对花旗集团和美国银行开展的抵制行动，主要目的是要"迫使两家银行从煤炭相关行业和项目撤资，而投资风能和太阳能等可再生能源"③。环保人士"不断强调从化石燃料能源生产向可替代能源开发转型的必要性"④。因此，环境非政府组织要求美国跨国银行彻底切断与重污染煤电行业的投资关系。

其次，"碳原则"的影响范围十分有限。目前，已经加入"碳原则"的银行仅有美国银行、摩根大通、花旗集团、摩根士丹利、瑞士信贷和富国银行⑤六家。相较"赤道原则"而言，"'碳原则'并没有获得重大意义的成功。签署该原则的金融机构数量相当少，而且吸收新会员的程序也已经暂停"⑥。另外，

---

① "*Leading Wall Street Banks Establish The Carbon Principles*", International Mining, 4th February 2008, http：//im-mining. com/2008/02/04/leading-wall-street-banks-establish-the-carbon-principles/，登录时间：2017年6月22日。

② Fereidoon P. Sioshans, *Generating Electricity in a Carbon-Constrained World*, Academic Press, 2009, p. xxxviii.

③ Rainforest Action Network, "National Day of Action Against Coal Finance 11. 17. 07 RAN", Internet Archive, https：//archive. org/details/RainforestActionNetworkNationalDayofActionAgainstCoalFinance11.17.07RAN，登录时间：2017年6月18日。

④ Joyce M. Barry, *Standing Our Ground：Women, Environmental Justice, and the Fight to End Mountaintop Removal*, Ohio University Press, 2012, p. 148.

⑤ Kevin Wilhelm, *Return on Sustainability：How Business Can Increase Profitability and Address Climate Change in an Uncertain Economy*, Pearson Education, 2013, p. 106.

⑥ Joseph P. Tomain, *Ending Dirty Energy Policy：Prelude to Climate Change*, Cambridge University Press, 2011, p. 229.

"碳原则"仅是"美国电力公司的咨询顾问和贷方的气候变化指导原则"[1]。也就是说,"碳原则"适用的业务范围只限于美国本土。因此,"碳原则"还远未发展成为一个新的全球环境治理规范。

第三,从实施效果看,"碳原则"对美国燃煤电厂碳排放的约束力不大。

表3—6 2008年8月—2010年6月"碳原则"银行与非"碳原则"银行投资美国电力情况对比[2]

序号	银行名称（按市场份额排名）	碳原则成员	融资总额（百万美元）	新建燃煤电厂比例（%）
1	美国银行	是	15297	15
2	摩根大通	是	14710	26
3	巴克莱资本银行	否	11324	28
4	花旗集团	是	10581	27
5	富国银行	是	10556	22
6	瑞士信贷	是	9662	35
7	摩根士丹利	是	8660	16
8	苏格兰皇家银行	否	8275	16
9	瑞士联合银行	否	5559	28
10	高盛集团	否	5473	39

首先,已加入"碳原则"的银行与非"碳原则"银行相比,

---

[1] National Council for Science and the Environment, *The Climate Solutions Consensus: What We Know and What To Do About It*, Island Press, 2012, p. 163.

[2] 此表为笔者根据相关资料整理、统计。10家银行的相关数据来自彭博社排名表 (Bloomberg League Table)。根据2008年8月3日—2010年6月30日,美国发电项目、独立电力生产商,以及一般电力公用事业（发电、输电、配电）的证券承销和贷款情况,从49家银行中选出此10家。参见 Rainforest Action Network, "The Principle Matter: Banks, Climate & The Carbon Principles"[PDF], Bank Track, p. 7, p. 18, https://www.banktrack.org/download/the_principle_matter_banks_climate_and_the_carbon_principles/ran_the_principle_matter_carbonprinciplereport.pdf, 登录时间:2017年6月23日。

在投资新建燃煤电厂方面表现出的差异很小。例如,"2010年的雨林行动网络报告发现,'碳原则'银行和其他银行在燃煤电厂融资方面并不存在显著区别"①。不仅如此,从表3—6可知,自2008年8月至2010年6月,六家"碳原则"银行主导了美国电力部门的贷款和证券承销。美国银行和摩根大通,分别以152.97亿美元和147.1亿美元的融资总额位居第一和第二。在"碳原则"银行参与的电力部门融资项目中,新建燃煤电厂所占比例均高于15%。例如,花旗集团参与的电力部门融资项目中,有27%为新建燃煤电厂。其他美国"碳原则"银行参与新建燃煤电厂融资占其全部电力部门融资比例依次为:摩根大通26%、富国银行22%、摩根士丹利16%和美国银行15%。由此可知,"碳原则"并没有促使美国跨国银行在煤电投资问题上发生实质性转变。而且,与那些没有加入"碳原则"的银行相比,所谓"碳原则"银行的称谓更显得名不副实。

其次,实际情况表明所谓"碳原则"银行并不重视"碳原则"的作用。

"碳原则"曾引发美国电力公司的惶恐不安。例如,摩根大通是美国俄亥俄州市政电力公司的主要投资银行。"截至2005年12月,摩根大通担任首席承销商,帮助美国俄亥俄州市政电力公司获得了1亿5000万美元的信贷额度。"② 摩根大通宣布签署"碳原则"的消息对于美国俄亥俄州市政电力公司而言显得极其不利。③ 于是,

---

① Elizabeth S. Cooperman, *Managing Financial Institutions: Markets and Sustainable Finance*, Taylor & Francis, 2016, p. 142.

② "American Municipal Powe-Ohio", Source Watch, http://www.sourcewatch.org/index.php/American_Municipal_Power_-_Ohio#cite_note-ampreport-1,登录时间:2018年1月31日。

③ 美国俄亥俄州市政电力公司大量参与建设燃煤电厂。2005年该公司计划参与修建一座1000兆瓦的燃煤电厂。如果该电厂建成,每年将释放36410400磅的二氧化硫、氮氧化物、颗粒污染物和一氧化碳的混合物。其他的排放物包括二氧化碳(146亿磅),以及挥发性有机化合物、铅和汞。参见"AMP-Ohio proposes to build a fifth coal-fired power plant on the Ohio River in area heavily burdened by pollution from four coal plants"[PDF], Ohio Citizen Action, p.3, http://www.ohiocitizen.org/campaigns/coal/4powerplantsreport.pdf,登录时间:2017年6月25日。

"出于对确保近 40 亿美元电厂债券配售资金安全的忧虑，美国俄亥俄州市政电力公司于 2008 年初询问摩根大通关于'碳原则'对公司筹集资金的影响"①。摩根大通的回复充分暴露了"碳原则"的严重缺陷。2008 年 2 月 7 日，"摩根大通证券公司免税投资银行业务总经理吉恩·萨佛德（Gene R. Saffold）致信美国俄亥俄州市政电力公司总裁兼首席执行官马克·葛肯（Marc Gerken）"②，在信中③，摩根大通负责人毫不掩饰地指出，"无论现在或者将来，'碳原则'中没有任何内容能阻止我们为美国俄亥俄州市政电力公司承销债务或提供融资。摩根大通长期以来一直担任美国俄亥俄州市政电力公司的首席承销商和信贷供应商。我们将一如既往地支持美国俄亥俄州市政电力公司。这种关系对本公司而言非常重要，并且我们为能够成为美国俄亥俄州市政电力公司团队的一员而深感荣幸"④。作为"碳原则"的发起者，摩根大通对客户的回答已经毫无原则性可言。由此可知，"碳原则"被赋予减少化石燃料项目融资的能力其实非常有限。⑤

第四，美国跨国银行将市场作为最重要考虑因素。

雨林行动网络等环境非政府组织认为，"'碳原则'所关注的

---

① Rainforest Action Network, "New report finds bank Carbon Principles did not curb financing of coal", Banktrack, Jan 21, 2011, https：//www. banktrack. org/news/new_report_finds_bank_carbon_principles_did_not_curb_financing_of_coal，登录时间：2017 年 6 月 25 日。

② "Response To American Public Power Association Letter To Treasury Department" [PDF], Institute for Energy Economics and Financial Analysis, p. 6, July 16, 2008, http：//ieefa. org/wp-content/uploads/2015/06/sanzillo-treasury-memo-2008. pdf，登录时间：2017 年 6 月 25 日。

③ 摩根大通回复美国俄亥俄州市政电力公司的这封信件遭泄露，并被新闻媒体曝光。参见 Rainforest Action Network, "New Report Finds Bank Carbon Principles Did Not Curb Financing of Coal", Common Dreams, January 20, 2011, https：//www. commondreams. org/newswire/2011/01/20/new-report-finds-bank-carbon-principles-did-not-curb-financing-coal，登录时间：2017 年 6 月 26 日。

④ "Letter from Gene R. Saffold, Managing Director, Head of Tax-Exempt Investment Banking, JP Morgan Securities Inc, written to Marc Gerken, President and CEO of AMP-Ohio" [PDF], Ohio Citizen Action, February 7, 2008, http：//www. ohiocitizen. org/campaigns/coal/jpmorgan_letter. pdf，登录时间：2017 年 6 月 25 日。

⑤ Pierre-Marie Dupuy & Jorge E. Viñuales, Harnessing Foreign Investment to Promote Environmental Protection：Incentives and Safeguards, Cambridge University Press, 2013, p. 399.

仅是为气候变化融资的经济风险,而非提供这种融资的环境风险。没有证据表明'碳原则'已经阻止或者甚至减缓了为碳密集型项目的融资。也没有证据表明在现有经济状况下'碳原则'更大程度上促进了清洁能源投资的发展"[①]。然而,面对环境非政府组织的批评,所谓"碳原则"银行却颇为不满。"美国银行发言人欧内斯托·安圭拉(Ernesto Anguillar)指出,雨林行动网络等环境组织不幸地忽略了一些经济现实。其中一点是我们国家超过50%的电力来自燃煤。"[②] 花旗集团则在2007年的《企业公民报告》中明确指出,"我们不认为停止为所有燃煤电厂融资对花旗而言是一种应对气候变化最有效的方式。特别是,在当前美国全部电力中有超过50%是由煤炭提供的。我们认为应对气候变化,最好是继续与客户、监管机构、环境组织和其他利益相关者共同参与开发和提升以市场为基础的负责任解决方案,并且我们将始终尊重所有利益相关者的意见"[③]。

总之,"碳原则"存在的问题充分说明,美国跨国银行对燃煤电厂投资时最主要的考虑是市场利润,而绝非气候变化和碳排放。所谓"碳原则"以及与其他利益相关者合作的表态只是美国跨国银行有条件的"尊重"和"让步"而已。在触及根本利益底线时美国跨国银行是不会轻易选择彻底妥协的。"碳原则"所暴露出的问题也进一步说明,能够促使美国跨国银行向可持续阶段作出根本性转变的只有市场因素本身。

---

① "The Principle Matter: Banks, Climate & The Carbon Principles", Rainforest Action Network, https://www.ran.org/the_principle_matter_banks_climate_the_carbon_principles, 登录时间: 2017年6月24日。

② Dave Goodman, "Concern Over Coal Burning Power Plants Fuels Protests", Open Media Boston, 1 April, 2008, http://www.openmediaboston.org/content/concern-over-coal-burning-power-plants-fuels-protests, 登录时间: 2017年6月18日。

③ "Citizenship Report 2007" [PDF], CITI, p. 47, http://www.citigroup.com/citi/about/data/corp_citizenship/global_2007_english.pdf, 登录时间: 2017年6月26日。

第二节 阻碍美国跨国银行向可持续阶段转型的市场因素

经过以上分析，本书发现市场因素是影响美国跨国银行参与全球环境治理的根本原因。美国跨国银行进一步参与全球环境治理的目标和发展方向是可持续阶段。因此，为了探讨有利于推动美国跨国银行进一步参与全球环境治理的关键因素，本节须对以下问题展开剖析：现阶段，哪些是不利于市场发挥积极作用影响美国跨国银行向可持续阶段转型的原因？

一 清洁能源技术尚未完善

科学技术是引领市场发展的根本动力。从清洁能源技术进步和市场发展前景的角度分析，传统化石能源难以在短时间内被立即取代。因此，具有污染性的传统能源在未来相当长时间内将依然是美国跨国银行获取利润的主要来源。

第一，现有清洁能源技术水平还不足以完成全面代替传统化石能源的重任。

首先，一些学者预测到 21 世纪中叶清洁能源有望全面取代化石能源。2015 年 8 月，美国斯坦福大学土木与环境工程系的马克·雅各布森以及加州伯克利大学交通运输研究所的马克·德卢基等学者在《能源与环境科学》期刊撰文。雅各布森等科学家"为美国 50 个州实现能源系统全面转向风能、水能和太阳能驱动绘制了路线图。该计划设想到 2030 年清洁能源替换现有能源的 80%—85%，并且到 2050 年实现全面取代"[①]。

[①] Mark Z. Jacobson, Mark A. Delucchi, Guillaume Bazouin, Zack A. F. Bauer, Christa C. Heavey, Emma Fisher, Sean B. Morris, Diniana J. Y. Piekutowski, Taylor A. Vencilla & Tim W. Yeskooa, "100% clean and renewable wind, water, and sunlight (WWS) all-sector energy roadmaps for the 50 United States", *Energy & Environmental Science*, 2015, Vol. 8, p. 2093.

其次，从现实可行性来看，全面取代化石能源的过程可能比预想的时间还要漫长。2016年5月，能源与运输政策研究集团（EN-TRANS Policy Research Group, Inc.）负责人罗伯特·莱曼在《到2050年为什么可再生能源无法取代化石燃料》的报告中主要从成本角度驳斥了雅各布森等学者观点的可行性。莱曼的研究结果指出，"虽然为建设百分之百可再生能源世界需要付出的金融成本巨大，但是为容纳如此分散的能源供应所使用的土地面积更加令人望而生畏。为了实现美国百分之百使用清洁和可再生风能、水能和太阳能（WWS）的愿景，需要建设46480个太阳能光伏发电厂，将占地650720平方英里，几乎相当于美国本土48个州面积的20%。其大小接近于德克萨斯、加利福尼亚、亚利桑那州和内华达州之和"①。因此，持谨慎观点的学者认为，人类社会要彻底完成向清洁和可再生能源转型的历史使命任重而道远。另外，从清洁能源技术的实际发展水平来看，即使到2050年有望实现完全代替传统化石能源，美国跨国银行在近三十年内也难以彻底切断与污染能源的利益联系。

第二，短期内清洁能源技术不具备超越传统化石能源的绝对成本优势。

首先，相对于传统化石能源而言，清洁能源技术还未形成明显的比较优势。2016年5月，希尔斯代尔学院（Hillsdale College）经济学和公共政策专业教授加里·沃尔弗拉姆在《底特律新闻》刊登评论文章《到2030年我们可以替代化石燃料么？》。沃尔弗拉姆从能源技术进步和价格竞争优势的角度指出，虽然"可再生能源价格的下降确实值得注意。太阳能发电价格已经大

---

① Robert Lyman, "Why Renewable Energy Cannot Replace Fossil Fuels By 2050" [PDF], Friends of Science, May 30, 2016, pp. 2 – 3, https://www.friendsofscience.org/assets/documents/Renewable-energy-cannot-replace-FF_Lyman.pdf, 登录时间：2017年8月20日。

幅下降，太阳能发电平准化度电成本①从 2009 年到 2014 年下降了 78%，并且目前已低于碳捕获②及天然气调峰③。最近几个月的实际情况是，所有发电厂装机容量的增加都来自可再生能源。然而，随着水平钻孔④和其他新技术的应用，石油和天然气的价格也在急剧下降，这使得其他燃料能源难以在经济上与之进行竞争，更不可能完全占领市场"⑤。因此，沃尔弗拉姆认为"即使可再生能源和充电站获得巨大改进，我们也还需要 15 年以上的时间才能实现从化石的完全转型"⑥。

其次，技术革新使传统化石燃料能源仍然具有强劲生命力。《世界能源展望 2015》预测，"从 2015 年到 2040 年，世界能源部门投资总额为 68 万亿美元，其中石油和天然气供应占 37%，电力供应占

---

① 平准化度电成本（LCOE），是一种用来衡量不同发电技术整体竞争力的简易测量方法。它代表在一个假定的财务生活和工作周期内，建设并且运营一家发电厂，生产每千瓦时电量的成本。参见 "Levelized Cost and Levelized Avoided Cost of New Generation Resources in the Annual Energy Outlook 2017" [PDF], U. S. Energy Information Administration, April 2017, p. 1, https://www.eia.gov/outlooks/aeo/pdf/electricity_generation.pdf，登录时间：2017 年 8 月 20 日。

② 2014 年，加拿大萨斯喀彻温省（Saskatche）建成世界首座运用碳捕获与封存（CCS）技术的燃煤电厂，即"边界大坝"（Boundary Dam）发电厂。目前环保人士还较多质疑碳捕获与封存技术在经济上的可行性。参见 Suzanne Goldenberg, "Canada switches on world's first carbon capture power plant", *The Gaurdian*, 1 October, 2014, https://www.theguardian.com/environment/2014/oct/01/canada-switches-on-worlds-first-carbon-capture-power-plant，登录时间：2017 年 8 月 21 日。

③ 基本上有两种用途的天然气存储设施，满足长期（季节性摆动）需求的基本负荷型（BASE LOAD）以及满足短期（每日或日间摆动）需求的调峰型（PEAK LOAD）。参见 Vivek Chandra, *Fundamentals of Natural Gas: An International Perspective*, PennWell Books, 2006, p. 68.

④ 现代页岩气开发和常规天然气开发的主要区别在于水平钻孔（horizontal drilling）和水力压裂（hydraulic fracturing）技术的广泛应用。美国宾夕法尼亚州的马塞卢斯页岩（Marcellus Shale）是应用水平钻孔技术的典型例子。参见 James G. Speight, *Shale Gas Production Processes*, Gulf Professional Publishing, 2013, p. 76.

⑤ Gary Wolfram, "Can we replace fossil fuels by 2030?" *The Detroit News*, May 11, 2016, http://www.detroitnews.com/story/opinion/2016/05/11/can-replace-fossil-fuels/84254744/，登录时间：2017 年 8 月 20 日。

⑥ Jon LeSage, "Professor Challenges Claim US Can Be 80 Percent Renewable Energy by 2030", Hybridcars, May 12, 2016, http://www.hybridcars.com/professor-challenges-claim-us-can-be-80-percent-renewable-energy-by-2030/，登录时间：2017 年 8 月 20 日。

29%，以及终端能源利用率占 32%"①。从以上预测数据来看，传统化石燃料不会立即退出历史舞台。虽然煤炭有望成为被清洁能源最先取代的化石燃料，但是按照最乐观的估计至少也要等到 21 世纪 30 年代早期。② 因此，在近十年内，传统化石能源凭借技术革新带来的比较竞争优势，仍将是美国跨国银行选择的重点投资领域。

总之，由于目前清洁能源技术的发展水平还不够完善，并且在生产成本上相对于传统化石能源还不具备绝对优势，所以在短期内清洁能源无法实现完全取代传统化石能源的目标。现阶段清洁能源技术发展所面临的问题制约了清洁能源市场的发展，也必然严重影响美国跨国银行对能源市场投资的决策判断。根据科学预测所得出的结论可以推断，在未来十五至三十年美国跨国银行都很难完成向可持续阶段转型的目标。由此可知，美国跨国银行参与全球环境治理的积极程度受到清洁能源技术和市场发展水平的决定性影响。两者之间的关系是，清洁能源技术和市场发展得越好，美国跨国银行参与全球环境治理的信心就越强，反之则越弱。

二 美国政府对市场的消极影响

在美国跨国银行参与全球环境治理进程中，美国政府本应作为一个关键因素发挥积极推动作用，然而实际情况却不容乐观。

第一，美国政府以牺牲环境利益为代价的政策向市场发出错误信号。

首先，环境问题始终并非美国政府的最优先考虑事项。在政策具体执行中，环境利益往往要让位于美国的政治和经济利益。这种情况即使在美国历届总统中最支持环保的奥巴马时期都难以改变。美国哥伦比亚新闻学院"能源与环境报告项目"的调查研究结果显

---

① OECD/IEA, "World Energy Outlook 2015 Factsheet Global Energy Trends to 2040" [PDF], International Energy Agency, 2015, https：//www.iea.org/media/news/2015/press/151110_WEO_Factsheet_GlobalEnergyTrends.pdf，登录时间：2017 年 8 月 21 日。

② 参见 Jagran Josh, *Current Affairs November 2015 eBook*: *Jagran Josh*, Jagran Josh, 2015, p. 39.

示，"贝拉克·奥巴马政府已经通过美国进出口银行花费将近340亿美元在全球范围内支持了70个化石燃料项目"①。而且，颇具讽刺意味的是，奥巴马政府时期美国进出口银行批准的海外化石燃料项目融资"是小布什两届任期内的三倍，并且几乎是罗纳德·里根、老布什和比尔·克林顿三届政府以贷款和担保提供融资金额之和的两倍"②。另外，"根据美国能源情报署（Energy Information Administration）的资料，如果清洁电力计划年内（2016年）被通过，未来的15年将减少美国碳排放量约25亿吨，这与进出口银行投资的海外化石燃料项目在未来15年满负荷运转情况下所产生的排放量几乎相等"③。作为"美国的官方出口信贷机构"④，美国进出口银行一向声称其首要任务是"为美国维护和创造就业机会，并且促进国家经济发展"⑤。由此可见，在某种意义上，奥巴马所作出的美国减排承诺，其实是建立在通过向国外输出污染来转嫁国内环境政策经济成本基础之上的。

其次，美国政府的环境立场问题对美国跨国银行参与全球环境治理产生不利影响。例如，在美国进出口银行的政策扶持对象中，"富国银行和摩根大通等商业银行一直是最大的受益者。2007—2016年，在进出口银行担保政策授权的500多亿美元中，有超过

---

① Sonali Prasad, Jason Burke, Michael Slezak & Oliver Milman, "Obama's dirty secret: the fossil fuel projects the US littered around the world", *The Guardian*, 1 December 2016, https://www.theguardian.com/environment/2016/dec/01/obama-fossil-fuels-us-export-import-bank-energy-projects，登录时间：2017年8月27日。

② Asaf Shalev, Michael Phillis, Elah Feder & Susanne Rust, "How Obama's climate change legacy is weakened by US investment in dirty fuel", *The Guardian*, 30 November 2016, https://www.theguardian.com/environment/2016/nov/30/us-fossil-fuel-investment-obama-climate-change-legacy，登录时间：2017年8月27日。

③ Andrea Germanos & staff writer, "Obama Quietly Undercutting Climate Legacy With Foreign Fossil Fuel Investments: Investigation", *Common Dreams*, November 30, 2016, https://www.commondreams.org/news/2016/11/30/obama-quietly-undercutting-climate-legacy-foreign-fossil-fuel-investments，登录时间：2017年8月28日。

④ Andrew Fight, *Introduction to Project Finance*, Butterworth-Heinemann, 2005, p. 19.

⑤ Robert N. Lussier & Herbert Sherman, *Business, Society, and Government Essentials: Strategy and Applied Ethics*, Routledge, 2013, p. 424.

300亿美元被这些大银行获得"①。美国政府授权其官方出口信贷机构投资具有严重污染性的国际项目，无疑是向美国跨国银行释放错误市场信号。有了美国进出口银行的担保和支持，美国跨国银行在全球忽视环境责任的不良投资行为就有了一把"合法"保护伞。美国政府的消极环境立场，对美国跨国银行参与全球环境治理造成了严重错误引导。当前特朗普政府在环境问题上表现得极其退步，对美国跨国银行的不利影响着实更加令人担忧。

第二，美国政府的环境政策表现出严重扰乱市场信号的长期摇摆性。

首先，美国政府的环境政策长期以来摇摆不定。美国政府政策受选举制度的影响比较严重。"当大选导致执政党变更时，政府政策通常要发生变化。"② 美国政府对环境问题的立场由于受到两党政治的影响而波动频繁。例如，"克林顿和布什政府在《京都议定书》以及全球变暖等环境问题上存在显著差异"③；特朗普与奥巴马在环境立场上更是针锋相对，早在参加竞选之时特朗普就"许诺如果当选总统，他将终止美国的气候倡议"④。2016年11月，特朗普的成功当选造成美国"联邦政府的环境政策发生急剧转变。在执政的最初几个月内，特朗普总统依据《国会审查法案》⑤，否决了奥巴马

---

① Eduardo Garcia, "US has provided ＄315m in financing to supplier of mines accused of slave labor", *The Guardian*, 22 February 2017, https：//www.theguardian.com/us-news/2017/feb/22/us-export-import-bank-africa-mines-financing-slave-labor, 登录时间：2017年8月28日。

② Walter J. Armbruster & Ronald D. Knutson, *US Programs Affecting Food and Agricultural Marketing*, Springer Science & Business Media, 2012, p. v.

③ Mary Buckley & Robert Singh, *The Bush Doctrine and the War on Terrorism: Global Responses, Global Consequences*, Routledge, 2006, p. 144.

④ Bruce S. Jansson, *Empowerment Series: Becoming An Effective Policy Advocate*, Cengage Learning, 2017, p. 161.

⑤ 《国会审查法案》于1996年由美国国会通过。该法案允许立法者推翻上届政府在最后六个月内制定的任何法规，只要国会两院都以简单多数票通过即可。在特朗普政府之前，该法仅被应用过一次。参见Brian Naylor, "Republicans Are Using An Obscure Law To Repeal Some Obama-Era Regulations", National Public Radio, April 9, 2017, http：//www.npr.org/2017/04/09/523064408/republicans-are-using-an-obscure-law-to-repeal-some-obama-era-regulations，登录时间2017年8月23日。

政府在最后六个月内颁布的多项法规。特朗普又签署多个行政命令，指导政府专门机构重新审议那些由于已经生效足够长时间而无法被《国会审查法案》否决的法规"①。目前，奥巴马的气候政策遗产在特朗普总统的不断打击下已经基本上被废除殆尽。②

其次，美国政府的环境政策摇摆频繁不利于美国跨国银行的投资信心。"政府制定的政策会影响企业经营。当政策管理企业在母国的经营时，产生的效果具有内部性。当政策管理企业在国外的经营时，影响则具有外部性。"③ 美国政府环境立场的长期摇摆性显然不利于美国跨国银行有效地参与全球环境治理。例如，奥巴马政府制定的以开发非洲清洁能源为特色的"电力非洲计划"曾吸引美国跨国银行的积极参与。但是，由于受到党派政治僵局的影响，目前该计划进展严重受挫。④ 高盛集团和花旗集团等美国跨国银行因缺少美国政府的有力支持，对"电力非洲计划"表现出观望态度。⑤ 然而，美国政府政策的系统性问题又很难得到根本解决。"在奥巴马第一任期，前国家安全顾问兹比格涅夫·布热津斯基（Zbigniew Brzezinski）曾经感叹道，'作为一个民主国家，美国的外交政策必须基于国内的政治认同。……然而，三个系统性缺陷导致获得公众

---

① Robert V. Percival & Christopher H. Schroeder, *Environmental Law: Statutory and Case Supplement*, 2017–2018, Wolters Kluwer Law & Business, 2017, p. xvii.

② 奥巴马政府制定的与气候变化相关的六项政策已经被特朗普废止。包括2013年的"气候行动计划"；2013年的"气候变化行政命令"；2015年的"清洁电力计划"；2016年的"联邦煤炭禁令"；2016年的总统备忘录"气候变化对国家安全'不断增长的威胁'"；2015年的环保署"美国水源规则"。参见Madison Park, "6 Obama climate policies that Trump orders change", Cable News Network politics, March 28, 2017, http://www.cnn.com/2017/03/28/politics/climate-change-obama-rules-trump/index.html, 登录时间：2017年8月23日。

③ P. K. Vasudeva, *International Marketing*, Excel Books India, 2006, p. 212.

④ "电力非洲计划"已经瘫痪。由于参议院共和党的阻挠，美国进出口银行自2015年7月1日以来没有为该计划批准任何融资。参见Toluse Olorunnipa, "Obama's Africa Power Plan Falls Short, Leaving Continent in Dark", *Bloomberg Politics*, Sep 21, 2016, https://www.bloomberg.com/news/articles/2016-09-21/africa-left-in-dark-as-9-7-billion-obama-power-plan-falls-short, 登录时间：2017年8月25日。

⑤ 参见Aubrey Hruby, "Africa: Keeping the Lights on Power Africa", allAfrica, 20 March 2017, http://allafrica.com/stories/201703200933.html, 登录时间：2017年8月23日。

对美国解决全球困境的理性外交政策支持变得复杂化',即利益集团游说团体、党派极化以及公众的无知"①。党派偏见不利于美国政府制定有效而稳定的环境以及其他内政和外交政策,因此必然伤害美国跨国银行参与全球环境治理的信心和积极性。

总之,美国政府没有起到释放积极市场信号,从而有效引导和支持美国跨国银行参与全球环境治理的作用。这种情况反而更加凸显出全球环境治理共识以及公民社会力量,对于推动美国跨国银行进一步向可持续阶段转型的关键意义。

小　结

美国跨国银行与传统化石燃料污染能源难以割舍的密切联系,充分说明市场因素是影响美国跨国银行参与全球环境治理的根本原因。由于短期内清洁能源难以完全替代传统化石能源,所以美国跨国银行在未来相当长时间内都难以实现与传统污染能源市场的彻底决裂。清洁能源技术和市场的发展水平直接影响了美国跨国银行参与全球环境治理的积极程度。美国政府没能有效地发挥促进美国跨国银行积极参与全球环境治理的正确导向作用。美国政府的角色缺位恰好为全球环境治理共识以及公民社会力量发挥积极影响作用提供了空间和机会。

---

① Robert Singh, *After Obama*, Cambridge University Press, 2016, p. 47.

第四章

推动美国跨国银行进一步参与
全球环境治理的关键因素

经过剖析影响美国跨国银行参与全球环境治理的根本原因，本书发现对美国跨国银行参与全球环境治理的积极表现必须持谨慎乐观的清醒态度。探讨美国跨国银行的消极性，是为了明确它们在全球环境治理中向可持续阶段转型的难度。实际证据已表明，美国跨国银行参与全球环境治理依然面临诸多严峻挑战。因此，本书接下来需要回答以下问题：现阶段，哪些关键因素将有利于推动美国跨国银行进一步参与全球环境治理？

第一节 全球环境治理在国际经济和政治
　　　　领域无法逆转的发展态势

尽管全球环境治理的发展道路充满荆棘，但值得庆幸的是国际社会拥护全球环境治理的意志和决心始终没有动摇。全球环境治理已经成为国际经济和政治领域内不可阻挡的趋势。国际社会支持全球环境治理的主流共识，必将有利于坚定美国跨国银行进一步积极参与全球环境治理的信心。[①]

[①] 信心是影响市场参与者的关键因素。2008 年，温家宝在第二届夏季达沃斯论坛开幕式上谈世界经济危机时曾指出，"信心比黄金和货币还要贵重"。参见荣燕《温家宝在夏季达沃斯论坛上的致辞引起强烈反响》中国政府网，2010 年 9 月 14 日，http：//www.gov.cn/jrzg/2010-09/14/content_1702590.htm，登录时间：2018 年 2 月 3 日。

一 清洁能源技术引领绿色经济革命

清洁能源技术引领世界经济绿色变革的明确趋势，对促使美国跨国银行进一步参与全球环境治理起到至关重要的作用。

第一，绿色经济革命是对美国跨国银行具有重要影响的国际趋势。

首先，发展绿色经济是人类社会进行深刻自我反思的结果。长期以来，人类社会的经济发展是以牺牲环境利益作为代价的。"经济全球化被认为是不可持续发展的主要原因，全球化将环境问题置于经济利益的诉求之下。"[1] 而且有观点认为，"全球化程度越高，环境污染就越严重"[2]。因此，如何促进经济和环境的可持续发展，进而消除全球化的负面影响，成为国际社会面临的艰巨任务。"2007—2008 年的全球金融危机之后，'绿色经济'一词开始被广泛使用，并且迅速被提升至政治议程的首位。"[3] "在主张可持续发展和消除贫困的国际背景下，绿色经济被众多联合国机构以及世界各国政府积极推动，并成为 2015 年后发展议程所讨论的中心主题。"[4] 2015 年 9 月，"联合国可持续发展峰会正式通过可持续发展目标（SDGs）即《变革我们的世界：2030 年可持续发展议程》"[5]。2030 年可持续发展目标"旨在根本改变旧的全球经济发展模式，强调以人为本，实现经济发展、社会公平、环境可持续三者和谐统一，契合国际金融危机后各国谋求经济转型发展的需要，有利于世

---

[1] International Academic Conference on Teaching, Learning and E-learning & International Academic Conference on Manangement, Economics and Marketing, *Proceedings of IAC 2017 in Vienna*, Czech Institute of Academic Education, p. 52.

[2] Brian Chi-ang Lin & Siqi Zheng, *Environmental Economics and Sustainability*, John Wiley & Sons, 2017, p. 215.

[3] Adrian C. Newton & Elena Cantarello, *An Introduction to the Green Economy: Science, Systems and Sustainability*, Routledge, 2014, p. 1.

[4] Mohamed Abdel Raouf & Mari Luomi, *The Green Economy in the Gulf*, Routledge, 2015, p. 4.

[5] Stephen Browne, *Sustainable Development Goals and UN Goal-Setting*, Routledge, 2017, p. 94.

界经济迈向可持续发展之路"①。

其次，为实现世界经济向绿色转型，私人部门的作用非常关键。"除了经济可持续增长之外，绿色经济的另一个特征是私人部门作为主要参与者担负着改变土地使用行为以及为推动绿色经济提供投资的重任"②。2016年，"在上海召开的G20各国财长和中央银行行长会议公告中，'绿色金融'被首次提及"③。2016年杭州G20峰会通过的《绿色金融综合报告》强调"增强金融体系为绿色投资调动私人资本的能力"④。国际社会已充分认识到，全球环境治理的成功离不开私人资本部门的积极参与。在金融领域，银行具有十分重要的地位。"银行被视为现代经济中最为重要的金融机构"⑤。"在国际银行业中，处于领先地位的美国各大银行往往最具创新性并且极富竞争力。"⑥ 因此，作为私人资本部门代表的美国跨国银行必将是全球环境治理不可或缺的重要参与者。

最后，全球环境治理与世界新一轮产业革命高度契合。"进入21世纪后，围绕'低碳经济''绿色能源''清洁技术'等可持续发展概念已经形成了一个最富竞争力又最富市场商机的产业链条。新兴经济技术的竞争与合作是气候/环境议题成为国际政治焦点的一个重要原因。"⑦ 全球环境治理将带动一批新兴高科技产业的崛起。对于渴望实现"弯道超车"的广大发展中国家而言，这更意味着千载难逢的历史机遇期。"《纽约时报》专栏作家和著作家托马

---

① 陈迎：《世界经济迈向可持续发展之路》，载《人民日报》2015年9月13日，第5版。
② Alexandros Gasparatos & Katherine J. Willis, *Biodiversity in the Green Economy*, Routledge, 2015, p. 272.
③ Angang Hu & Qingyou Guan, *China: Tackle the Challenge of Global Climate Change*, Routledge, 2017, p. 33.
④ Organization for Economic Cooperation and Development, *Mobilising Bond Markets for a Low-Carbon Transition*, OECD Publishing, 2017, p. 33.
⑤ Mohamed Ariff & Munawar Iqbal, *The Foundations of Islamic Banking: Theory, Practice and Education*, Edward Elgar Publishing, 2011, p. 67.
⑥ Francis A. Lees, *International Banking and Finance*, Springer, 1974, p. 94.
⑦ 王逸舟：《气候与环境：国际政治第一焦点》，载《世界知识》2009年24期，第24页。

斯·弗里德曼（Thomas Friedman）曾作出著名的预测，即清洁能源将会是下一次'工业革命'。"① 弗里德曼在《世界又热又平又挤》（Hot, Flat, and Crowded）一书中鼓励美国"应该在世界范围内带头努力，以清洁能源、能源效率和节约能源的积极策略代替浪费、低效的能源使用行为"②。长期以来，美国始终以"美国必须领导世界，美国必须是第一"③ 的理念在国际社会自居和行事。面对清洁能源技术引领绿色经济革命的国际趋势，美国跨国银行必然难以置身于事外，因为它们的抉择及行动将直接反映甚至影响美国在未来世界产业革命中的地位。

第二，清洁能源技术引领绿色经济革命，为美国跨国银行明确了前进方向。

首先，清洁能源技术已经为人类未来发展指出了光明前景。联合国可持续发展专员奥斯丁·斯基亚诺（Austin Schiano）指出，"正如任何重大创新一样，很明显全球经济向可再生能源转变并非出于道义上的必要，而是出于经济刺激。尽管现在许多人对这一主张持鄙视态度，但是令我们感到欣慰的是，可再生能源正变得越来越具有效率和成本优势"④。清洁能源技术在效率和成本优势方面所取得的进步已经表现得非常明显。2016年的世界经济论坛报告乐观预测，"到2020年，全球范围内太阳能电力价格将有望低于煤炭或天然气电力价格"⑤。当前，"太阳能和风能的低廉价格已经促使企

---

① Robert D. Atkinson & Stephen J. Ezell, *Innovation Economics: The Race for Global Advantage*, Yale University Press, 2012, p. 126.

② Ervin Williams, *The Global Entrepreneur: How to Create Maximum Personal Wealth in the New Global Economic Era*, iUniverse, 2005, p. 231.

③ 梅仁毅：《奥巴马政府的四年施政轨迹———重读四份国情咨文》，载《国际论坛》2012年第6期，第59页。

④ Austin Schiano, "Comparing Cost-Fossil Fuels v.s. Renewable Energy", Global Ethics Network, December 14, 2016, http://www.globalethicsnetwork.org/profiles/blogs/comparing-cost-fossil-fuels-v-s-renewable-energy, 登录时间：2017年8月29日。

⑤ David Ruhm, "Renewable Energy Is Now Cheaper Than Fossil Fuels", Goodnet, Aug 11, 2017, http://www.goodnet.org/articles/renewable-energy-now-cheaper-than-fossil-fuels, 登录时间：2017年8月29日。

业着手建造更多的可再生能源电厂"①。根据 2016 年美国太阳能行业协会的数据,美国"每 84 秒就有一个新的太阳能项目被安装,即每 32 分钟产出一兆瓦新电量。这相当于每分钟安装大约 125 块太阳能电池板"②。美国经济学家杰瑞米·里夫金(Jeremy Rifkin)认为,"可再生能源已经正在将化石燃料发电厂挤出电网"③。

其次,清洁能源技术引领绿色经济革命的重要意义,有利于促使美国跨国银行作出正确抉择。历次科学技术革命都深刻改变了人类社会的生产和生活方式。私人资本往往能够较早察觉到技术创新引发国际经济变革趋势的端倪。例如,正是在发现技术进步导致煤炭能源式微的情况下,④ 美国跨国银行及时调整了对煤炭行业的投资政策。2016 年,摩根士丹利、富国银行、花旗集团、高盛集团、美国银行和摩根大通相继宣布削减对煤炭行业的投资。⑤ 根据环境非政府组织银行监察公布的数据,"截至 2017 年 6 月,已经有 11 家主流国际银行承诺终止为全球范围内的新建煤矿和燃煤发电厂提供直接融资"⑥。以美国跨国银行为代表的私人资本部门减少对煤炭

---

① Andrew Griffin, "Solar and wind power cheaper than fossil fuels for the first time", Independent, Aug 10, 2017, http://www.independent.co.uk/environment/solar-and-wind-power-cheaper-than-fossil-fuels-for-the-first-time-a7509251.html, 登录时间: 2017 年 8 月 29 日。

② Morgan Lyons, "Solar Industry Sees Largest Quarter Ever", Solar Energy Industries Association, December 14, 2016, http://www.seia.org/blog/solar-industry-sees-largest-quarter-ever, 登录时间: 2017 年 8 月 29 日。

③ Jeremy Rifkin, *The Zero Marginal Cost Society: The Internet of Things, the Collaborative Commons, and the Eclipse of Capitalism*, Macmillan, 2014, p. 83.

④ 天然气开采技术的突破性进步使国际天然气价格变得极富竞争力,成为导致美国煤炭行业处于疲软状态的直接原因。尽管特朗普政府取消了多项针对燃煤电厂的环保标准,但都无力挽救煤炭能源的颓势。参见 Tom DiChristopher, "Donald Trump again ignores the real reason US coal is on the decline", Consumer News and Business Channel, 10 Oct., 2016, https://www.cnbc.com/2016/10/10/debate-and-energy-donald-trump-ignores-why-coal-is-on-the-decline.html, 登录时间: 2017 年 8 月 29 日。

⑤ Jon Marino, "Wall Street checks out of coal mines", Consumer News and Business Channel, 16 March 2016, https://www.cnbc.com/2016/03/16/wall-street-checks-out-of-coal-mines.html, 登录时间: 2017 年 8 月 30 日。

⑥ Yann Louvel, "Banks and coal", Banktrack, Aug 16 2017, https://www.banktrack.org/show/pages/banks_and_coal, 登录时间: 2017 年 8 月 29 日。

行业的投资将有利于全球环境治理。美国跨国银行调整投资政策的行动，正是源于它们对技术革命重要性的深刻认识。

总之，清洁能源的开发和使用代表着未来国际经济领域绿色变革的大趋势。虽然短期内清洁能源还无法主导全球能源市场，但是绿色经济革命的光明前景必将有利于推动美国跨国银行进一步参与全球环境治理。

二　全球环境治理共识难以撼动

在当前的全球环境治理进程中，"2015年《巴黎气候变化协定》是最新的里程碑"[①]。虽然特朗普政府宣布美国退出《巴黎气候变化协定》造成了一定消极影响，但是《巴黎气候变化协定》及其所代表的全球环境治理共识已经难以撼动。世界主要国家坚决支持全球环境治理的政治态度，表明全球环境治理已是不可逆转的国际趋势。这必将为推动美国跨国银行进一步参与全球环境治理发挥关键作用。

第一，国际社会对全球环境治理的重要性已经有了深刻认识。

全球环境治理影响着未来国际关系格局走向。全球环境治理将引发以清洁能源技术为特色的新一轮产业革命，有望根本改变国际经济和政治格局。美国外交协会能源与环境高级研究员埃米·迈尔斯·贾菲（Amy Myers Jaffe）认为，当今中美之间在绿色能源方面的竞争与冷战时期美苏之间的太空竞赛具有同等重要意义。贾菲强调，中国向绿色能源成功转型将重塑国际秩序。如果美国彻底退出《巴黎气候变化协定》等全球环境治理议程，那么全球能源体系将会按照中国的利益建构。[②] 澳大利亚国立大学气候变化研究所主任

[①] Stavros Afionis, *The European Union in International Climate Change Negotiations*, Taylor & Francis, 2017, p. 3.

[②] Amy Myers Jaffe, "Green Giant: Renewable Energy and Chinese Power", *Foreign Affairs*, March/April 2018 Issue.

马克·霍登（Mark Howden）也认为，美国退出《巴黎气候变化协定》"正好为其他国家占据美国所留下的权力真空创造了机会"①。当前，围绕全球环境治理以及绿色产业革命话语权的国际竞争异常激烈。世界各国已经清楚认识到全球环境治理的重要意义绝不仅仅限于环境问题本身。全球环境治理所带动的新一轮绿色产业革命对国际社会而言意味着前所未有的历史机遇和挑战。② 某种意义上，特朗普政府选择让美国退出《巴黎气候变化协定》，其实也反映出世界头号超级大国惧怕失去领先地位的忧虑和利益考量。③ 国际社会中的绝大多数国家则更多地视全球环境治理为有利于本国和世界发展的难得契机。④

第二，中国和欧洲国家勇于担当起领导全球环境治理的重任。

在美国退出《巴黎气候变化协定》之后，国际社会中以中国和欧洲国家为代表的负责任成员不惧艰辛，承担起继续坚定支持全球环境治理进程的历史使命。"为了抗击气候变化以及抵制特朗普在

---

① Huileng Tan, "It's not just China: Here's who could benefit from Trump's exit from the Paris deal", Consumer News and Business Channel, 2 June 2017, https://www.cnbc.com/2017/06/02/trump-withdraws-from-paris-agreement-its-not-just-china-who-could-benefit-from-the-move.html，登录时间：2017 年 8 月 31 日。

② 2018 年 3 月美国总统特朗普执意对华发起贸易战，将中国的新能源汽车等高科技产品作为重点打击对象。美国政府的战略意图已经清楚表明绿色产业革命具有深远意义。参见 Kevin Breuninger & Kayla Tausche, "Trump slaps China with tariffs on up to ＄60 billion in imports：'This is the first of many'", CNBC, 22 March 2018, https://www.cnbc.com/2018/03/22/trump-moves-to-slap-china-with-50-billion-in-tariffs-over-intellectual-property – theft.html，登录时间：2018 年 3 月 26 日。

③ 美国前总统国家事务助理哈德利（Stephen Hadley）曾经在北京举行的第三届世界和平论坛上谈及美国外交政策重视利益考量时指出，"利益是国家关系的基础，即使是在我们最亲密的朋友之间，我们也不会用信任这个词来衡量关系"。参见斯蒂芬·哈德利《中美共建新型大国关系牵动世界》，载《人民日报》2014 年 6 月 25 日，第 22 版。我国学者韩庆娜等认为美国政府的环境外交"受制于经济，成为服务于经济利益的工具；假如环境治理的代价过高，则舍之；若环保市场利益喜人，则取之。美国在环保领域里的国家实用主义色彩颇为浓厚"。参见韩庆娜、丁金光《克林顿执政时期美国环境外交特点》，载《复旦国际关系评论》2007 年第 1 期，第 156 页。

④ 国际社会支持全球环境治理的态度和决心，可以从特朗普因反对全球环境治理共识而在 2017 年汉堡 G20 峰会以及 2018 年冬季达沃斯论坛期间遭到世界主要国家领导人"孤立"和"围攻"的情况反映出来。

国际领域的退步举动,中国和欧盟已经结成绿色联盟。"① 中欧双方一致认为,"作为一份具有历史意义的成果,《巴黎气候变化协定》将进一步加速全球温室气体减排和气候韧性发展不可逆转的进程"②;并承诺要"大力加强在气候变化和清洁能源方面的政治、技术、经济和科学合作"③。目前,中国已成为推动全球环境治理发展的重要引领者。在清洁能源领域,中国取得的成绩十分显著。"2013年,中国在清洁能源领域的投资就已超过对新建化石燃料发电厂的投资。"④ "中国现在已经是清洁能源领域世界领先的投资者。以至于相比之下,美国和欧盟都显得黯然失色。2014年中国在清洁能源领域的投资超过890亿美元,而美国当年在清洁能源领域的投资仅为520亿美元。"⑤ 2015年4月,"中国绿色金融工作小组公布报告《论构建中国绿色金融体系》,使中国成为世界上第一个颁布绿色证券发行具体指导方针的国家"⑥。中国在全球环境治理中的杰出表现得到了国际社会的高度认可。2017年7月7—8日,德国汉堡G20峰会"认为继续开展中国于2016年担任轮值主席国期间提出的绿色金融行动十分重要"⑦。目

---

① Pilita Clark, "EU and China strengthen climate ties to counter US retreat", *Financial Times*, June 1, 2017, https://www.ft.com/content/585f1946-45e2-11e7-8519-9f94ee97d996, 登录时间:2017年8月31日。

② Matt McGrath, "Paris climate deal: EU and China rebuff Trump", British Broadcasting Corporation, 1 June 2017, http://www.bbc.co.uk/news/science-environment-40106281, 登录时间:2017年8月31日。

③ Laura Smith-Spark, "EU, China unite behind Paris climate deal despite Trump withdrawal", Cable News Network, June 1, 2017, http://www.cnn.com/2017/06/01/europe/eu-us-climate/index.html, 登录时间:2017年8月31日。

④ David R. Boyd, *The Optimistic Environmentalist: Progressing Towards a Greener Future*, ECW Press, 2015, p.34.

⑤ Czeslaw Tubilewicz, *Critical Issues in Contemporary China: Unity, Stability and Development*, Taylor & Francis, 2016, p.96.

⑥ John A. Mathews, *Global Green Shift: When Ceres Meets Gaia*, Anthem Press, 2017, p.79.

⑦ "Priorities of The 2017 G20 Summit" [PDF], G20 Germany 2017, p.6, https://www.g20.org/Content/DE/_Anlagen/G7_G20/2016-g20-praesidentschaftspapier-en.pdf?__blob=publicationFile, 登录时间:2017年8月31日。

前，中国的绿色金融已"呈现出全面提速的良好发展态势，并在多个方面走在了国际前沿"①。因此，国际社会负责任成员所付出的重要努力，将为全球环境治理继续保持良好发展态势提供有力保障。

第三，美国国内支持全球环境治理的政治力量对美国的政策走向将产生积极影响。

尽管特朗普政府决定退出《巴黎气候变化协定》，但是美国国内支持全球环境治理的政治力量依然十分强大。首先，美国很多州和城市政府在积极参与全球环境治理方面所付出的努力值得肯定。例如，"包括加利福尼亚、内华达、纽约和弗吉尼亚等数州正在削减温室气体排放，并且已经产生经济效益。……主要大城市也正在寻找通向绿色的新方法"②。美国州和城市政府的努力将有助于制衡特朗普政府严重偏离全球环境治理进程所造成的消极影响。③ 2017年，美国环保协会主席弗雷德·克拉普（Fred Krupp）在《外交事务》杂志中撰文指出，"试图返回上个世纪的燃料能源并非正确途径。相反，美国应该拥抱本世纪的清洁能源，如风能和太阳能。……虽然联邦的行动可能会在一段时间内迟缓，但是州和地方政府以及众多领先的公司正在取得丰硕成果"④。其次，尽管当前正遭遇"严冬"，但美国国内很多政治家和学者并未因此而丧失信心，

---

① 陈雨露：《推动绿色金融更好服务实体经济高质量发展》，载《人民政协报》2018年3月20日第7版，第2页。

② Brian Deese, "Paris Isn't Burning: Why the Climate Agreement Will Survive Trump", *Foreign Affairs*, July/August 2017 Issue, p. 92.

③ 弗朗西斯·福山（Francis Fukuyama）指出，美国联邦制使华盛顿不能控制很多问题的议程。地方州政府拥有很强的自主性，从而能够有效发挥制衡联邦政府的作用。例如，在环境问题上，加利福尼亚州就制定了自己的环境规则，而不受特朗普的影响。即使共和党执政的州也不会完全对特朗普言听计从。参见 Francis Fukuyama, "Is American Democracy Strong Enough for Trump?" *Politico Magzine*, January 23, 2017, https://www.politico.com/magazine/story/2017/01/donald-trump-american-democracy-214683，登录时间：2018年2月4日。

④ Fred Krupp, "Trump and the Environment: What His Plans Would Do", *Foreign Affairs*, July/August 2017 Issue, pp. 76–78.

依然对美国能够重新领导全球环境治理抱有深切希望。[①] 可以肯定的是,"从应对全球变暖大势来看,节能减排、开发清洁能源是必由之路,无论哪个利益集团都无法阻挡这一趋势"[②]。因此,所谓"特朗普时代"很有可能仅是美国参与全球环境治理进程中遭遇的阶段性波折,重返全球环境治理舞台对于美国而言也许只是时间问题。[③] 美国国内目前的政治动态更加清楚地证明,国际社会主要成员支持全球环境治理的抉择完全是明智之举。

第四,国际社会深化全球环境治理将有利于美国跨国银行拓展海外市场。

世界主要国家积极推动全球环境治理发展,为美国跨国银行创造了良好市场机遇,从而将有利于推动美国跨国银行进一步参与全球环境治理。在美国宣布退出《巴黎气候变化协定》之后,伍德麦肯兹咨询公司(Wood Mackenzie)亚太电力和可再生能源首席顾问弗兰克·于(Frank Yu)曾作出预测,"涉及环保技术的美国公司将会把可再生能源技术研发中心迁至亚洲,去帮助印度、印尼和越南等需要外国资本来实现可再生目标的国家"[④]。由此可见,在国际社会坚定支持全球环境治理主流共识的正确影响下,全球清洁能源市场的蓬勃发展将为美国跨国

[①] 美国国内一些有识之士已经开始期待,2020 年美国大选之后,新一届政府在环境问题上的立场和政策能有积极变化。哈佛大学肯尼迪政治学院高级研究员布莱恩·迪斯(Brian Deese)在《外交事务》中指出,"如果下一届美国政府能恢复美国在气候变化问题上的领导地位,那或许能够弥补失去的时间"。参见 Brian Deese, "Paris Isn't Burning: Why the Climate Agreement Will Survive Trump", *Foreign Affairs*, July/ August 2017 Issue, p. 92.

[②] 刘卿:《论利益集团对美国气候政策制定的影响》,载《国际问题研究》2010 年第 3 期,第 63 页。

[③] 有学者认为,"美国政治的固有惯性正在超越特朗普所制造的不确定性";"如果着眼于美国政治发展的大趋势惯性,特朗普所引发的不确定性并未发挥关键变量的作用"。参见刁大明:《"特朗普时代"的美国政治:延续、变化与走向》,载《美国问题研究》2017 年第 2 期,第 24 页。

[④] Sunday Times editorial team, "It's Not Just China: Here's Who Could Benefit from Trump's Exit from the Paris Deal", Times Online, Jun 2 2017, http: //www. sundaytimes. lk/article/1023139/its-not-just-china-heres-who-could-benefit-from-trumps-exit-from-the-paris-deal,登录时间:2017 年 9 月 1 日。

银行发挥积极作用提供广阔空间。

总之,虽然美国特朗普政府在环境问题方面严重退步,但是国际政治领域支持全球环境治理的大趋势已经不可逆转。全球环境治理进程的良好发展态势,必将有利于推动美国跨国银行进一步参与全球环境治理。

第二节 公民社会已成为捍卫全球环境治理的坚强后盾

回顾美国跨国银行参与全球环境治理的过程,公民社会在其中所表现出的重要影响力格外引人注目。为推动美国跨国银行进一步参与全球环境治理,公民社会必将继续发挥关键作用。

一 公民社会的重要性受到充分肯定

公民社会在全球环境治理中所发挥的重要作用和影响力已经得到充分肯定。为推动全球环境治理发展,公民社会作出了重要贡献。荷兰学者菲利普·帕特伯格(Philipp H. Pattberg)与瑞典学者法里博尔兹·泽尔(Fariborz Zelli)指出,"在全球环境保护的规则制定中,公民社会已经被视为权威和权力的合法来源"[①]。以环境非政府组织为代表的公民社会力量是推动美国跨国银行参与全球环境治理的关键因素。美国跨国银行根本无法也不敢轻视来自公民社会的压力。美国经济学家达隆·阿奇默鲁(Daron Acemoglu)对公民社会寄予了极高期望。阿奇默鲁在表达了对美国当前政治状况的种种担忧和失望之后,指出公民社会是能够最终制衡特朗普政府消极影响的一道"真正防线",并充分肯定了公民社会所发挥的"警示

[①] Philipp H. Pattberg & Fariborz Zelli, *Encyclopedia of Global Environmental Governance and Politics*, Edward Elgar Publishing, 2015, p. 185.

和抗议"功能。① 可以肯定的是，公民社会必然能够继续发挥推动美国跨国银行进一步参与全球环境治理的关键作用。正如英国学者约翰·基恩（John Keane）在探讨市场与公民社会之间密不可分的关系时所强调的那样，即"没有公民社会，就没有市场"②。公民社会是美国跨国银行赖以生存的"土壤"。由于公民社会运动反映着消费者的诉求，所以美国跨国银行必须高度重视来自公民社会的环保诉求。

二 环境非政府组织的主力先锋作用

环境非政府组织始终站在拥护全球环境治理的最前沿，不断向美国跨国银行施加压力。罗伯特·奥布赖恩（Robert O'Brien）等学者在分析 20 世纪 80 年代环境非政府组织迫使世界银行信贷政策增加环境标准时指出，"正是由于来自非政府组织的压力，世行才会变成绿色。如果没有非政府组织的压力，世行绝不会在其参与投资的项目中纳入环境考虑因素"③。奥布赖恩等人的上述论断当然也同样适用于环境非政府组织在 21 世纪初通过连续施压迫使美国跨国银行制定环境风险管理政策的情况。"赤道原则"的产生以及美国跨国银行对环境标准的不断更新，都与环境非政府组织的作用有密切关系。除了施压以外，环境非政府组织还发挥着重要的监督作用。目前，花旗集团等美国跨国银行积极同环境非政府组织开展交流与合作。因此，现阶段环境非政府组织和美国跨国银行之间的关系表现出既有斗争又有合作的复杂特点。双方之间的合作某种程度

---

① Daron Acemoglu, "We are the last Defense Against Trump", Foreign Policy, January 18, 2017, http://foreignpolicy.com/2017/01/18/we-are-the-last-defense-against-trump-institutions/，登录时间：2018 年 2 月 4 日。

② ［英］约翰·基恩：《全球公民社会?》，李勇刚译，中国人民大学出版社 2012 年版，第 100 页。

③ Robert O'Brien, Anne Marie Goetz, Jan Aart Scholte & Marc Williams, *Contesting Global Governance: Multilateral Economic Institutions and Global Social Movements*, Cambridge University Press, 2000, p. 127.

上也凸显出，环境非政府组织对美国跨国银行的监督力量越来越强。从长远来看，由环境非政府组织所领导的公民社会运动必将为推动美国跨国银行进一步参与全球环境治理继续发挥关键作用。

三 互联网技术的蓬勃发展

互联网是影响全球化进程的最重要因素之一。[①] 互联网技术在全球范围内的蓬勃发展极大地增强了公民社会的监督和施压能力。美国学者乔纳森·多（Jonathan P. Doh）和海尔迪·蒂根（Hildy Teegen）认为，"与前互联网时代的情况相比，21世纪出现的任何问题，非政府组织都更容易产生兴趣，或者专门成立一个非政府组织来处理该问题"[②]。互联网既加速了全球化的进程，同时也促进了公民社会力量的迅猛发展。由于互联网的广泛应用，"公众可以前所未有地接触到那些曾经由于地域、专业和时效等因素的限制而难以获得的大量环境问题数据"[③]。公民社会已经充分认识到互联网技术的重要性。研究结果显示，进入21世纪，环境非政府组织"为继续扩展影响力，最有可能的趋势之一就是利用互联网作为发布环境信息和对外宣传的工具"[④]。目前，互联网已经成为公民社会针对美国跨国银行开展抗议活动、集结成员，以及揭露银行不良环境记录的重要平台。可以肯定的是，互联网将会为帮助公民社会推动美国跨国银行进一步参与全球环境治理发挥越来越重要的作用。

[①] 互联网为全球化提供技术支持。参见 Luke Martell, *The Sociology of Globalization*, Polity Press, 2010, p. 76.

[②] Jonathan P. Doh & Hildy Teegen, *Globalization and NGOs: Transforming Business, Government, and Society*, Greenwood Publishing Group, 2003, p. 28.

[③] Thomas Beierle, "Old Strategy and New Tactics Drive Environmental Advocacy on the Internet", *Internet Communities Linking the World* (Global Issues), November 2000, Volume 15, Number 3, p. 19.

[④] National Research Council, Policy and Global Affairs, Office of International Affairs, Office for Central Europe and Eurasia Development, Security, and Cooperation & Committee on Improving the Effectiveness of Environmental Nongovernmental Organizations in Russia, *The Role of Environmental NGOs—Russian Challenges, American Lessons: Proceedings of a Workshop*, National Academies Press, 2002, p. 17.

四 "环境正确"的影响力日渐增强

美国现代环保运动之父丹尼斯·海斯（Dennis Hayes）指出，"'环境正确'是很少遭到抵制的一种新的政治正确形式。……政治正确涉及一套旧的政治话题，然而，新的正确则是环境正确；它几乎成为一门新的宗教"[①]。通过梳理美国跨国银行参与全球环境治理的过程，不难发现"环境正确"也在其中起到了关键作用，并且逐渐被美国跨国银行及其首席执行官内化为约束自我的道德标准之一。目前，美国跨国银行所作出的公开承诺和声明都不敢与"环境正确"的主旨相违背。虽然，同种族主义等传统政治正确议题相比，现在"环境正确"对美国跨国银行的影响力还稍显逊色，[②] 但是，毫无疑问，随着全球环境治理进程的深入以及环境挑战的日趋严峻，"环境正确"必将受到越来越多的重视，而且也必将为推动美国跨国银行进一步参与全球环境治理发挥更关键的作用。

小　结

现阶段，有利于推动美国跨国银行进一步参与全球环境治理的关键因素主要包括两个方面。首先，全球环境治理在国际经济和政治领域内无法逆转的发展态势，将有利于坚定美国跨国银行的信

---

① John Lea, *Political Correctness and Higher Education: British and American Perspectives*, Routledge, 2010, p. 227.

② 对于美国跨国银行而言，目前"环境正确"的重要性显然还要弱于种族主义等传统政治正确问题。例如，2017年8月，美国弗吉尼亚州夏洛特斯维尔（Charlottesville, Virginia）白人种族主义者集会发生严重暴力冲突惨剧。由于特朗普有意偏袒种族主义者的罪行，所以造成包括摩根大通总裁杰米·戴蒙在内的多名首席执行官辞去在特朗普政府的职务。戴蒙在致摩根大通全体员工的信中强烈批评特朗普对夏洛特斯维尔事件的表态。然而，值得比较的是，当初在特朗普宣布退出《巴黎气候变化协定》之后，戴蒙曾拒绝离开特朗普政府，并仍然赞美特朗普为"驾驶我们飞机的飞行员"。参见 Laura Entis, "JPMorgan CEO Jamie Dimon Issues Sharp Rebuke of Trump", Fortune, Aug 16, 2017, http://fortune.com/2017/08/16/jpmorgan-ceo-jamie-dimon-issues-sharp-rebuke-of-trump/，登录时间：2018年2月5日。

心。清洁能源技术引领的绿色经济革命正进行得如火如荼。全球环境治理共识已经在国际社会成员中获得了广泛而坚定的支持。其次，公民社会将继续发挥推动美国跨国银行进一步参与全球环境治理的关键作用。美国跨国银行受到环境非政府组织的压力和监督将不会减弱。互联网技术的蓬勃发展将有利于增强公民社会的力量。"环境正确"在美国乃至全球所代表的正义诉求对美国跨国银行产生的重要影响将不容低估。

结　　论

本书试图探讨的问题是，为什么美国跨国银行会参与全球环境治理？本书的结论如下：

一　市场因素是影响美国跨国银行参与全球环境治理的根本原因

美国跨国银行是以追逐利润最大化为目标的私人资本部门。美国跨国银行的本质特点决定了其参与全球环境治理的原因根本上要受到市场因素的影响。本书认为市场因素主要从以下几个方面促使美国跨国银行参与全球环境治理。首先，试图规避环境问题所引发的市场风险是美国跨国银行参与全球环境治理的重要动机。美国国内环境立法的严格使美国跨国银行较早认识到忽视环境风险的代价。环境风险不断加剧已经严重威胁到美国跨国银行的核心利益。其次，清洁能源技术和市场蓬勃发展所产生的商机吸引着美国跨国银行参与全球环境治理。近十余年来，美国国内乃至全球清洁能源市场始终保持良好的发展态势，有利于美国跨国银行提高参与全球环境治理的积极性。最后，以清洁能源技术创新为主要动力的绿色经济革命已经为美国跨国银行的可持续发展指明了前进方向。绿色经济革命浪潮也意味着美国跨国银行在全球环境治理中将获得更广阔的市场空间和机会。

二 全球环境治理共识向美国跨国银行
　　提供积极市场信号和政策导向

全球环境治理已经成为难以撼动的国际社会主流共识。自 20 世纪 70 年代以来，日益严峻的生态危机使全球环境治理迅速上升为国际社会最重要的政治议程之一。随着全球环境治理进程的不断深化，绿色金融的重要性已受到充分肯定。绿色金融理念强调私人资本部门为全球环境治理和可持续发展调动有效资金的能力。国际社会大力倡导绿色金融，对促进美国跨国银行参与全球环境治理具有重要意义。当前，全球环境治理面临着诸多严峻挑战。因此，国际社会支持全球环境治理共识的积极态度，有利于坚定美国跨国银行进一步参与全球环境治理的信心。以中国和欧洲国家为代表的国际社会负责任成员勇于担当起领导全球环境治理的重任。美国国内很多州和城市也始终没有放弃继续坚持走绿色和可持续发展之路。在特朗普政府宣布美国退出《巴黎气候变化协定》之后，全球环境治理共识对于引导美国跨国银行参与全球环境治理的意义显得尤为关键。

三 公民社会为推动美国跨国银行参与
　　全球环境治理作出重要贡献

公民社会力量是推动美国跨国银行参与全球环境治理的关键因素之一。由环境非政府组织所领导的公民社会运动成功地迫使美国跨国银行参与发起和推广私人资本领域内首个全球环境治理规范——"赤道原则"，并在此基础上不断提升环境风险管理标准。环境非政府组织的主要作用是监督和施压。对美国跨国银行而言，环境非政府组织既是监督者同时又是消费者。公民社会运动之所以能够发挥如此强大的影响力，其中一个最关键的原因是环境非政府组织的监督作用能够有效转化为消费者对美国跨国银行的压力。以利润为导向的美国跨国银行，不得不考虑来自消费者的强烈要求。离开公民社会的支持，企业将失去其赖以生存的消费市场。也正因为如此，美国跨国银行及其首席执行官才会格外重视维护企业的良好社会责任形象。目前，互联网通信技术的广泛应用以及"环境正确"观念的兴起，都将增强公民社会对美国跨国银行施加积极影响的能力。

综上所述，美国跨国银行在有利因素影响下作出积极参与全球环境治理的选择。随着全球环境治理进程的深入发展以及科学技术水平的不断提高，参与全球环境治理将为美国跨国银行带来更多的市场机会。然而，从美国跨国银行在积极转型中所遇到的挑战来看，对其今后可能变化的情况必须加以冷静的经济和政治分析。

参考文献

一　中文部分
（一）中文著作

薄燕：《环境问题与国际关系》，上海人民出版社2007年版。

陈宝森：《美国跨国公司的全球竞争》，中国社会科学出版社1999年版。

蔡拓：《全球问题与当代国际关系》，天津人民出版社2002年版。

丁金光：《国际环境外交》，中国社会科学出版社2007年版。

甘锋：《国际环境非政府组织与全球治理》，上海交通大学出版社2011年版。

高国荣：《美国环境史学研究》，中国社会科学出版社2014年版。

黄金胜：《环境外交综论》，中国环境科学出版社2008年版。

黄达：《金融学》，中国人民大学出版社2009年版。

贾庆国：《全球治理：保护的责任》，新华出版社2014年版。

康晓：《气候变化全球治理与中国经济转型：国际规范国内化的视角》，世界图书出版公司2014年版。

李金泽：《跨国公司与法律冲突》，武汉大学出版社1997年版。

李东燕：《全球治理——行为体、机制与议题》，当代中国出版社2015年版。

李尔华：《跨国公司经营与管理》，首都经贸大学出版社2001年版。

李琮：《当代国际垄断：巨型跨国公司综论》，上海财经出版社2002年版。

李金泽：《跨国银行市场准入法律制度》，法律出版社2003年版。
陆忠伟：《非传统安全论》，时事出版社2003年版。
李少军：《国际政治学概论》，上海人民出版社2005年版。
李少军：《当代全球问题》，浙江人民出版社2006年版。
李石凯、王晓雷：《国际金融前沿问题研究：全球银行竞争与发展》，中国金融出版社2008年版。
罗晋京：《跨国银行法律规制对国家主权的影响》，知识产权出版社2011年版。
蓝虹：《商业银行环境风险管理》，中国金融出版社2012年版。
蔺雪春：《绿色治理：全球环境事务与中国可持续发展》，齐鲁出版社2013年版。
刘铁娃：《霸权地位与制度开放性：美国的国际组织影响力探析（1945—2010）》，北京大学出版社2013年版。
刘子平：《环境非政府组织在环境治理中的作用研究》，中国社会科学出版社2016年版。
门洪华：《霸权之翼：美国国际制度战略》，北京大学出版社2005年版。
倪世雄：《当代西方国际关系理论》，复旦大学出版社2011年版。
庞中英：《全球治理与世界秩序》，北京大学出版社2012年版。
秦亚青：《关系与过程：中国国际关系理论的文化建构》，上海人民出版社2012年版。
秦亚青：《世界政治与全球治理：国际关系研究文集》，世界知识出版社2014年版。
腾维藻、陈荫枋：《跨国公司概论》，人民出版社1991年版。
谭深、刘开明：《跨国公司的社会责任与中国社会》，社会科学文献出版社2003年版。
伍海华：《跨国银行论》，经济科学出版社1996年版。
王逸舟：《西方国际政治学：历史与理论》，上海人民出版社1998年版。

王逸舟：《全球化时代的国际安全》，上海人民出版社 1998 年版。

王明国：《因果关系与国际制度有效性研究》，世界知识出版社 2014 年版。

王浦劬、臧雷振：《治理理论与实践：经典议题研究新解》，中央编译出版社 2017 年版。

许健：《全球治理语境下国际环境法的拓展》，知识产权出版社 2013 年版。

许寅硕：《澳大利亚商业银行环境风险管理研究》，经济科学出版社 2015 年版。

余劲松：《跨国公司法律问题研究》，中国政法大学出版社 1989 年版。

岳彩申：《跨国银行法律制度研究》，北京大学出版社 2002 年版。

姚拳宏：《跨国公司与中国经济发展》，贵州人民出版社 2004 年版。

姚勤华、权衡：《国际政治经济学理论前沿》，上海社会科学院出版社 2016 年版。

张帆：《美国跨国银行与国际金融》，中信出版社 1989 年版。

钟志勇：《跨国商业银行总行与海外分行法律关系论》，中国方正出版社 2005 年版。

庄贵阳、陈迎：《国际气候制度与中国》，世界知识出版社 2005 年版。

张海滨：《环境与国际关系：全球环境问题的理性思考》，上海人民出版社 2007 年版。

张小平：《全球环境治理的法律框架》，法律出版社 2008 年版。

庄贵阳、朱仙丽、赵行姝：《全球环境与气候治理》，浙江人民出版社 2009 年版。

庄毓敏：《商业银行业务与经营》，中国人民大学出版社 2010 年版。

朱立群、富里奥·塞鲁蒂、卢静：《全球治理：挑战与趋势》，社会科学文献出版社 2014 年版。

朱丹丹、孙靓莹、徐奇渊：《重振可持续发展的全球伙伴关系》，社会科学文献出版社 2016 年版。

（二）中文译著

［美］肯尼思·N. 华尔兹：《人、国家与战争——一种理论分析》，倪世雄、林至敏、王建伟译，上海译文出版社 1991 年版。

［美］罗伯特·基欧汉、约瑟夫·奈：《权力与相互依赖》，门洪华译，北京大学出版社 2002 年版。

［美］莉萨·马丁、西蒙斯：《国际制度》，黄仁伟等译，上海人民出版社 2006 年版。

［美］奥兰·扬：《世界事务中的治理》，史卫民译，上海人民出版社 2007 年版。

［美］纳什：《美国人民：创建一个国家和一种社会》，刘德斌译，北京大学出版社 2008 年版。

［美］奥利弗·斯通、彼得·库茨尼克：《躁动的帝国：不为人知的美国历史》，潘丽君、张波、王祖宁译，重庆出版社 2013 年版。

［美］罗伯特·吉尔平：《全球政治经济学：解读国际经济秩序》，杨宇光、杨炯译，上海人民出版社 2013 年版。

［美］德内拉·梅多斯、乔根·兰德斯、丹尼斯·梅多斯：《增长的极限》，李涛、王智勇译，机械工业出版社 2013 年版。

［美］奥兰·扬：《直面环境挑战：治理的作用》，赵小凡等译，经济科学出版社 2014 年版。

［美］索尼亚·拉巴特、罗德尼·R. 怀特：《环境金融：环境风险评估与金融产品指南》，孙冬译，北京大学出版社 2014 年版。

［美］詹姆斯·萨尔兹曼、巴顿·汤普森：《美国环境法》，徐卓然、胡慕云译，北京大学出版社 2016 年版。

［英］戴维·赫尔德、安东尼·麦克格鲁：《治理全球化》，曹荣湘、龙虎等译，社会科学文献出版社 2004 年版。

［英］亚当·罗伯茨等：《全球治理（分裂世界中的联合国）》，呈

志成等译，中央编译出版社 2010 年版。

［英］约翰·基恩：《全球公民社会》，李勇刚译，中国人民大学出版社 2012 年版。

［英］亚当·斯密：《道德情操论》，谢宗林译，中央编译出版社 2013 年版。

（三）中文期刊

安祺、王华：《环保非政府组织与全球环境治理》，《环境与可持续发展》2013 年第 1 期。

薄燕：《全球环境治理的有效性》，《外交评论》2006 年第 6 期。

薄燕：《全球环境治理的有效性与国际环境正义——中国的视角》，《绿叶》2008 年第 4 期。

陈祥泰：《全球环境与国际关系》，《上海大学学报》（社会科学版），1992 年第 6 期。

曹凤中、王玉振、栾怡：《美国外交和全球环境的挑战》，《环境科学动态》1996 年第 3 期。

陈承新：《全球环境治理的核心制度变革探析》，《国外社会科学》2009 年第 6 期。

常杪、任昊：《中国银行业环境风险控制体系构建现状分析》，《中国人口·资源与环境》2011 年第 3 期。

陈志刚：《历史研究法在教育研究运用中应注意的要求》，《教育科学研究》2013 第 6 期。

陈宏：《跨国公司社会责任的全球治理构架》，《经济研究导刊》2014 年第 25 期。

丁冬梅：《跨国公司的环境风险与环境政策》，《企业标准化》1999 年第 1 期。

代玉簪、郭红玉：《商业银行环境金融业务管理的国际经验及启示》，《南方金融》2014 年第 11 期。

董亮、张海滨：《IPCC 如何影响国际气候谈判——一种基于认知共同体理论的分析》，《世界经济与政治》2014 年第 8 期。

董亮、张海滨：《2030 年可持续发展议程对全球及中国环境治理的影响》，《中国人口·资源环境》2016 年第 1 期。

符春迪、韦进深：《从制度有效性看新兴国家参与全球环境治理》，《传承》2013 年 6 期。

何忠义：《全球环境治理机制与国际秩序》，《国际论坛》2002 年第 2 期。

霍淑红：《环境非政府组织：跨国公司行为的制约者》，《教学与研究》2004 年第 10 期。

黄淼、方莉：《从发展援助视角看全球环境问题治理》，《世界环境》2007 年第 4 期。

何德旭、张雪兰：《对我国商业银行推行绿色信贷若干问题的思考》，《上海金融》2007 年第 12 期。

胡乃武、曹大伟：《绿色信贷与商业银行环境风险管理》，《经济问题》2011 年第 3 期。

胡涛、朱力：《美国怎样应对环境风险》，《环境经济》2015 年第 11 期。

贾琳：《走向全球管制治理的跨国公司投资监管机制研究》，《南京政治学院学报》2007 年第 1 期。

贾琳：《现行跨国公司之法律管制缺陷》，《北方法学》2007 年第 4 期。

康瑞华、曲秋红：《大国的环境外交与中国的对策》，《现代国际关系》1999 年第 4 期。

刘东生：《环境污染与环境保护》，《环境保护》1973 年第 1 期。

蔺雪春：《全球环境治理机制与中国的参与》，《国际论坛》2006 年第 2 期。

李少军：《论国际关系中的案例研究方法》，《当代亚太》2008 年第 3 期。

李刚：《论跨国公司在全球治理中的作用及其局限性》，《管理科学文摘》2008 年第 5 期。

蓝虹：《项目融资推动赤道原则产生与发展的内在机理分析》，《中央财经大学学报》2011 年第 2 期。

骆华、费方域：《全球气候治理机制的设计及其稳定性》，《世界经济研究》2012 年第 5 期。

罗辉：《国际非政府组织在全球气候变化治理中的影响——基于认知共同体路径的分析》，《国际关系研究》2013 年第 2 期。

梅仁毅：《奥巴马政府的四年施政轨迹———重读四份国情咨文》，《国际论坛》2012 年第 6 期。

马秋君、刘文娟：《基于绿色信贷的我国商业银行环境风险管理体系研究》，《中国人口·资源与环境》2013 年第 11 期。

桑淼、杨俊民：《国际环境机构及活动》，《环境与可持续发展》1979 年第 21 期。

孙凤蕾：《跨国公司在全球环境治理中的作用》，《社科纵横》2009 年第 7 期。

陶锡良：《略论当代国际关系中的环境殖民主义》，《国际关系学院学报》1996 年第 3 期。

陶冉：《环境责任构成跨国公司国际竞争力新要素及其对中国公司的启示》，《中央财经大学学报》2011 年第 8 期。

唐世平：《超越定性与定量之争》，《公共行政评论》2015 年第 4 期。

吴建军：《美国东西方中心环境与政策研究所研究的环境问题》，《农村生态环境》1989 年第 2 期。

王义桅：《环境问题与国际制度变迁》，《国际论坛》2000 年第 5 期。

王宏斌、陈一兵：《论全球环境治理及其历史局限性——国际政治的视角》，《世界经济与政治论坛》2005 年第 2 期。

王华：《跨国公司社会责任的全球治理》，《天水行政学院学报》2007 年第 2 期。

王彬：《跨国公司全球化治理模式探究》，《社会科学辑刊》2013年第1期。

王振江：《全球治理——跨国公司的作用探析》，《新西部》（理论版）2016年第06期。

郇庆治：《全球环境治理与东亚区域环境合作》，《复旦国际关系评论》2007年第1期。

杨讯丁：《浅谈美国的环境保护》，《全球科技经济瞭望》1996年第10期。

杨选：《美国银行的环境风险管理》，《国际市场》1997年第1期。

于宏源、王文涛：《制度碎片和领导力缺失：全球环境治理双赤字研究》，《世界经济与政治》2013年第11期。

朱素梅：《全球环保领域中的跨国公司及其环境外交》，《世界经济与政治》2000年第5期。

于宏源、汤伟：《美国环境外交发展、动因和手段研究》，《教学与研究》2009年第9期。

俞岚：《绿色金融发展与创新研究》，《经济问题》2016年第1期。

赵光贤：《历史研究法讲话》，《历史教学》1982年第4期。

赵黎青：《环境非政府组织与联合国体系》，《现代国际关系》1998年10期。

张骥、王宏斌：《全球环境治理中的非政府组织》，《社会主义研究》2005年第6期。

张长龙：《国际融资中的环境与社会标准：赤道原则》，《金融论坛》2006年第5期。

张海滨：《有关世界环境与安全研究中的若干问题》，《国际政治研究》2008年第2期。

郑冲：《银行环境风险管理：国际经验与启示》，《金融理论与实践》2012年第9期。

张杰、张洋：《论全球环境治理维度下环境NGO的生存之道》，《求索》2012年第12期。

（四）中文硕博论文

薄燕:《国际谈判与国内政治:对美国与京都议定书的双层博弈分析》,博士学位论文,复旦大学,2004年。

孙凤蕾:《全球环境治理的主体问题研究》,博士学位论文,山东大学,2007年。

杨晨曦:《全球环境治理的结构与过程研究》,博士学位论文,吉林大学,2013年。

徐蕾:《美国环境外交的历史考察1960年代—2008年》,吉林大学,2012年。

二 英文部分

（一）英文著作

Andreas, F. M., Cooperman, E. S., Gifford, B & Russell, G 2011, *A Simple Path to Sustainability: Green Business Strategies for Small and Medium-sized Businesses*, ABC-CLIO, Santa Barbara, California.

Abate, R. (ed.), *Climate Change Impacts on Ocean and Coastal Law: U. S. and International Perspectives*, Oxford University Press, New York, 2015.

Akintoye, A., Beck, M. & Kumaraswamy, M. (eds), *Public Private Partnerships: A Global Review*, Routledge, London and New York, 2015.

Bouma, J. J., Jecucken, M. & Klinkers L. (eds), *Sustainable Banking: The Greening of Finance*, 1st edn, Greenleaf Publishing in association with Deloitte & Touche, Netherlands, 2001.

Beishem, M., Young, O. R., Weizsacker, E. U. von & Finger, M. (eds), *Limits to Privatization: How to Avoid Too Much of a Good Thing - A Report to the Club of Rome*, Earthscan, 1st edn, London and New York, 2005.

Brown, C. S. (ed.), *The Sustainable Enterprise: Profiting from Best Practice*, 1st edn, Kogan Page Publishers, Great Britain and the United States, 2005.

Blyth, W., Yang, M. & Bradley, R., *Climate Policy Uncertainty and Investment Risk*, International Energy Agency, Paris, France, 2007.

Betsill, M. M. & Corell, E. (eds), *NGO Diplomacy: The Influence of Nongovernmental Organizations in International Environmental Negotiations*, MIT Press, London, England, 2007.

Brune, M., *Coming Clean: Breaking America's Addiction to Oil and Coal*, 2nd edn, Sierra Club Books, San Francisco, CA, 2008.

Bowen, H. R., *Social Responsibilities of the Businessman*, University of Iowa Press, Iowa City, 2013.

Baron, D. P., *Business and Its Environment*, 7th edn, Pearson Prentice-Hall, Upper Saddle River, N. J, 2013.

Bakker, C. & Francioni, F. (eds), *The EU, the US and Global Climate Governance*, Ashgate, Farnham and Burlington, 2014.

Browne, S., *Sustainable Development Goals and UN Goal-Setting*, 1st edn, Routledge, London and New York, 2017.

Commission on Global Governance, *Our Global Neighborhood: The Report of the Commission on Global Governance*, Oxford University Press, Oxford, 1995.

Case, P., *Environmental Risk Management and Corporate Lending: A Global Perspective*, 1st edn, CRC Press, Boca Raton, F. L, 1999.

Crane, A. & Matten, D., *Business Ethics: Managing Corporate Citizenship and Sustainability in the Age of Globalization*, 4th edn, Oxford University Press, New York, 2010.

Cherneva, I. (ed.), *The Business Case for Sustainable Finance*, Routledge, London, 2012.

Cade, E., *Managing Banking Risks: Reducing Uncertainty to Improve*

Bank Performance, Routledge, New York, 2013.

Cox, R. & Pezullo, P. C., *Environmental Communication and the Public Sphere*, 4th edn, SAGE Publications, Thousand Oaks, California, 2015.

Cooperman, E. S., *Managing Financial Institutions: Markets and Sustainable Finance*, Taylor & Francis, New York and Oxford, 2016.

Doh, J. P. & Teegen, H. (eds), *Globalization and NGOs: Transforming Business, Government, and Society*, Praeger Publishers, Westport, C. T., 2003.

Darabaris, J., *Corporate Environmental Management*, CRC Press, Boca Raton, F. L., 2007

DuPont, A., *An American Solution for Reducing Carbon Emissions, Averting Global Warming, Creating Green Energy and Sustainable Employment*, Andre DuPont, Falls Church, V. A., 2009.

Delmas, M. A. & Young, O. R. (eds), *Governance for the Environment: New Perspectives*, Cambridge University Press, New York, 2009.

Desha, C., Hargroves, C. & Smith, M. H., *Cents and Sustainability: Securing Our Common Future by Decoupling Economic Growth from Environmental Pressures*, 1st edn, Earthscan, Washington, D. C., 2010.

Dryzek, J. S., Norgaard, R. B. & Schlosberg, D. (eds), *The Oxford Handbook of Climate Change and Society*, OUP Oxford, New York, 2011.

Dikkers, S., *Trump's America: Buy This Book and Mexico Will Pay for It*, Simon and Schuster, New York, 2017.

Esty, D. C. & Winston, A., *Green to Gold: How Smart Companies Use Environmental Strategy to Innovate, Create Value, and Build Competitive Advantage*, Revised & Updated edn, Wiley, Hoboken, New Jersey, 2009.

Esty, D. C. & Simmons, P. J. , *The Green to Gold Business Playbook*: *How to Implement Sustainability Practices for Bottom-Line Results in Every Business Function*, 1st edn, Wiley, Hoboken, New Jersey, 2011.

Epstein, M. J. & Buhovac, A. R. , *Making Sustainability Work*: *Best Practices in Managing and Measuring Corporate Social*, *Environmental, and Economic Impacts*, Greenleaf Publishing Limited, San Francisco and Sheffield, 2014.

Flohr, A, Rieth, L, Schwindenhammer, S & Wolf, K. , *The Role of Business in Global Governance*: *Corporations as Norm-Entrepreneurs*, Palgrave Macmillan, Basingstoke and New York, 2010.

Fusaro, P. C. & Vasey, G. M. , *Energy and Environmental Hedge Funds*: *The New Investment Paradigm*, John Wiley & Sons, Singapore, 2011.

Hoffman, A. J. , *Carbon Strategies*: *How Leading Companies are Reducing Their Climate Change Footprint*, University of Michigan Press, United States of America, 2007.

Heal, G. , *When Principles Pay*: *Corporate Social Responsibility and the Bottom Line*, Columbia University Press, New York and Chichester, 2010.

Hordeski, M. F. , *Megatrends for Energy Efficiency and Renewable Energy*, The Fairmont Press, Inc. , Lilburn, G. A. , 2011

Harris, F. (ed.), *Global Environmental Issues*, 2nd edn, John Wiley & Sons, Oxford, Chichester and Hoboken, 2012.

Heal G. , *When Principles Pay*: *Corporate Social Responsibility and the Bottom Line*, Columbia University Press, New York and Chichester, 2012.

Henn, R. L. & Hoffman, A. J. (eds), *Constructing Green*: *The Social Structures of Sustainability*, MIT Press, Cambridge and London, 2013.

Jucken, M. , *Sustainable Fiancing and Banking*: *The Financial Sector and the Future of the Planet*, Earthscan, London, 2001.

Jeucken, M., *Sustainability in Finance: Banking on the Planet*, Eburon Academic Publishers, 2004, Delft, Netherlands, 2004.

Jonge, Ad & Tomasic, R (eds), *Research Handbook on Transnational Corporations*, Edward Elgar Publishing, Cheltenham and Northampton, 2017.

Kamieniecki, S. & Kraft, M. E. (eds), *The Oxford Handbook of U. S. Environmental Policy*, Oxford University Press, New York, 2013.

Kumar, R., *Strategies of Banks and Other Financial Institutions: Theories and Cases*, Elsevier, San Diego, Waltham and Oxford, 2014.

Lees, F. A., *International Banking and Finance*, 1st edn, The Macmillan Press LTD, London and Basingstoke, 1974.

Labatt, S. & White, R. R., *Environmental Finance: A Guide to Environmental Risk Assessment and Financial Products*, Wiley, Hoboken, New Jersey, 2002.

Luna, M., *The Environment Since 1945*, Infobase Learning, New York, 2012.

Leipziger, D., *The Corporate Responsibility Code Book*, 3rd edn, Greenleaf Publishing Limited, Oxford and New York, 2015.

Lin, B. C. & Zheng, S. (eds), *Environmental Economics and Sustainability*, 1st edn, John Wiley & Sons, Chichester, West Sussex, 2017.

Meadows, D. H., Meadows, D. L., Randers, J. & Behrens III, W. W., *The limits to growth*, Universe Books, New York, 1972.

Moskowitz, J. S., *Environmental Liability and Real Property Transactions: Law and Practice*, 2nd edn, Aspen Law & Business, New York, 1995.

Mulder, I., *Biodiversity, the next challenge for financial institutions?*, International Union for Conservation of Nature, Gland, Switzerland, 2007.

Milloy, S., *Green Hell: How Environmentalists Plan to Control Your Life and What You Can Do to Stop Them*, Regnery Publishing, Washington, D. C., 2009

Malm, A., *Fossil Capital: The Rise of Steam Power and the Roots of Global Warming*, Veros, London, 2016.

Mathis, K. & Huber, B. R. (eds), *Environmental Law and Economics*, Springer, Cham, Switzerland, 2017.

MacNeil, R., *Neoliberalism and Climate Policy in the United States: From Market Fetishism to the Developmental State*, Taylor & Francis, Abingdon and New York, 2017.

Newton, A. C. & Elena, C., *An Introduction to the Green Economy: Science, Systems and Sustainability*, 1st edn, Routledge, London and New York, 2014.

Newell, P. & Roberts, J. T. (eds), *The Globalization and Environment Reader*, 1st edn, John Wiley & Sons, Malden and Oxford, 2016.

O'Brien, R., Goetz, A. M., Scholte, J. A. & Williams, M., *Contesting Global Governance: Multilateral Economic Institutions and Global Social Movements*, Cambridge University Press, Cambridge, New York, Melbourne, Madrid and Cape Town, 2000.

O'Brien, J. (ed.), *Opportunities Beyond Carbon: Looking Forward to a Sustainable World*, Melbourne Univ. Publishing, Carlton, Vic, 2009.

O'Brien, G., Pearsall, N. & O'Keefe, P., *The Future of Energy Use*, 2nd edn, Earthscan, Oxford and New York, 2010.

OECD, *Energy and Climate Policy: Bending the Technological Trajectory*, OECD Studies on Environmental Innovation, OECD Publishing, Paris, 2012.

OECD, *OECD Business and Finance Outlook* 2016, OECD Publishing, Paris, 2016.

OECD, *Green Finance and Investment Financing Climate Action in Eastern Europe, the Caucasus and Central Asia*, OECD Publishing, Paris, 2016.

OECD, *Private Sector Engagement for Sustainable Development Lessons from the DAC: Lessons from the DAC*, OECD Publishing, Paris, 2016.

OECD, *Mobilising Bond Markets for a Low-Carbon Transition*, OECD Publishing, Paris, 2017.

Pattberg, P. H. & Zelli, F. (eds), *Encyclopedia of Global Environmental Governance and Politics*, Edward Elgar Publishing, Cheltenham and Northampton, 2015.

Pettenger, M. E. (ed.), *The Social Construction of Climate Change: Power, Knowledge, Norms, Discourses*, Routledge, London and New York, 2016.

Percival, R. V. & Schroeder, C. H., *Environmental Law: Statutory and Case Supplement, 2017–2018*, Wolters Kluwer, New York, 2017.

Rosenau, J. N. & Czempiel, E. (eds), *Governance without Government: Order and Change in World Politics*, Cambridge University Press, Cambridage, United Kingdom, 1992.

Schmidheiny, S. & Zorraquin, F., *Financing Changing: The Financial Community, Eco-efficiency, and Sustainable Development*, 1st edn, The MIT Press, Cambridge and London, 1998.

Speth, J. G. & Haas, P. M., *Global Environmental Governance*, Island Press, Washington, D. C., 2006

Senge, P. M., Smith, B., Kruschwitz, N., Laur, J. & Schley, S., *The Necessary Revolution: Working Together to Create a Sustainable World*, Broadway Books, New York, 2010.

Schlink, B., *Americans Held Hostage by the Environmentalist Movement*, RoseDog Books, Pittsburgh, P. A., 2012.

Salzman, J. & Thompson, B. H., *Environmental Law and Policy*, 4th edn, LEG, Inc. d/b/a West Academic, St. Paul, M. N., 2014

Tomain, J. P., *Ending Dirty Energy Policy: Prelude to Climate Change*, Cambridge University Press, New York, 2011.

Temby, O. & Stoett, P. (eds), *Towards Continental Environmental Policy?: North American Transnational Networks and Governance*, SUNY Press, Albany, 2017.

Vig, N. J. & Axelrod, R. S. (eds), *The Global Environment: Institutions, Law and Policy*, 1st edn, Earthscan Ltd, London, 1993.

Vogler, J. & Mark Imber, F. (eds), *The Environment and International Relations*, 1st edn, Routledge, London and New York, 1996.

Wilson, A. R., *Environmental Risk: Identification and Management*, CRC Press, Boca Raton, Florida, 1991.

Waltz, K. N., *Man, the State and War: A Theoretical Analysis*, Columbia University, New York, 2001.

Wilhelm, K., *Return on Sustainability: How Business Can Increase Profitability and Address Climate Change in an Uncertain Economy*, Pearson Education, Upper Saddle River, New Jersey, 2013.

Williams, M., *Gender and Climate Change Financing: Coming out of the margin*, Routledge, Abingdon and New York, 2015.

Wendt, K. (ed.), *Responsible Investment Banking: Risk Management Frameworks, Sustainable Financial Innovation and Softlaw Standards*, Springer, Groebenzell, Germany, 2015.

Young, O. R., *International Cooperation: Building Regimes for Natural Resources and the Environment*, Cornell University Press, Ithaca and London, 1989.

Young, O. R., *International Governance: Protecting the Environment in a Stateless Society*, Cornell University Press, Ithaca and London, 1994.

Young, O. R. (ed.), *Global Governance: Drawing Insights from the

Environmental Experience, The MIT Press, Cambridge and London, 1997.

（二）英文期刊

Bass, S. B., 1987, "The Impact of the 1986 Superfund Amendments and Reauthorization Act on the Commercial Lending Industry", *University of Miami Law Review*, vol. 41, iss. 4, pp. 879 – 910.

Beierle, T. 2000, 'Old Strategy and New Tactics Drive Environmental Advocacy on the Internet', *Global Issues*, vol. 15, iss. 3, pp. 18 – 20.

Cetindamar, D. & Husoy, K. 2007, "Corporate Social Responsibility Practices and Environmentally Responsible Behavior: The case of The United Nations Global Compact", *Journal of Business Ethics*, vol. 76, iss. 2, pp. 163 – 176.

Dyllick, T. & Hockerts, K. 2002, "Beyond the Business Case for Corporate Sustainability", *Business Strategy and the Environment*, vol. 11, iss. 2, pp. 130 – 141.

Deese, B. 2017, "Paris Isn't Burning: Why the Climate Agreement Will Survive Trump", *Foreign Affairs*, July/August 2017 Issue, pp. 83 – 92.

Harkins, R. M., 1993, "Environmental Protection Agency v. Sequa and the Erosion of Joint and Several Liability under Superfund", *Environs*, vol. 17, iss. 1, pp. 30 – 43.

Jacobson, M. Z., Delucchi, M. A., Bazouin, G., Bauer, Z. A. F., Heavey, C. C., Fisher, E., Morris, S. B., Piekutowski, D. J. Y., Vencilla, T. A. & Yeskooa, T. W. 2015, "100% clean and renewable wind, water, and sunlight (WWS) all-sector energy roadmaps for the 50 United States", *Energy & Environmental Science*, vol. 8, pp. 2093 – 2117.

Kublicki, N. M. 1991, "Shockwave: Lender Liability Under CERCLA

After United States v. Fleet Factors Corporation", *Pepperdine Law Review*, vol. 18, iss. 13, pp. 513 – 560.

Krupp, F. 2017, "Trump and the Environment: What His Plans Would Do", *Foerign Affairs*, July/August 2017, Issue, pp. 73 – 82.

Liu, Z. & Zheng, L., 2013, "Equator Principles As 'Nnrms Of Self-Regulation': General Principles And Legitimacy Source", *Frontiers Of Law In China*, vol. 8, iss. 1, pp. 140 – 163.

Madden, S. P., 1990, "Will the CERCLA Be Unbroken? Repairing the Damage After Fleet Factors" *Fordham Law Review*, vol. 59, iss. 1, pp. 139 – 168.

McGlade, C. & Ekins, P. 2015, "The geographical distribution of fossil fuels unused when limiting global warming to 2℃", *Nature*, vol. 517, iss. 7533, pp. 187 – 190.

Powell, F. M. 1991, "Limiting Lender Liability Under CERCLA by Administrative Rule", *Marquette Law Review*, vol. 75, iss. 1, pp. 139 – 177.

Rondinelli, D. A. & Berry, M. A., 2000, "Environmental Citizenship in Multinational Corporations: Social Responsibility and Sustainable Development", *European Management Journal*, vol. 18, iss. 1, pp. 70 – 84.

Spitzeck, H., 2007, "Innovation and Learning by Public Discourse: Citigroup and the Rainforest Action Network", *Center for Responsible Business. Working Paper Series*, vol. 36, pp. 1 – 26.

Weber, O. 2012, "Environmental Credit Risk Management in Banks and Financial Service Institutions", *Business Strategy and the Environment*, vol. 21, iss. 4, pp. 248 – 263.

Werker, E. & Ahmed, F. Z., 2008, "What DO Nongovernment Organizations Do?" *Journal of Economic Perspectives*, vol. 22, iss. 2, pp. 73 – 92.

Yunusov, A. , 1994, "Azerbaijan: MALICIOUS MAPMAKING", *Bulletin of the Atomic Scientists*, vol. 50, iss. 1, pp. 25 – 27.

(三) 英文报告

Chao, J. & Hong, S. H. , 2016, "Private Participation in Infrastructure Database (PPIDB) -Half Year Update (January-June 2016)", World Bank, accessed 19 April 2017, http://ppi.worldbank.org/~/media/GIAWB/PPI/Documents/Global-Notes/H1-2016-Global-Update.pdf.

G20 Green Finance Study Group, 2016, "G20 Green Finance Synthesis Report", 5 September, accessed 31 Oct 2016, http://g20.org/English/Documents/Current/201608/P020160815359441639994.pdf.

United Nations, 2002, "Monterrey Consensus on Financing for Development", 8-22 March, accessed 8 April 2017, http://www.un.org/esa/ffd/monterrey/MonterreyConsensus.pdf.

United Nations Framework Convention on Climate Change, 2008, "Report of the Conference of the Parties on its thirteenth session", in Bali from 3 to 15 December 2007, 14 March, accessed 13 Sep 2017, https://unfccc.int/resource/docs/2007/cop13/eng/06a01.pdf.

United Nations, 2009, "Doha Declaration on Financing for Development", 29 November - 2 December 2008, accessed 8 April 2017, http://www.un.org/esa/ffd/doha/documents/Doha_Declaration_FFD.pdf.

United Nations, 2015, "Addis Ababa Action Agenda of the Third International Conference on Financing for Development", July, accessed 8 April 2017, http://www.un.org/esa/ffd/wp-content/uploads/2015/08/AAAA_Outcome.pdf.

UN Environment, 2016, "Financing the Future: Report of the Italian

National Dialogue on Sustainable Finance-Summary", December, accessed 10 April 2017, http://unepinquiry.org/wp-content/uploads/2017/02/Financing_the_Future_Summary_EN.pdf.

附录

赤道原则

2013 年 6 月

一套在融资过程中用以确定、评估和管理项目所涉及的环境和社会风险的金融行业基准 www.equator-principles.com

该翻译版本基于《赤道原则》(2013 年 6 月)进行,并已经做了仔细的准备以保证内容的准确性和完整性。尽管如此,赤道原则协会并不对该翻译版本的任何遗漏或不符承担任何责任,也不保证用户对内容的理解与《赤道原则》原文的本意一致。《赤道原则》(2013 年 6 月)正式版本以英文形式发布,若用户对赤道原则内容有理解上的疑问,应当查阅该正式版本。

大型基础设施和工业项目会对人和环境产生负面影响。作为融资人和顾问,我们与客户合作,以结构化方式持续为客户识别、评估和管理环境和社会所产生的风险及影响。这种合作促进了社会和环境的可持续发展,并能带来更好的金融、社会和环境成果。

作为赤道原则金融机构(EPFI),我们采纳赤道原则以确保所融资和提供咨询服务的项目按照对社会负责的方式发展,并体现健全的环境管理实践。我们认识到气候变化、生物多样性和人权问题的重要性,并相信受项目影响的生态系统、社区和气候应尽量免受不利影响。如果这些影响无可避免,也应减轻、降低影响及/或对影响进行恰当的补偿。

我们相信,采纳和遵守赤道原则会有助客户促进与当地受影响社区的关系,对我们、客户和当地利益相关者也有重大裨益。因此,我们深明作为融资人,我们应把握机会促进负责任的环境管理和对社会负责的发展,包括根据赤道原则开展尽职调查①来履行我们尊重人权的职责。

赤道原则旨在提供一套通用的基准和框架。我们致力于在与为项目提供融资活动相关的内部社会和环境政策、程序和标准中实施赤道原则。假如客户不会或无法遵守赤道原则,我们将拒绝为项目提供融资或提供用于项目的公司贷款。由于过桥贷款和项目融资咨询服务系在项目初期提供给客户的产品和服务,因此我们要求客户明确表明他们遵守赤道原则的意向。

EPFI 基于实施经验不时重检赤道原则,以便能够反映正在进行的学习情况和新出现的良好实践。

范围

赤道原则适用于全球各行各业。

在支持一个新融资项目时,赤道原则适用于下述四种金融产品:

1. 资金总成本达到或超过 1000 万美元的项目融资咨询服务。
2. 资金总成本达到或超过 1000 万美元的项目融资。
3. 符合下述四项标准的用于项目的公司贷款②(包括出口融资中的买方信贷形式):

   i. 大部分贷款与客户拥有实际经营控制权(直接或间接)的单一项目有关。

   ii. 贷款总额为至少 1 亿美元。

---

① 请参考《企业和人权:实施联合国"保护、尊重和补救"框架指导原则》。

② 用于项目的公司贷款不包括出口融资中的卖方信贷形式(客户无实际经营控制权)。此外,用于项目的公司贷款不包括为基础项目提供资金的其他金融工具,例如用于维持公司运营的资产融资、并购融资、对冲基金、租赁、信用证、一般性公司性贷款和一般营运资金支出贷款。

iii. EPFI 单独贷款承诺（银团贷款或顺销前）为至少 5000 万美元。

iv. 贷款期限为至少 2 年。

4. 过桥贷款，贷款期限少于两年，且计划借由预期符合上述相应标准的项目融资或一种用于项目的公司贷款进行再融资。虽然目前不计划就过往项目追溯应用赤道原则，但当现有项目涉及扩充或提升现有设备，而有关改动在规模或范围上或会对环境及社会造成重大风险和影响，又或对现有影响的性质或程度带来重大转变，则 EPFI 会就有关项目所涉及的融资应用赤道原则。

方法

1. 项目融资和用于项目的公司贷款

EPFI 仅会为符合原则 1—10 条的项目提供项目融资和用于项目的公司贷款。

2. 项目融资咨询服务和过桥贷款

EPFI 在提供项目融资咨询服务和过桥贷款时，会令客户明白赤道原则的内容、应用和在预期项目中采用赤道原则的益处。EPFI 会要求客户在其后物色长期性融资时，向 EPFI 表示有意遵守赤道原则的规定。EPFI 会指导并支持客户循序渐进地应用赤道原则。对于 A 类或 B 类（原则 1 中所界定的）的过桥贷款，下列要求在相关情况下适用。在贷款期限内，项目处于可行性分析阶段并预计不会产生任何影响，EPFI 将确认客户会进行一次社会和环境评估（评估）操作。在贷款期限内，社会和环境评估文件（评估文件）已准备好，项目开发即将开始，EPFI 会适当与客户合作确定一名独立环境和社会顾问并开展一定量的工作，以着手进行独立审查（原则 7 中所界定的）。信息共享在遵守商业保密原则和适用的法律法规的前提下，被委托的 EPFI 将适当与其他被委托金融机构共享相关社会和环境信息，该共享将严格限于实现对赤道原则应用的一致性以内。

3. 该类信息

共享不应涉及任何竞争情报等敏感信息。任何关于是否及在何种情况下提供金融服务的决定（"范围"中所界定的）将由每个 EPFI 分别给出并符合各自的风险管理政策。时间限制可能导致 EPFI 在所有其他金融机构被正式委托前，考虑通过交易寻求客户的授权来启动类似的信息共享。EPFI 期望客户提供类似的授权。

原则声明

原则 1：审查和分类

当项目提呈进行融资时，作为内部环境和社会审查和尽职调查工作的一部分，EPFI 将根据项目潜在社会和环境的影响和风险程度将项目分类。这种筛选基于国际金融公司（IFC）的环境和社会分类操作流程。

通过分类，EPFI 的环境和社会尽职调查工作与项目性质、程度和阶段相称，并与环境和社会风险和影响相称。

分类为：

A 类——项目对环境和社会有潜在重大不利并/或涉及多样的、不可逆的或前所未有的影响；

B 类——项目对环境和社会可能造成不利的程度有限和/或数量较少，而影响一般局限于特定地点，且大部分可逆并易于通过减缓措施加以解决；及

C 类——项目对社会和环境影响轻微或无不利风险和/或影响。

原则 2：环境和社会评估

对于每个被评定为 A 类和 B 类的项目，EPFI 会要求客户开展环境和社会评估，在令 EPFI 满意的前提下解决与提呈项目有关的环境和社会影响和风险（当中可能包括附件 II 所示的问题说明清单）。评估文件应提供与提呈项目性质和规模在某种意义上相关相称的可减少、减轻和补偿不利影响的措施。

无论评估文件由客户、顾问或外部专家任何一方制定，它都将

充分、准确并客观地评价和说明环境和社会风险和影响。A 类项目及部分视情况而定的 B 类项目的评估文件应包括一份环境和社会影响评估（ESIA）。可能还需要进行一或多项专门研究。此外，在有限高风险的情况下，客户可相应地在评估文件中加入明确的人权尽职调查作为补充。对于其他项目，评估文件可局限或集中于某个问题的环境或社会评估（如审核），或是针对环境选址、污染标准、设计规范或施工标准的直接应用。

对所有项目，在所有地区，范围 1 和范围 2 的年总二氧化碳排放量预计超过 100000 公吨，将实行替代分析来评估替代品并减少温室气体（GHG）的排放。请参考附件 A 的替代分析要求。

原则 3：适用的环境和社会标准

评估过程在社会和环境问题方面，应首先符合东道国相关的法律、法规和许可。EPFI 运营于不同市场：一些市场拥有健全的社会和环境治理、立法体系和机构来保护居民和自然环境；一些市场也在不断完善其技术和机构功能来治理社会和环境问题。

EPFI 将要求评估过程符合以下适用标准：

1. 假如项目位于非指定国家，则评估过程应符合当时适用的国际金融公司（IFC）社会和环境可持续性绩效标准（绩效标准），以及世界银行集团环境、健康和安全指南（EHS 指南）（附件 III）。

2. 假如项目位于指定国家，评估过程在社会和环境问题方面，应符合东道国相关的法律、法规和许可。东道国法律符合环境和/或社会评估（原则 2），管理体系和计划（原则 4），利益相关者的参与（原则 5）及投诉机制（原则 6）的要求。

评估过程将会证明并令 EPFI 信纳，项目整体上符合，或只在合理情况下偏离适用标准。适用的标准（如上文所述）代表 EPFI 所采用的最低标准。EPFI 可以根据他们独立判断适用额外要求。

原则 4：环境和社会管理系统以及赤道原则行动计划

对于每个获评为 A 类和 B 类的项目，EPFI 会要求客户开发或维持一套环境和社会管理体系（ESMS）。此外，客户须准备一份环境和社会管理计划（ESMP），借以处理评估过程中发现的问题并整合为符合适用标准所需采取的行动。当适用标准不能令 EPFI 满意时，客户和 EPFI 将共同达成一份赤道原则行动计划（AP）。赤道原则行动计划（AP）旨在概述根据适用标准，距离符合 EPFI 要求还存有的差距和所需的承诺。

原则 5：利益相关者的参与

对于每个被评定为 A 类和 B 类的项目，EPFI 会要求客户证明，其已经采用一种在结构和文化上均合适的方式，持续与受影响社区和其他利益相关方开展了有效的利益相关者参与行动。对于对受影响社区有潜在重大不利影响的项目，客户将实行通报协商和参与流程。客户将磋商流程内容定制为：项目带来的风险和影响；项目的开发阶段；受影响社区的语言偏好；决策制定流程；及弱势和易受伤害群体的需要。磋商应是自由的，不受外部操纵、干扰、强迫和威胁。

为了促进利益相关者的参与，客户将以当地语言和文化上适当之方式，为受影响社区及其他利益相关者提供与项目的风险和影响相称的评估文件。客户将会考虑利益相关者参与流程的结果，包括流程结束后协议/达成共识的任何行动，并制成文件。对于具有不利社会或环境风险和影响的项目，披露工作应在评估过程的早期阶段进行，在任何情况下，均应在项目开工之前进行，并应一直持续下去。EPFI 认为土著居民可能代表了受项目影响社区的弱势群体。受项目影响的土著居民将成为通报 协商和参与流程的一部分，并需要符合相关国家法律中赋予土著居民的权利和给予的保护，包括国际法中履行东道国义务的法律。符合国际金融公司（IFC）绩效标准 7 详述的特定规定（原则 3 中所界定的），项目若对土著居民产生不利影响，则须得到他们自由、事先和知情的同意（FPIC）[①]。

---

① FPIC 中没有普遍接受的定义。基于客户和受影响土著社区诚信的磋商，FPIC 建立并扩大了通报协商和参与流程，确保了土著居民有意义地参与决策制定，并关注协议的达成。FPIC 不需要一致同意，不赋予个人或小组否决权，也不需要客户同意不受他们控制的事项。关于为达成 FPIC 所需的流程元素，请参阅国际金融公司绩效标准 7。

原则 7：独立审查

1. 项目融资

对于每个被评定为 A 类和部分视情况而定的 B 类的项目，一名与客户无直接联系的独立环境和社会顾问将会对评估文件，包括环境和社会管理计划（ESMP）、社会和环境管理体系（ESMS）和利益相关者的参与流程文件，进行一次独立审查，此举旨在协助 EPFI 的尽职调查工作，并评估项目是否符合赤道原则。

该独立社会和环境顾问还将提出或认可一套合适的赤道原则行动计划（AP），该计划能使项目符合赤道原则，或当项目无法符合赤道原则时，给予指示。

2. 用于项目的公司贷款

存在潜在高风险影响的项目需要由独立环境和社会顾问进行独立审查，这些影响包括但不仅限于下列各项：

- 对土著居民的不利影响
- 对重要栖息地的影响
- 对重要文化遗产的影响
- 大规模的重新安置所产生的影响

其他 A 类及部分视情况而定的 B 类中，对于用于项目的公司贷款，EPFI 会决定进行独立审查是否合适或 EPFI 的内部审查是否充分。若存在由多边或双边金融机构或经济合作和发展组织官方出口信用保险机构开展了尽职调查的情况，EPFI 可以考虑将该尽职调查作为参考。

原则 8：承诺性条款

赤道原则的一项重要内容是要求在契约中加入有关合规的承诺性条款。

对于所有的项目，客户将在融资文件内加入承诺性条款，在所有重要方面遵守东道国一切相关的环境和社会法律、法规和许可。

A 类和 B 类项目的客户须在融资文件内加入以下承诺性条款：

a）在项目兴建和运作期间，在所有重要方面均符合环境和社

会管理计划（ESMP）及赤道原则行动计划（AP）（如适用）；及

b）按与 EPFI 协议的格式定期提交由内部职员或第三方专家编制的报告（提供报告的频度与影响的严重程度成正比，又或按照法律所规定，但每年至少应提交一次），报告应 i）符合环境和社会管理计划（ESMP）及赤道原则行动计划（AP）（如适用），及 ii）提供有关当地、州和东道国环境和社会法律、法规和许可的合规陈述；及

c）按照协议的退役计划在适用和适当情况下退役设备。假如客户未能履行其环境和社会承诺性条款，EPFI 将与客户协作，采取补救措施，以尽可能使项目符合承诺性条款的要求。假如客户未能在议定的宽限期内重新遵守承诺性条款，则 EPFI 将保留在其认为适当的时候，行使补救措施的权利。

原则9：独立监测和报告

1. 项目融资

为使项目符合赤道原则并确保于融资正式生效日和贷款偿还期限内的持续性监测和报告，EPFI 将要求所有 A 类项目和部分视情况而定的 B 类项目委任一名独立社会和环境顾问，或要求客户聘请有资格且经验丰富的外部专家，核实将要提交给 EPFI 的监测信息。

2. 用于项目的公司贷款

对于在原则7中需要进行独立审查的项目，EPFI 将要求在融资正式生效日后委任一名独立社会和环境顾问，或要求客户聘请有资格且经验丰富的外部专家，核实将要提交给 EPFI 的监测信息。

原则10：报告和透明度

1. 客户报告要求

下列客户报告要求不包括原则5中的披露要求。

所有 A 类项目和部分视情况而定的 B 类项目：

● 客户将至少确保环境和社会影响评估的摘要可在线获取[①]。

---

① 客户无法上网的情况除外。

• 对于每年二氧化碳排放量超过 100，000 公吨的项目，客户将于项目运作阶段就温室气体排放水平（范围 1 和范围 2 排放量的总和）向公众报告。请参考附件 A 温室气体排放报告的详细要求。

2. EPFI 报告要求

EPFI 将在适当考虑保密因素的前提下，至少每年向公众报告至融资正式生效日时交易的数量及其实施赤道原则的过程和经验，EPFI 将按照附件 B 中详述的最低报告要求进行报告。

免责声明

赤道原则是金融界中各机构各自发展其内部社会和环境政策、程序和惯例的基准和框架。赤道原则没有对任何法人、公众或个人设定任何权利或责任。金融机构是在没有依靠或求助于国际 金融公司、世界银行集团、赤道原则协会或其他赤道原则金融机构的情况下，自愿和独立地采纳与实施赤道原则。假如适用的法律法规与赤道原则中提出的要求存在明显冲突，则优先遵守当地的法律法规。

附件：执行要求

附件 A：气候变化：替代分析，温室气体排放的定量和报告

替代分析

替代分析要求对在技术和财务方面可行以及成本效益好的可替代方案进行评估，以便能减少项目在设计、建设和运营期间与项目相关的温室气体排放。

对于范围 1 中的排放，分析将包括考虑使用适用的代用燃料或能源。如果在监管许可流程中需要进行替代分析，该分析将遵循相关流程的方法和时间范围。对于处于高碳强度行业的项目，替代分析将包括与其他用于相同产业及国家或地区的可行技术的比较，所选技术可带来一定的能源效率。

高碳强度行业包括以下各项，在世界银行集团环境、健康与安全中有所概述：火力发电站、水泥和石灰制造业、综合性炼钢厂、贱金属冶炼和精炼及铸造场。

完成替代分析后，客户将通过相应的文件，为在技术和财务方面可行且经济有效的选项提供证明。此举不会修改或减少适用标准中的要求（例如国际金融机构绩效标准第 3 条）。

定量和报告

客户将按照国际公认的方法和良好实践对温室气体排放进行定量，例如温室气体核算体系。客户将对范围 1 和范围 2 中的排放进行定量。EPFI 将要求客户每年公开报告温室气体排放等级对于每年二氧化碳排放量超过 100,000 公吨的项目，客户将于项目运作阶段就温室气体排放等级（范围 1 和范围 2 排放量的总和）问题告知公众。EPFI 鼓励客户对每年排放二氧化碳超过 25,000 公吨的项目进行公开报告。可视为满足公众告知要求的手段有：监管要求下的报告或环境影响评价，或自愿报告机制，例如包括项目级别的排放量的碳信息披露项目。某些情况下，可能不适合公开披露完整的替代分析或项目级别的排放量。

附件 B——最低报告要求

EPFI 将按照所有下述章节的要求,每年向公众公布。

数据和执行报告

进行数据和执行报告是 EPFI 的责任。它将发布于各 EPFI 的网站上的单独位置并易于用户访问。EPFI 将于所有数据和执行报告中详细说明报告周期(例如开始日期和结束日期)。

项目融资咨询服务数据

EPFI 将于报告期间对受委托提供项目融资咨询服务的总次数作出报告。总次数将按行业和地区划分。

项目融资咨询服务的数据将与项目融资和用于项目的公司贷款区分,以单独的题目进行报告。项目融资咨询服务数据中可能不包括分类且与独立审查是否已经实行无关,因为项目开发往往处于初期阶段且并非所有信息均可获得。

项目融资和用于项目的公司贷款数据

EPFI 将公布报告期间达到融资正式生效日阶段的项目融资交易的总数量和用于项目的公司贷款的总数量。

各产品种类的总数将按分类(A、B 或 C)划分,然后按下列各项划分:

- 按行业划分(例如采矿业、基础建设业、石油和天然气业、发电业及其他行业)
- 按地区划分(例如美洲、欧洲、中东、非洲和亚太地区)
- 按国家划分(例如指定国家或非指定国家)
- 独立审查是否已被实施

项目融资交易数据和用于项目的公司贷款数据应分开表示。

过桥贷款数据

过桥贷款数据,由于其性质的原因,不作为具体报告要求的一部分。

执行报告

EPFI 将对赤道原则的执行情况进行报告，包括：

- 赤道原则审查专家的委任（例如职责和人员配备）；
- 赤道原则审查专家各自的任务，业务种类和交易审查流程中的高层管理人员；
- 将赤道原则纳入其信用和风险管理政策和流程。

在采纳赤道原则的第一年，EPFI 将详细说明所需的内部准备并提供员工培训。第一年后，如有必要，EPFI 可能需要提供员工持续培训的详情。

项目融资的项目名称报告

EPFI 将直接向赤道原则协会秘书处提交项目名称数据，旨在将这些信息发布于赤道原则协会网站上。

项目名称报告：

- 仅适用于至融资正式生效日阶段的项目融资交易，
- 须征得客户同意，
- 须符合当地适用法律法规，及
- 如报告属于某个认定的司法管辖区，则不受制于 EPFI 附加责任。

EPFI 将于任何视为适当但不迟于融资正式生效日的时候寻求客户的同意。

EPFI 将直接或通过网页链接提交下列项目名称数据：

- 项目名称（符合贷款协议和/或公开认可的），
- 交易融资正式生效日所处的年份，
- 行业（例如采矿业、基础建设业、石油和天然气业、发电业及其他行业），
- 东道国名称。

个别 EPFI 可能想要将项目名称数据作为他们报告的一部分，但他们没有义务这么做。

附件：补充信息

附件 I：术语表

除在此处指定的术语外，赤道原则使用国际金融机构绩效标准中的定义。

受影响社区是位于项目影响范围内，直接受项目影响的当地社区。

评估（请参见环境和社会评估）。

评估文件（请参见环境与社会评估文件）。

资产融资中将贷款用于资产的采购（例如飞机、货船或设备），这些资产将作为偿还贷款的担保物。

过桥贷款是一种给予企业在得到长期资金供应前的过渡性贷款。

买方信贷是一种由出口国银行或其他金融机构向国外买方或买方银行提供的中长期出口融资贷款。

重要栖息地是指具有高生物多样性价值的地区，包括（i）极度濒危和/或濒危物种的重要栖息地；（ii）地方特有和/或限制范围物种的重要栖息地；（iii）移栖物种和/或群集物种的重要集中栖息地；（iv）受到严重威胁和/或独特的生态系统；和/或（v）与关键进化过程有关的地区。

指定国家是指那些被视为拥有健全的社会和环境治理、立法体系和机构功能来保护他们的居民和自然环境的国家。可于赤道原则协会网站查阅指定国家列表。

实际经营控制权包括客户直接控制项目的运作（作为运营管理者或主要股东）和间接控制（例如客户的附属机构对项目的运作）。

环境和社会评估（评估）是一个确定提呈项目在其影响地区存在的潜在社会和环境风险和影响（包括劳动力、健康和安全）的过程。

环境和社会评估文件（评估文件）是指作为项目评估流程的一部分而为项目准备的一系列文件。文件的范围和细节与项目存在的潜在社会和环境风险和影响相对应。评估文件的示例包括：环境和社会影响评估（ESIA）、环境和社会管理计划（ESMP）或规模限制性文件（例如审核、风险评估、危害评估和相关项目特定的环境许可）。当非技术性环境摘要向公众披露时，也可将其加入评估文件作为更广泛的利益相关者参与流程的一部分。

环境和社会影响评估（ESIA）是一种关于项目存在的潜在社会和环境风险和影响的综合性文件。绿地开发或大型扩张项目带有经明确确认的物理元素、性质和设施，可能对社会或环境产生重大影响，因此这些项目均须准备 ESIA。附件 II 对 ESIA 中讨论的社会和环境问题进行了总结。

环境和社会管理计划（ESMP）总结了客户通过避免、减少和补偿/消除的措施解决和减轻风险和影响，并将其作为评估的一部分承诺。该计划的范围可能从对日常缓和措施的简短描述至一系列更为全面的管理计划（例如水资源管理计划、废物管理计划、重新安置行动计划、土著居民计划、应急和反应计划、退役计划）。ESMP 的详细和复杂程度及其确定措施和计划的优先顺序与项目潜在风险和影响相对应。ESMP 的定义和特性与国际金融机构绩效标准第 1 条中的"管理程序"大致相同。

环境和社会管理体系（ESMS）可适用于公司层面或项目层面，它是最重要的环境、社会、健康和安全管理体系。该体系设计用于持续鉴别、评估和管理项目涉及的风险和影响。该体系由手册和相关源文件组成，包括关于社会或环境问题的政策、管理程序和计划、流程、要求、绩效指标、职责、培训、定期审核和检查，还包括利益相关者的参与和投诉机制。它是 ESMP 和/或赤道原则行动计划实施的最主要的框架。该术语可以指项目兴建阶段的体系或项目运作阶段的体系，或如上下文需要，两种体系均可指代。

赤道原则行动计划（AP）是 EPFI 的尽职调查过程中须准备的，它描述了为弥补评估文件、ESMP、ESMS 或利益相关者的参与流程文件中的空白还需采取的行动并制定优先顺序，使项目与赤道原则中所界定的适用标准相符。赤道原则行动计划通常是表格形式，它明确列出了从缓释措施到后续研究或评估行动等明确行动，以补充评估文件。

赤道原则协会是由 EPFI 成员组成的非公司性质的协会，其目标为管理、实施和发展赤道原则。赤道原则协会秘书处负责管理赤道原则协会的日常运作，包括收集 EPFI 项目名称报告数据。更多信息请登录赤道原则协会网站。

赤道原则审查专家是 EPFI 的雇员，他们负责审查符合赤道原则的交易的社会和环境影响。他们可以是独立的赤道原则小组的一部分或银行、信贷风险、公司可持续发展（或类似的）部门的成员，负责赤道原则的内部应用。

出口融资（也称出口信贷）是一种保险、担保或融资的安排，它使国外买方在购买出口货物和／或服务后可在一定期限内延期付款。出口信贷通常分为短期、中期（一般还款期限为二至五年）和长期（一般还款期限超过五年）。

融资正式生效日是指先前对债务/资金首次发放构设的所有条件均被满足或免除的日期。

通报协商和参与是指深入地交换意见和信息，也指有组织、反复的磋商，它能使客户将受影响社区居民关于直接影响到他们的问题（例如提呈的缓和措施、开发利益和机会的分配和落实问题）的意见纳入决策制定流程中。

独立社会和环境顾问是指被 EPFI 所认可的合格的独立公司或顾问（不与客户直接相关联）。

独立审查是指对评估文件的审查，包括 ESMP、ESMS 和利益相关者的参与流程文件，该审查由独立社会和环境顾问执行。

资金用途是由客户提供的关于如何使用贷款的信息。

受委任的赤道原则金融机构或受委任的金融机构是指与客户签订合约，为项目或交易提供金融服务的金融服务提供方。

非指定国家是指不被列于赤道原则协会网站指定国家列表中的国家。

经营控制权（请参见实际经营控制权）其他利益相关者是指不直接受项目影响，但项目能给其带来利益的组织或个人。他们可以包括国家和地方当局、邻近项目和/或非政府组织。

项目是指在确定区域任何行业的开发行为。它包括对现有运作的扩张或升级，从而造成产量或功能的实质性改变。适用赤道原则的项目示例包括但不限于：发电厂、煤矿、石油和天然气项目、化工厂、基础设施开发、生产厂、大规模房地产开发、敏感地区房地产开发或任何其他会产生重大社会和/或环境风险和影响的项目。在出口信贷机构支持交易的情况下，出口所需进行的新的商业性、基础性或工业性的运作都将被视为项目。

项目融资是一种贷款人将单一项目的产值作为主要偿还贷款的资金来源和安全保障的融资方式。该类融资方式通常适用于大型、复杂和成本高的项目，例如发电厂、化工厂、煤矿、运输系统 基础设施、环境和通信基础设施。项目融资采取为新建设投资提供资金的形式，或为现有建设 投资重新提供资金的形式，无论该建设投资是否带来改进成果。在这类交易中，合同中项目的产值通常单独或完全支付给贷款人，例如发电厂供电的产值。客户通常是一个带有特殊目的的 实体，除了开发、拥有和运作项目外，不允许其拥有任何其他职能。偿还主要取决于项目的现 金流量和项目资产的担保价值。更多信息请参考：《巴塞尔银行监管委员会，统一资本计量和资本标准的国际协议（"巴塞尔 II"）》，2005 年 11 月。采掘业基于储备的融资是一种无追索权的融资，其项目收益用于开发储备（例如油田或煤矿），它被视为一种项目融资交易，包含于赤道原则中。

项目融资咨询服务是指在开发过程中，为潜在融资提供咨询意见，该潜在融资形式可能是项目融资。

用于项目的公司贷款是指公司贷款，提供给与单一项目相关的商业实体（可以是私有企业、上市公司、国有企业或控股企业），项目可以是兴建项目或扩张项目（例如有扩张迹象），与单一项目相关的资金用途为下列某项：

a. 贷款人主要将项目产值作为还款来源（如项目融资）和担保形式为公司或母公司担保；

b. 贷款文件表明大部分的贷款将用于项目。该类文件可能包括条款书、信息备忘录、贷款协定或其他客户提供的关于贷款使用意向的陈述。

它包括向政府拥有的公司和其他由政府设立的代表政府进行商业活动的法人实体提供贷款，但不包括向国家、地区或当地政府、政府内阁和机构提供贷款。

范围 1 排放量是指物理项目边界内设施的温室气体排放量。

范围 2 排放量是指与项目进行非现场生产所使用的能源相关的温室气体间接排放量。

敏感地区是指具有国际、国家或地区重要性的地区，例如湿地、具有高生物多样性价值的森林、具有重要考古或文化价值的地区、对土著居民或其他弱势群体具有重要价值的地区、国家公园和其他由国家或国际法律设定的保护区。

利益相关者的参与是指国际金融机构绩效指标中关于外部交流、社会和环境信息披露、参与、通报协商和投诉机制的条款。对赤道原则而言，利益相关者的参与还指原则 5 中描述的全部要求。

卖方信贷是一种中/长期，由出口方提供给国外买方的出口融资信贷。

附件 II：在环境和社会评估文件中会涵盖的潜在环境和社会问题的示例清单

以下列表总结了评估文件中可以包含的问题。请留意，该列表仅起说明作用。各项目的评估流程可能不会包括所有应列问题、或者并非每一项问题均与每个项目相关。

评估文件的内容会涵盖以下问题（如适用）：

a）对基本社会和环境状况的基本面评估

b）对环境和社会有利而可行的替代方案的考虑

c）东道国法律和法规、适用的国际条约和协议的规定

d）生物多样性的保护和保全（包括变迁过的栖息地、自然栖息地和重要栖息地中的濒危物种和敏感生态系统）和受法律保护地区的认定

e）可持续性管理和使用可再生自然资源（包括通过适当的独立认证系统进行可持续资源管理）

f）危险物质的使用和管理

g）重大危险源的评估和管理

h）高效的能源生产、交付和使用

i）污染防治、废物减少和污染控制（废液和气体排放）及固态和化学废弃物的管理

j）考虑可预见的气候模式和情况的变化及能否适应，以此确定项目运作是否可行

k）对现有项目、拟建项目和预计日后兴建的项目的累计影响

l）通过尽职调查尊重人权，以防止、减轻并管理不利的人权影响

m）劳工问题（包括四项核心劳工标准）和职业健康和安全

n）项目设计、审查和执行过程中受影响群体的协商和参与

o）社会和经济影响

p）对受影响社区、易受伤害群体或弱势群体产生的影响

q）性别和性别失衡影响

r）土地征用和非自愿搬迁

s）对土著居民和其独有文化体系和价值观的影响

t）对文化财产和遗产的保护

u）对社区健康、安全和保障（包括项目使用保安人员的风险、影响和管理）的保护

v）防火和生命安全

附件 III：国际金融公司环境和社会可持续性绩效标准及世界银行集团环境、健康和安全指南

赤道原则将国际金融公司可持续发展框架的两个单独部分作为"当时适用标准"并列于原则 3 中。

1. 国际金融公司绩效标准

截至 2012 年 1 月 1 日，适用的国际金融公司绩效标准包括：

1——环境和社会风险和影响的评估和管理

2——劳工和工作条件

3——资源效率和污染防治

4——社区健康、安全和保障

5——土地征用和非自愿迁移

6——生物多样性的保全和可持续自然资源的管理

7——土著居民

8——文化遗产

各项绩效标准均附有指南注释。EPFI 不正式采用这些指南注释

但在 EPFI 和客户寻求绩效标准的进一步指引或诠释时，可以指南注释作为有用的参照。

国际金融公司绩效标准、指南注释和行业具体指南可于国际金融公司网站查询。

2. 世界银行集团环境、健康和安全指南

世界银行集团环境、健康和安全指南是技术性参考文件，它包含了国际金融公司绩效标准中所描述的良好的产业惯例（GIIP）的范例。它们包含了通常被视为适用于非指定国家可接受项目的绩效等级和措施，同样在新建设施中也可通过现有技术和合理的成本达

成指南中的要求。使用两种指南：

一般环境、健康和安全指南

该类指南包含可能适用于所有行业的跨领域环境、健康和安全问题信息。他们可被划分为：环境；职业健康和安全；社区健康和安全；项目建设；及设施退役。他们应与相关的行业指南一起使用。

行业指南

该类指南包含行业具体影响和绩效指标的信息及行业活动的一般说明。分组如下：

农业/食品生产
- 作物年产量
- 水产养殖
- 啤酒厂
- 乳品加工
- 鱼类加工
- 食品和饮料加工
- 哺乳动物家畜饲养
- 肉类加工
- 栽培作物生产
- 禽肉加工
- 禽肉生产
- 制糖
- 植物油加工

一般制造业
- 基本金属冶炼和精炼
- 水泥和石灰制造
- 瓷砖和卫生洁具制造
- 施工材料制造
- 铸造类

- 玻璃制造
- 综合钢铁厂
- 金属、塑料、橡胶产品制造
- 印刷业
- 半导体和电子产品制造
- 制革和皮革涂饰
- 纺织品制造

化工业
- 煤炭加工
- 大容量无机化合物
- 制造业和煤焦油蒸馏
- 大容量油基有机化学品生产
- 天然气加工
- 氮肥制造
- 油脂化学品制造
- 农药配方、制造和包装
- 油基聚合物制造
- 石油炼制
- 医药品和生物技术制造
- 磷酸盐肥料制造

基础设施
- 航空公司
- 机场
- 原油和石油产品终端
- 煤气输配系统
- 卫生保健设施
- 港口、海港和终端
- 铁路
- 石油零售网络

- 航运
- 通信
- 收费公路
- 旅游和酒店开发
- 废物管理设施
- 水资源和卫生设施

林业
- 木板和粒料产品
- 森林采伐作业
- 纸浆和造纸厂
- 锯木厂和木制品

采矿业
- 采矿

石油和天然气
- 海上石油和天然气开发
- 陆上石油和天然气开发
- 液化的天然气（LNG）设施

能源
- 电力传输和输配
- 地热发电
- 热力发电
- 风能

后 记

本书付梓之际,首先要感谢我的父母。也作为礼物送给我的儿子庆归洋。

北京外国语大学"兼容并蓄、博学笃行"的校训永远激励我前行。

学术道路上的每一点进步都离不开老师们的呵护和栽培。

感谢在求学过程中李英桃教授的谆谆教诲。李英桃老师渊博的知识、严谨的治学精神和高尚的人格修养,永远是我们学生心中的楷模。

感谢博士毕业论文指导小组的各位恩师:组长梅仁毅教授、王逸舟教授、张海滨教授、李东燕研究员和陈迎研究员。老师们的耳提面命将使我受益终身。

感谢韩震教授、李永辉教授、张海滨教授、苏浩教授、张历历教授、林利民研究员、冯仲平研究员和李少军研究员等的精彩授课,引导我探索学术前沿。

感谢中国现代国际关系研究院世界经济研究所陈凤英研究员和中国社会科学院世界历史研究所高国荣研究员对本书研究提出的宝贵建议。

感谢北京师范大学历史学院张宏毅教授多年来对我学术成长和生活的关爱。

感谢墨尔本皇家理工大学会计系 Tehmina Khan 博士,正是在他的指引下,十年前我开始绿色金融研究。感谢维多利亚商学院 Segu

Zuhair 博士的学术建议。感谢澳大利亚地球科学研究所科学家 William Vigors Hewitt 对本书英文摘要和英文目录的校对。三位老师自我本科起就一直在关心我的成长。

感谢好友美国学者 Devon O'Neal Williams 对本书写作的鼓励和帮助。

本书的撰写受到北京第二外国语学院高精尖学科建设项目资助。感谢北京第二外国语学院英语学院院长武光军教授和龙云教授在工作和科研上的关怀,亦感谢英语学院同仁们的支持。

本书的修订和审校过程,得到了中国社会科学出版社陈雅慧等编辑的大力帮助,在此一并表示由衷的感谢。

由于作者水平有限,恐多失误,恳请读者不吝赐教。

杜明明

2019 年 11 月写于北京第二外国语学院

Epilogue

First of all, when this book goes to press, I would like to thank my parents. It is also a gift for my son, Bruce.

The motto of Beijing Foreign Studies University, "inclusive & erudite", always inspires me to move forward.

Every advance in the academic field is inseparable from the care and cultivation provided by one's teachers.

Thanks for Professor Li Yingtao's earnest teaching during the course of my study. With her profound knowledge, rigorous scholarship and noble character, she will always be a model in the students' mind.

Thanks to the supervisors of my PhD dissertation: Professor Mei Renyi who was the group leader, Professor Wang Yizhou, Professor Zhang Haibin, Researcher Li Dongyan and Researcher Chen Ying. I will benefit from their guidance for the rest of my life.

I would like to thank Professor Han Zhen, Professor Li Yonghui, Professor Zhang Haibin, Professor Su Hao, Professor Zhang Lili, Researcher Lin Limin, Researcher Feng Zhongping and Researcher Li Shaojun for their wonderful lectures, which have inspired me to explore academic frontiers.

I would like to thank Chen Fengying, a researcher in the Institute of World Economics at the China Institute of Contemporary International Relations, and Gao Guorong, a researcher in the Institute of World History at the China Academy of Social Sciences, for their valuable suggestions on this book.

Thanks to Professor Zhang Hongyi of the School of History at Beijing Normal University for his care and attention to my academic growth and life over the years.

Thanks to Dr. Tehmina Khan, School of Accounting, Royal Melbourne Institute of Technology ("RMIT"). It was under her guidance that I began to study green finance ten years ago. Thanks to Dr. Segu Zuhair, College of Business at Victoria University, Melbourne, for his kind academic advice. Thanks to William Vigors Hewitt, a scientist from the Australian Institute of Geoscientists, for proofreading the English abstract and the English list of contents of this book. The three teachers have been concerned about my growth since I was an undergraduate.

Thanks to Devon O'Neal Williams, American scholar and good friend, for his encouragement and help during my writing of this book.

The publication of this book has been financially supported by the High Quality Disciplines Construction Project in Beijing International Studies University. Thanks to Professor Wu Guangjun, Dean of the School of English Language, Literature and Culture, and to Professor Long Yun, for their concern and interest in my work and scientific research. Thanks too for the support of my colleagues.

The revision and review of this book have been greatly helped by Chen Yahui and the editors of China Social Sciences Press. I would like to express my sincere thanks.

Any shortcomings or mistakes within this book are solely the responsibility of the author. Comments and advice from readers would be appreciated.

DU, Mingming
November 2019 Beijing International Studies University